INTRODUCTION TO HEALTHY FAMILIES

건강가정론

이선형 · 임춘희 · 천현진 공저

학지사

머리말

국내에서 건강가정론 과목이 개설된 지도 벌써 20년 가까이 되었다. 저자들은 2009년 3월 초판인 『건강가정론』 출간 후 건강가정사업 전달체계의 급격한 변화를 반영하여 2017년 『새로운 건강가정론』을 펴냈고, 그 이후 8년이 흐르면서 새로운 필요를 느껴 『건강가정론』을 집필하게 되었다. 그동안 가족의 변화도 눈에 띄지만 건강가정기본법, 건강가정사업, 건강가정지원센터 등 건강가정과 관련한 용어들도 이제 일반인들에게 꽤 익숙해진 듯 하다.

이번 『건강가정론』은 이전에 총 4부 13장으로 구성되었던 체계를 총 5부 14장으로 재구성하였다. 구체적으로는 제1부 '건강가정의 기초적 이해', 제2부 '건강가정의 이론적 이해', 제3부 '가족주기 및 유형과 가족건강성', 제4부 '건강가정 구현을 위한 제도적 기반', 제5부 '건강가정사업의 실제'로 구성했다. 특히 가장 큰 변화는 기존에 없었던 제3부 '가족주기 및 유형과 가족건강성' 부분이 추가된 것이다.

세 아이를 입양한 가까운 지인과 의견을 나누던 중, 입양아를 키우는 데 있어 가장 큰 어려움은 경제적인 부담이나 육체적인 힘듦이 아니고 주변의 편견이라고 들었다. 「건강가정기본법」 제3조 1항에 의하면, "'가족'이라 함은 혼인 · 혈연 · 입양으로 이루어진 사회의 기본단위를 말한다."라고 명시하고 있다. 그동안 4차에 걸친 건강가정기본계획에서 수없이 다양한 가족이 언급되었음에도 불구하고, 『건강가정론』 교재에서 입양가족이 제대로 다뤄진 적은 거의 없었다.

이에 따라 이번 판에서는 제3부를 새로 신설하여 다양한 가족 유형에 대한 건강성을 다루되, 특히 가족센터에서 가장 많은 비중을 차지하는 대상자인 한부모가족, 다문화가족, 맞벌이가족, 1인가구의 건강성을 다루었다. 더불어 다양한 가족의 차원에서 입양가족과 재혼가족의 건강성을 추가하였다. 또한 가족생활주기 개념은 급변하는 가족 모두에게 보편적으로 적용하기에 한계가 있으나, 그럼에도 불구하고 가족센터의 프로그램 구성 시 여전히 가장 많이 활용되는 이론이기도 하다. 그래서 가족을 단위로 접근하는 다른 책자에서도 대부분 다루고 있었으나 이 책에서는 가족주기별 가족 건강성에 좀 더 초점을 두고자 하여 포함하였다.

이번 집필에서는 제1, 2장을 임춘희 교수가, 제7, 8, 14장은 이선형 교수가, 제3, 4, 5, 6장은 임춘희 교수와 이선형 교수가 공동으로 집필하였고, 제9~13장은 천현진 사무국장이 집필하였다. 저자들은 사회복지학과 아동가족학 전공 교수로서 오랫동안 건강가정론을 대학 현장에서 가르쳐 오면서 건강가정론에 필요한 내용을 누구보다도 고민해 왔고, 건강가정지원센터(현 가족센터)에서의 실무 경험을 바탕으로 현장의 요구 또한 비교적 잘 파악하고 있다.

그런데도 건강가정론 집필은 늘 여러 고민을 안게 되는데, 이 책이 '건강가정이 무엇인가'에 대한 답을 줄 수 있는지에 관한 것이다. 내 가족을 돌아보고, 주위 가족들을 바라볼수록 이 질문에 대한 답은 점점 더 복잡하고 어렵게 느껴진다. 그러면서 우리는 이 책 집필의 무게감을 느끼게 된다. 최근 읽은 어느 책에서 '책은 읽어야 할 필요가 있는 사람에게 스스로 찾아간다.'라는 글을 본 적이 있다. 이 글귀를 통해 우리가 고민하고 담았던 내용이 독자들에게 재해석되며, 어떤 부분에서는 꼭 필요한 정보와 내용이 될 수도 있으리라고 생각해 본다.

아직 건강가정사업을 위한 사회 환경과 대상자에 대한 실천에는 해결해야 할 많은 과제가 남아 있다. 책을 집필하는 과정에서도 새로운 사업들이 지속적으로 확대되며 건강가정사업 현장의 외연이 크게 확장되고 있음에도 불구하고, 이를 뒷받침할 관련 연구는 매우 부족함을 느낀다. 건강가정사업과 정책에 대한 사회의 요구가 적절한 해결책을 찾기 위해서는 체계적인 연구를 할 수 있는 연구기관이 신설·확대되어 현장의 무게를 덜어 주었으면 한다. 이를 위해서는 이 분야에 대한 기초연구를 튼튼히 할 수 있도록 국가가 예산을 투입하고 지원해, 다양한 가족이 어떻게 행복하게 살

수 있는지에 대한 연구가 많이 이루어져야 할 것이다. 아울러 우리 모두가 변화하는 가족생활 속에서 건강하고 행복한 삶을 영위하기 위해 어떠한 노력을 할 것인가 함께 고민하는 것이 중요할 것이다. 부족하나마 이 책이 건강가정에 대한 입문서로 독자들에게 도움이 되기를 바란다.

2025년 8월

저자 일동

차례

제1부
건강가정의 기초적 이해

제2부 건강가정의 이론적 이해

제3부 가족주기 및 유형과 가족건강성

제 1 부 건강가정의 기초적 이해

INTRODUCTION TO HEALTHY FAMILIES

제 1 장

현대 사회와 가족의 변화

이 장에서는 건강가정에 대한 기초적 이해로, 현대 사회의 특징적 변화와 그러한 변화가 개인 및 가족생활에 미친 영향을 살펴보고, 급변하고 있는 한국 가족의 변화를 이념적 · 구조적 · 기능적 측면에서 이해하는 데 중점을 둔다.

1. 현대 사회와 가족의 변화

현대 사회는 기술 혁신과 글로벌화, 그리고 사회적 가치의 다원화가 복합적으로 작용하며 빠르게 변화하는 특징을 갖는다. 디지털 전환과 인공지능 기술의 발전은 개인의 생활 방식과 의사소통 방식을 근본적으로 변화시키고 있으며, 지리적 경계를 초월한 연결성과 상호작용을 가능하게 한다. 동시에 개인화된 삶의 양상이 두드러지고, 전통적인 사회 구조와 규범이 재구성되고 있다. 사회학자인 기든스는 전통사회에서는 관습이나 전통 아니면 자연의 명령에 따라 이루어졌던 것에 비해 현대 사회는 내부-준거적 체계(internally referent system)로 현대인이 갖는 현대성의 중요한 특징으로 성찰성의 증가를 꼽는다(권태환, 홍두승, 설동훈, 2009). 현대 사회의 비약적인 기술 과학의 발전에 대해 울리히 벡(2014)은 현대 사회가 기술 과학의 발전으로 경제적 부를 이루었지만 위험이 도처에 있어 일상을 위협하는 위험사회라고 언급하였으며, 풍요사회를 향한 근대화 과정이 위험사회로 귀착되지 않으려면 '성찰적 근대화' 과정을 통해 현대 기술과학의 가능과 한계를 인식함으로써 과학에 대한 사회적 제어력을 높여야 한다고 주장한다.

오늘날 현대 사회는 복잡하고 다변화된 특징을 가지고 있으며, 그 주요 특징은 기술 혁신과 디지털화, 글로벌화와 도시화, 환경문제와 지속가능한 발전에 대한 관심, 다문화·다인종 사회로의 변화로 인한 다양성과 포용성, 서비스업의 증가, 플랫폼 노동 같은 경제구조의 변화, 민주주의 가치의 확산과 소셜미디어의 발달에 따른 사회참여 증가, 고령화 사회, 수명연장에 따른 평생학습의 중요성 증가 등을 들 수 있다.

현대 사회는 무엇보다 개인주의와 다원적인 가치를 추구하는 사회라고 할 수 있으며 이러한 특징은 가족과 같이 친밀한 관계를 맺는 집단에 긍정적이면서도 한편으로는 부정적인 영향을 미친다. 개인과 가족의 변화에 영향을 주는 현대 사회의 특징으로는 다음과 같이 살펴볼 수 있다(Olson & DeFrain, 2006).

첫째, 현대 사회는 개개인에게 스트레스가 많은 생활을 강요한다. 현대 사회에서는 나날이 진화되는 기술의 발전과 물질주의적 가치관이 결합되고 개인은 그러한 가치관을 추구하는 생활을 하는 가운데 개인이나 직장 및 가족 생활의 모든 영역에서 많은 스트레스를 경험한다. 그러한 스트레스의 결과로 개인은 정신적 안녕감을 갖기가 어렵고, 개인 간의 애정과 친밀감의 유대를 형성하는 데 어려움을 겪는다. 즉, 바쁘고 경쟁적인 현대 사회의 생활은 각 개인에게 자기 자신과 중요한 타인들을 위한 시간을 부족하게 만든다.

둘째, 현대 사회에서는 여성의 경제활동 참여가 과거에 비해 증가하였다. 이는 맞벌이가족의 증가로 이어지며, 그 결과 자녀양육을 위해 가정 밖의 보육시설을 이용하는 기회가 많아졌다. 이는 과거에 사실상 여성이 담당했던 자녀 양육과 보호의 가족 기능이 약화된 것으로 부모가 직접적으로 자녀를 양육하는 기회와 기간이 줄어들었음을 의미한다.

셋째, 빠르게 변화하고 경쟁적인 현대 사회에서는 과거에 비해 개인적인 행복과 사생활을 더욱 중시하고, 개인적이고 친밀한 관계에서 위안을 찾으려는 경향이 강하게 나타난다. 그 결과, 부부간의 유대나 친밀감이 약해진 부부는 가족관계의 불안정을 초래하여 이혼 가능성이 높아진다.

넷째, 현대 사회는 과거에 비해 개인적인 욕구 충족을 강조한다. 특히 성적 욕구의 표출이나 충족을 억제했던 과거와 달리, 개인이 성적 욕구를 표현하고 충족하는 것에 대해 관대하고 허용적인 특징을 보인다. 개인주의와 물질주의 그리고 소비주의적인 현대 사회의 특징상 성적 욕구의 표현은 개인적인 욕구 충족을 우선시하는 가치관과 성적 표현을 이용하여 상품 판매를 유도하고자 하는 대중매체를 통해 확산되는 경향이 있다. 이러한 성적 욕구의 표현이나 충족을 정당화하거나 과도하게 강조하는 사회적 분위기는 부부나 가족 같은 친밀한 관계에까지 영향을 미친다. 가령, 결혼생활에서 부부의 성적 만족이 차지하는 중요성의 정도, 아동이나 청소년, 여성을 대상으로 한 성범죄, 그리고 부부의 외도 문제 등이 증가하는 것은 성적 표현이나 성적 욕구 충족을 과도하게 강조하는 사회적 분위기의 영향을 받은 것이라고 할 수 있다.

다섯째, 현대 사회는 과거에 비해 산업기술이 발전하고 경제적으로 풍요로워졌지만 어느 사회에서나 나타나는 사회발전의 혜택을 누리지 못하는 사회계층의 문제가 여전히 존재하며, 이는 곧 그러한 계층에 속하는 개인이나 가족의 문제와 연결된다.

그러므로 빈곤계층에 속하는 가족이나 사회에 적응하지 못하는 개인의 심리적 · 사회적 소외 문제로 인해 사회적 범죄의 발생이 증가할 수 있다. 이러한 사회적 환경은 가족 내에서도 가정폭력, 아동이나 노인 학대, 방임 등의 가족문제를 낳을 수 있다.

여섯째, 정보화 사회로 대변되는 현대 사회의 사회적 환경은 인터넷이나 휴대폰 사용을 통해 시공간을 초월하여 자유롭게 타인과 소통할 수 있다는 점에서 친밀한 개인적 관계나 가족관계를 강화시키는 긍정적인 영향을 미치기도 한다. 그러나 인터넷이나 휴대폰이 개인 시간과 사이버 공간을 소유하는 전유물로 사용된다면 정작 가족이 아닌 타인과 소통하면서 만족을 느끼고, 가족과의 대화나 관계는 단절되어 고립과 소외를 초래하며, 가족 내 세대 차이에 따른 세대갈등이 심화되는 등 가족관계에 부작용을 가져올 수 있다. 최근 스마트폰의 과다사용은, 특히 자녀세대와 부모세대 간의 정보 격차와 소통의 부재나 불안정한 부부관계의 악화를 가속화하는 요인이 되고 있다.

일곱째, 여성의 사회적 · 경제적 활동이 활발해지는 현대 사회에서는 남성이 가족 부양을 위해 일하고, 여성이 가정을 전담하는 식의 엄격하게 구분된 남녀의 성역할은 더 이상 의미를 갖지 못한다. 또한 현대 사회는 여성의 경제활동 참여에 따른 남녀의 권력관계에서의 평등을 강조하는 양성평등적인 가치관을 지향하고 있다. 이러한 사회문화적 환경의 변화는 부부나 가족관계에서도 남녀의 성역할 구분을 재정의하며, 민주적이고 평등한 관계를 지향하는 방향으로의 변화를 조성한다.

마지막으로, 현대 사회는 세계 각국의 경제가 서로 밀접한 영향을 주고받는 세계 경제의 틀 속에서 유기적인 관련을 맺고 있으므로 세계의 경제 상황은 바로 개개인의 결혼과 가족관계에 직접적으로 영향을 줄 수 있다. 가령 환율위기나 고유가와 같은 세계 경제 상황은 곧바로 가족의 경제 상황 악화를 초래하여 결혼의 지연이나 저출생, 생활고에 따른 가족위기의 증가를 가져올 수 있다.

이상과 같이 가족관계에 영향을 미칠 수 있는 현대 사회의 환경을 고려할 때, 오늘날 가족을 형성하고 행복하게 유지하는 일은 중요하지만 쉽지 않다. 그러나 가족의 변화를 요구하는 도전적인 사회적 상황 속에서도 현대와 미래의 가족은 계속해서 중요한 집단으로 자리할 것으로 예상된다. 왜냐하면 가족은 여전히 역사상 가장 오래 존속되어 온 제도이며 사회변화에 따라 변화해 왔으며 무엇보다 개인이 가족에 대해 갖는 욕구 충족에 대한 기대와 의존성은 근본적으로 변하지 않기 때문이다.

2. 한국 가족의 변화

1) 한국 가족의 이념적 변화

산업화에 따른 현대 가족의 변화는 세계 어느 나라에서나 일어나는 보편적인 현상이지만, 한국의 경우 세계적으로 유례없이 빠르게 진행된 압축적 성장과 사회문화적 변화들로 인해 가족이념이나 가족구조나 형태, 기능에 있어서 과거와 현격한 차이를 보이며 복잡한 양상으로 변화가 나타났다.

일반적으로 가족의 변화는 크게 세 가지 측면으로 나누어 볼 수 있는데, 그것은 가족에 관한 규범 혹은 가치관으로 대표되는 가족이념에서의 변화와 가족구조와 형태상의 변화, 그리고 실제적인 행동상의 변화를 보여 주는 가족기능상의 변화를 생각할 수 있다. 그러나 이러한 세 가지 측면에서의 가족변화가 동일한 속도로 일어나지 않으며, 그러한 변화속도의 차이로 인해 많은 가족문제가 파생되기도 한다.

먼저, 한국 가족의 가족이념상의 변화를 살펴볼 때, 전통적으로 뿌리 깊은 가족주의 의식의 약화를 들 수 있다. 한국인의 가족에 대한 가치관을 집약하여 나타내는 용어는 '집'이라고 할 수 있으며 집은 한국인에게 단순히 가족이 머무는 공간적 장소의 의미를 넘어서 가족의 과거와 현재 그리고 미래에 이르는 초시간적인 관념적 가족집단으로서의 의미를 갖는다(최재석, 1994). 이러한 '집'에 대한 의식이 강하고 가족중심적인 한국인의 가정생활과 가족관계를 규범적 · 심리적으로 떠받쳐 주던 전통적인 가족이념은 가족주의라고 할 수 있다. 가족주의(familism)란 사람들의 판단이나 행동, 의사결정의 기준이 개인보다는 가족에 먼저 있으며 가족의 이해나 안정을 가장 우선시하는 가족중심적 가치관을 뜻한다. 즉, 가족주의는 사회의 최소 구성단위가 개인이 아니라 가족이며, 개인이 가족을 통해서만 사회와 관계를 맺을 수 있는 존재방식을 의미하며, 개인과 사회가 연결되는 특수한 방식을 의미하는 개념이다(장경섭, 진미정, 성미애, 이재림, 2015).

최근 결혼과 가족에 대한 개인의 선택권이 증가하고 다양한 생활방식의 등장과 가부장적 권력의 약화, 가정 내 민주적 양성평등의식의 증가, 부모세대의 권위 약화 등으로 가족주의가 약화되고 있는 현상이 나타나고 있지만 가족주의는 규범적 · 이념적 차원에서 여전히 한국인의 가치관뿐만 아니라 구체적인 정책, 관행 등의 사회제도를 통해 가족 단위의 생존 방식을 강화한다고 할 수 있다(장경섭 외, 2015). 가족주의를 한국인의 가장 중요한 가치관이자 대표적인 사회적 성격으로 파악한 최재석(1994)에 의하면 가족주의란 사회의 구성단위는 집이며, 집은 어떠한 사회집단보다 중시되며 개인은 집에서 독립하지 못하고 집안의 인간관계도 자유롭고 평등한 것이 아닌 상하의 신분 서열로 이루어지며 이러한 인간관계가 가족외의 외부사회에까지 확대되는 사회의 조직형태를 말한다. 이러한 가족주의는 한국인이 갖는 서열의식, 감투 지향 의식, 친소(가깝거나 먼 관계) 구분, 그리고 공동체로부터 개인의 미분화 등 여러 측면에서 한국인의 사회적 성격의 근간을 이룬다. 이러한 유교적 관념에 입각한 가족주의는 오늘날까지도 한국인의 무의식에 중요한 기본적인 사회적 행동규범으로 뿌리박혀 있다고 할 수 있다.

그러나 이러한 가족주의 의식이 여전히 지속되고 있지만, 오늘날 개인적인 행복과 권리와 자유, 개인적 성취와 목표, 자아정체성을 중시하는 개인주의적 가치관이 우세해지면서 더 이상 결혼생활이나 가족을 위해 개인적인 욕구를 억누르거나 희생을 감수하려고 하지 않으려는 경향으로 인해 가족 간의 갈등이 현저히 증가하였다.

장경섭(2010)은 한국사회의 가족이념을 유교적 가족이념, 도구주의 가족이념, 서정주의 가족이념, 개인주의 가족이념 등으로 명명하면서 이러한 다양한 가족이념들은 급격한 사회변동의 결과로 우발적으로 공존하고 있다고 하였다. 먼저, 유교적 가족이념은 조선 중기 이후에 확립되어 오늘날까지도 가족관계에 가장 큰 영향력을 미치고 있으며, 기성세대가 젊은 세대에게 수용을 요구하는 전통적인 유교적 가족가치관에 입각한 가족이념을 말한다. 도구적 가족이념은 가족단위의 적응전략이 필요한 상황에서 가족을 생존, 계층이동, 성공의 수단으로 삼는 가족이념이다. 서정주의 가족이념은 가정을 현대 산업자본주의 사회의 몰인간적 압력으로부터 벗어난 심리적 도피

처이자 휴식처로 생각하며 낭만적 사랑과 가정의 정서적 관계를 강조하며 공적인 세계와 분리된 사적인 세계로서 강조하는 중산층 핵가족에서 많이 볼 수 있는 이념이다. 개인주의 가족이념은 미시사회적 민주화와 소비지향적 개인성의 확산이 맞물려 가족의 형성과 존속이 가족원들의 개인주의적 가치와 이해를 증진시킬 수 있어야 한다는 가족가치관이다. 이러한 한국의 가족이념들은 가족원의 세대와 연령, 성별의 차이 그리고 가족이 속한 계층에 따라 다양한 가족규범에 대한 노출과 수용의 정도가 달라서 현대 한국 가족의 변화를 특정한 가족이념으로 규정짓기는 매우 어렵다고 할 수 있다. 그러므로 한국의 가족이념은 기본적으로 유교적 가족주의가 바탕에 있으면서 그 외에 도구적 · 서정주의적 · 개인주의적 가족이념이 뒤섞인 양상을 띤다고 할 수 있다.

가족이념상의 변화를 미시적으로 가족가치관의 변화로 요약해 본다면 오늘날 가족에 대한 가치관은 전통적인 가부장적 가족가치관에서 민주적이고 성평등적인 가족가치관으로, 부모에 대한 효 사상의 약화와 자녀 위주의 핵가족 중심주의의 가치관으로, 다양한 형태의 가족에 대해 개방적인 가치관으로, 관념적이며 제도적인 가족관계를 중시하는 가치관에서 실리적이며 가족 간의 정서적인 관계를 중시하는 개인주의적인 가족가치관으로 변화하고 있다고 할 수 있다. 그러나 이러한 가족가치관의 변화나 가족이념상의 변화가 실제 가족생활에서 행동상의 변화로 직결되거나 일치하지는 않으며, 가족 내에서도 세대 간의 가치관 차이로 인한 갈등이 심화될 가능성이 크다. 요컨대, 현재 한국가족은 이념상으로는 특히 유교적 가족주의 의식이 여전히 바탕에 자리하고 있으나, 그 영향력이 약화되고 있으며 개인주의적 가족가치관은 강화되는 변화 양상을 보이고 있다. 참고로 가족가치관에 포함되는 가족에 대한 정의와 관련하여 ([참고 1-1] 참조) 최근 저출생 현상이 심각한 상황에서도 반려동물을 키우는 가족이나 1인가구 또는 노인가구가 늘어나고 있다. 이러한 현상은 반려동물도 가족으로 생각하는 사람들이 많아지고 있어 가족에 대한 주관적 정의 또한 크게 변화하고 있음을 보여 준다.

참고 1-1 **미혼 절반은 "반려동물도 가족, 동거가족도 정상가족"**

한국리서치 '여론 속의 여론' 팀은 7월 1~4일 전국 만 18세 이상 남녀 1,000명을 대상으로 어디까지를 가족이라고 인식하고 있는지, 어떤 형태가 '정상 가족'이라고 생각하는지 살펴보았다.

시간의 흐름에 따라 '가족'의 정의가 달라지고 있다. 이번 조사에서 어디까지를 가족으로 인식하고 있는지 물었다. 크게는 자신과 혈연관계가 있는 '혈족', 혈연관계가 없으나 혼인으로 맺어진 친족이라는 의미의 '인척' 두 그룹으로 나눠 볼 수 있다.

'혈족' 중에서도 1촌에 해당하는 '자녀(93%)'와 '부모(88%)', 2촌에 해당하는 '형제자매(75%)'가 가족이라는 응답이 70~90%대로 높았다. 다만, 혈족이라도 촌수가 멀어질수록 가족원이라는 인식은 절반 수준으로 떨어졌다. '인척' 중에서는 '배우자(93%)'와 '배우자의 부모(71%)'가 가족이라는 응답이 상대적으로 높았다. 며느리(53%)나 사위(53%)가 내 가족이라는 응답은 인척 중 3, 4순위임에도 50%대에 그쳤다. 마지막으로 '반려동·식물과 비혈연 동거인'에 대한 가족 인식이다. '반려동물'이 내 가족이라는 응답은 27%, '반려식물(9%)', '비혈연 동거인(8%)' 순으로 조사됐다. 점차 가족의 범주를 촌수가 가까운 혈족이나 배우자 정도로 한정하고, 사람은 아니지만 조건 없이 정서적 교감이 가능한 동·식물을 가족으로 받아들이는 분위기가 형성되고 있음이 드러난 셈이다.

출처: 한국일보(2022. 7. 30.).

2) 한국 가족의 구조적 변화

지난 수십 년간 한국은 가족구조에서 큰 변화를 보였으며, 앞으로도 많은 변화가 예상된다. 가족구조와 형태상의 변화를 살펴보기에 앞서 가족구조와 형태에 영향을 미친 중요한 인구학적 변화를 살펴볼 필요가 있다. 통계청 자료(2024. 3. 26.)에 의하면 2023년 기준 유소년 인구(0~14세)는 총인구의 11%로 571만 명이며 고령인구(65세 이상)는 18.2%로 944만 명이다. 합계출산율(가임여성 1명이 평생 동안 낳을 것으로 예상되는 평균 출생아수)은 0.72명으로, 계속해서 인구감소와 저출생, 고령화 현상이 심화될 것으로 전망된다. 특히 합계출산율은 2021년 OECD 국가 평균이 1.58명인 점에서 한국은 0.72명으로 초저출산국가(초저출산국가 기준 1.3명)에 속한다.

가족의 구조와 형태에 결정적인 영향을 미치는 평균 가구원의 수와 세대구성(가구: 1인 또는 2인 이상이 모여서 취사, 취침 등 생계를 같이하는 생활단위)으로 볼 때 [그림 1-1]에서 보듯이 2023년 기준 1인가구는 전체 가구의 35.5%를 차지하며, 2세대 가족은 40.1%이며 1세대 가족은 19.0%이다(통계청, 2024. 7. 29.). 가구원 수로 볼 때는 1인가구 35.5%, 2인가구 28.8%, 3인가구 19.0% 순으로 1인가구 비율이 가장 많으며

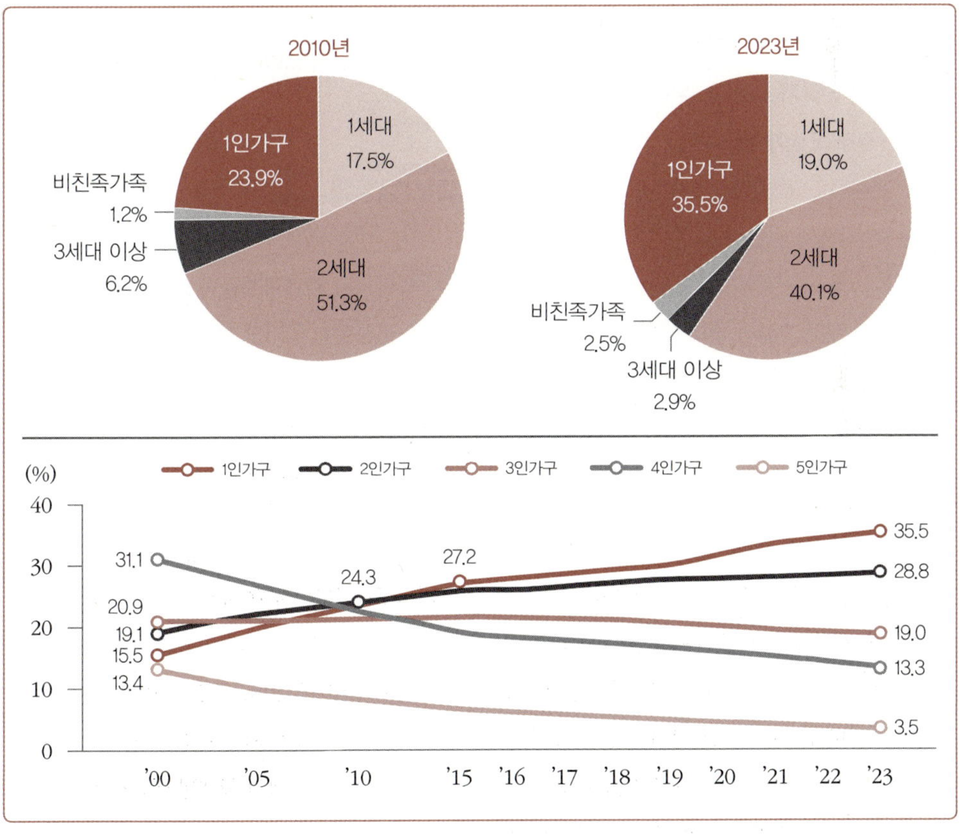

[그림 1-1] 가구유형별 가구구성비

출처: 통계청(2024. 7. 29.).

계속 증가 추세다.

1인가구의 증가는 교육이나 취업 등의 이유로 혼자 사는 미혼자들이나 독신, 그리고 이혼이나 사별로 혼자 사는 중·노년 독신자들의 증가에 기인한다. 특히 미혼 1인가구의 증가는 종종 만혼이나 저출생 문제와 연결 짓는데, 이는 결혼과 출산을 기피하는 여성들의 문제라기보다는 고비용의 결혼과 양육에 대한 경제적 부담, 고비용의 사교육비나 주거비 등의 복합적인 요인에 기인하므로 사회 전반적인 구조와 정책의 획기적인 변화가 일어나지 않는다면 쉽게 개선되지 않을 것이다.

참고 1-2 "자궁으로 풀려 하지 말라" … WP, "저출생은 경제 문제"

"자궁으로 풀려 하지 말라"…WP, "저출생은 경제 문제"

이정훈 통신원

입력 2024.06.30 19:00 수정 2024.07.02 07:08

OECD, 37개 선진국이 인구감소 위기
"과도한 주택 비용 때문에 부모가 되기 꺼려"
"성평등 촉진, 경제적 지원과 함께 새로운 미래 대비 필요"

"많은 여자들이 2.1명의 아이를 (낳기를) 원하지 않는다. 우리는 괜찮은 경제 모델이 필요하다"

『워싱턴포스트(WP)』 칼럼니스트 모니카 헤세가 지난 26일 쓴 칼럼의 골자다. 헤세는 "(인구 감소 관련) 뉴스 기사와 그 기사에 인용된 경제학자들이 출산율 감소에 대해 걱정할 때, 그들은 거의 예외 없이 경제를 위해 아기가 충분하지 않다고 말한다."고 지적했다.

"하지만 평범한 여성 혹은 여자들의 재생산 체계(자궁)는 경제가 지옥으로 떨어지지 않도록 하는 유일한 해결책이 될 수 없다."면서 "기업이나 정부 또는 NGO가 해결해야 할 경제적 딜레마가 왜 자궁이 해결해야 할 딜레마로 제시되는지 궁금하다."고 썼다. ……(중략)……

"저출산 해결, 가족 정책만으론 안돼… '주택 지원' 등 강조"

OECD 사회정책 부서의 윌렘 아데마 선임 이코노미스트는 "선진국 여성들 가운데 자녀와 관계없이 자신들만의 삶의 목표를 추구하려는 욕구가 증가하고 있다."며 "자녀를 낳지 않거나 늦게 갖기로 한 개인의 선택은 '사회적인 양육의 부담'과 깊은 관련이 있다."고 꼬집었다. 그는 "출산이 늦어질수록 자녀를 갖지 않기로 결정하는 여성의 비율 또한 높아지는 경향이 있다."며 "개인이 출산과 양육을 선택할 수 있도록 돕기 위해서는 가족 친화적 정책의 확대뿐 아니라 보다 다각적인 정책적 지원이 필요하다."고 강조했다.

출처: 여성신문(2024. 6. 30.).

3) 한국 가족의 기능적 변화

일반적으로 가족은 정서적 기능과 경제적 기능, 자녀출산 기능, 자녀교육 및 사회화기능, 가족돌봄의 기능을 갖는다. 최근 한국 가족에서 두드러진 변화를 살펴볼 때, 전반적으로 가족의 정서적 기능은 개인주의 가치관의 우세와 맞벌이 가정의 증가, 장시간의 직장근무, 자녀들의 가정 외부 보육이나 교육으로 인해 가족이 함께할 절대시간의 부족 속에서 전반적으로 약화되고 있으며, 경제적 기능은 소비기능이 강화되는 식으로 변화하고 있다고 할 수 있다. 자녀출산 기능은 저출생의 심화경향에서 보듯이 크게 약화되고 있으며 자녀 교육 및 사회화 기능과 가족돌봄 기능은 가정에서 사회기관으로 이관되는 경향을 보인다는 점이 특징이라고 할 수 있다.

(1) 정서적 욕구 충족의 기능

가족은 정서적 만족과 안정을 제공하는 원천으로 사랑과 친밀감, 소속감과 이해, 수용, 인정, 배려, 자아존중감, 심리적 안정감 등과 같은 가족원 개인들의 심리적 · 정서적 욕구를 충족시키는 기능을 갖는다. 이러한 가족의 정서적 기능은 가족이 갖는 가장 기본적이고도 중요한 기능이지만, 부부나 부모자녀 간에 가족 갈등이 심화되고 있는 오늘날 가족에서 그러한 기능이 약화되는 경향이 있다. 가령, 계속적인 증가를 보이는 이혼의 주된 사유가 부부의 성격차이와 같은 정서적 문제이며 오랫동안 정서적 이혼 상태를 유지하다가 노년기에 이혼하는 비율은 급증하고 있다. 또한 OECD 국가 가운데 한국의 아동이나 청소년, 성인들의 삶의 만족도가 매우 낮다는 사실(통계청, 2025. 2. 24.)은 우리나라가 과거에 비해 경제적으로 풍족해졌으나, 객관적 삶의 조건에 대한 주관적인 만족감과 같은 정서적 욕구는 채워지지 못한 것으로 볼 때, 가족이 정서적 기능 수행이 충분치 않다고도 볼 수 있다.

한국 가족은 가족관계에서 세대 갈등을 가장 많이 겪으며, 다음이 부부 갈등과 형제자매 갈등, 그리고 부모부양이나 손자녀돌봄 같은 가족돌봄 및 상속 갈등과 일 · 가족 갈등의 순으로 다양한 갈등을 겪고 있는 것으로 나타났다. 가족기능상의 갈등으로는 노부모부양과 부모의 성인자녀 돌봄 갈등이나 가족에 대한 경제적 부양과 자녀

참고 1-3 한국인 57%만 "행복하다"…32개국 중 31위

한국인의 행복 수준이 세계 최하위권이라는 조사 결과가 나왔다. 여론조사기관 입소스가 발표한 '세계 행복 2023' 보고서에 따르면 올 1월 한국의 행복 수준은 57%로, 32개국 중 31위였다. 세계인들이 만족감을 크게 느끼는 요소는 '자녀'(85%), '배우자와의 관계' 등 가족 및 친구 관계인 것으로 나타났다. 반면, 만족감이 적은 요소는 '국가의 사회·정치적 상황'(40%), '국가의 경제적 상황'(40%) 등인 것으로 조사됐다.

한국인도 '자녀'(78%), '배우자와의 관계'(73%)에서 가장 큰 만족을 느끼는 것으로 나타났다. 반면, '국가의 경제적 상황'(21%), '사회·정치적 상황'(23%)은 평균보다 낮았다. 특히 한국은 '인생의 의미를 느낌'(34%), '물질적 부'(39%) 부분에서 다른 나라보다 만족도가 유독 낮았다.

출처: 동아일보(2023. 3. 15.).

돌봄 역할을 동시에 수행해야 하는 데서 오는 일·가족 갈등과 같은 기능 간의 갈등이 발생하는 것으로 나타났다(김유경, 2015).

이처럼 한국 가족에서 정서적 기능의 약화 현상에도 불구하고 정보사회를 넘어 인공지능의 시대로 산업 테크놀로지가 발달하고 더욱 경쟁적인 사회가 될수록, 사람들은 오히려 편안하고 안정된 가족 안에서 애정과 편안함, 휴식, 소속감, 자존감, 인정받음과 같은 정서적 욕구를 충족시키고자 하는 기대가 더 커질 것으로 예측된다. 그러므로 가족의 정서적 기능은 약화된 것으로 볼 수 있으나 그 중요성과 가치는 더욱 강해진다고 할 수 있다.

(2) 경제적 협력의 기능

가족의 경제적 기능은 주로 노동력의 재생산을 위한 기능으로만 간주되었으나 오늘날은 가족이 가족을 위한 소득을 창출하고 경제적으로 협력하고 자원을 모으며 함께 의사결정을 하여 가족에게 경제적 안정과 지원을 제공하는 것을 포함한다. 전통사회에서는 가족이 하나의 경제적 단위로 생산과 소비를 동시에 담당하는 자급자족적 단위로 기능하면서 매우 중요한 비중을 차지했다. 그러나 오늘날 가정이 더 이상 생산의 단위가 아니라 사회에서 얻은 소득을 소비하는 단위로서 간주될 때 생산 단위로서의 경제적 기능은 외견상 약화되어 보인다. 그러나 가족의 경제적 기능이 약화되었다고 보는 시각은 임금노동에 의한 소득만을 중시하고 가사노동과 같은 무임금 노동의 경제적 가치는 간과하는 데에서 기인하는 것으로 생각해 볼 수 있다.

사실상 가사노동을 임금노동으로 환산한다면 가사노동도 중요한 생산 노동이다. 가족원들이 가사노동에 힘입어 직장에서 임금노동을 통해 소득을 창출하는 기능을 한다고 할 때, 가족의 경제적 기능은 과거에 비해 표면적으로는 소비적 기능이 강해진 것으로 보이나 여전히 가사노동을 통해 노동력을 충전하는 생산적 기능도 중요하다고 할 수 있다. 특히나 세계 경제와 국내 경제의 변화를 예측하기 어려운 경제적 환경과 국내의 고물가와 고비용의 주거비와 생활비, 자녀양육비, 사교육비 지출, 노후준비 등으로 가정경제의 운영이 중요하며, 가족이 소비 주체로서의 기능과 부부가 협력해서 자원을 모으고 주택구입, 자녀 교육, 금융 투자 등을 통한 경제적 안정을 도모해야 하는 경제적 공동체로서의 기능은 더욱 중요해지고 강화되고 있다고 할 수 있다.

(3) 성적 통제 기능 및 출산 기능

많은 가족이 보편적으로 부부와 자녀로 이루어진 가족의 형태를 갖는다고 할 때, 부부는 가족의 중심으로 부부가 친밀한 관계가 되기 위해서는 부부간의 성적 친밀감 유지는 매우 중요하다. 그러나 한국 사회에서도 개인주의적 결혼으로의 변화와 혼외성을 규제하던 간통제 폐지와 같은 법적 규제가 없어지면서 결혼이 갖는 혼외 성에 대한 통제력이나 규범 또한 약화되었다. 가족의 자녀 출산 기능 또한 현재 초저출생 국가에 해당하는 한국의 경우 과거에 비해 급격히 약화된 가족 기능이라 할 수 있다. 그러나 이러한 자녀 출산 기능의 약화는 비단 여성이나 개별 가족에 책임이 있는 것은 아니며, 오히려 만혼과 그로 인한 출산 지연이나 난임, 보육과 자녀교육에 대한 부담, 일 · 가정 양립에 친화적이지 않은 사회구조적인 환경과 제도에 근본적인 문제의 원인이 있다. 현재 저출생 · 고령화 문제는 국가적으로 중요한 정책으로 다루어지고 있으나 가족의 자녀출산 기능을 단기간에 회복하기란 쉽지 않아 보이며 출산이 아닌 입양으로 자녀를 갖는 것에 대한 사회적인 편견과 입양의 어려움으로 국가정책상 획기적인 변화가 없는 한 가족의 출산 기능은 계속 약화될 것으로 예상된다.

참고 1-4 친정엄마가 애보는 '신모계사회'…저출산 해법은?

여성의 사회적인 역할이 크게 증가하며, 여성과 처가를 중심으로 하는 신모계사회가 도래했다. 하지만 친정엄마가 손주를 돌보는 것에는 부담이 따르므로 저출산 해법으로는 금전적 지원보다 공공보육 서비스가 필요하다고 분석이다. 김은혜 NH투자증권 100세시대연구소 책임연구원은 '2000년대 등장했던 신모계사회가 여성의 사회진출에 따른 여풍(女風)을 의미했다면 최근 신모계사회는 맞벌이부부의 육아를 주로 처가에서 맡는 경우가 많아지면서 가족의 중심이 시댁에서 친정으로 옮겨갔음을 의미한다'고 풀이했다.

통계청 사회동향 조사에 따르면, 2016년 기준 적극적인 육아, 살림 지원을 받는 비율은 시가가 7.1%, 처가가 15.6%로, 처가가 시가에 비해 두 배 더 돕고 있었다. 김 책임연구원은 "여성의 사회적 노동시간이 늘어난 반면 육아 및 가사노동은 여성의 몫이라는 고정관념이 그대로 유지되고 있는 상황이다 보니 어쩔 수 없이 친정에서 이를 대신 떠맡게 된 것"이라고 진단했다. 손주를 돌보는 이유로는 '자녀 직장생활에 도움을 주려고'가 67%로 가장 높았다.

하지만 딸의 육아부담을 대신 짊어진 친정엄마가 느끼는 어려움도 상당한 것으로 나타났다. 실제 손주를 돌보고 있는 조부모에게 '그만 돌봐도 된다면 그만두겠냐'는 물음에 73.8%가 '그렇다'고 응답했고, '계속 돌보고 싶다'는 응답은 26.2%에 그쳤다. 손주를 돌보면서 겪는 어려움으로는(중복응답) 체력적으로 힘들다(59.4%), 사회생활을 하지 못한다(41%), 돌보는 시간이 너무 길다(32%), 살림까지 같이 하기 벅차다(30.8%) 등으로 나타났다. 김 연구원은 "현재의 육아정책은 출산 및 육아수당 등 금전적인 혜택을 제공하고 있으나 금전적 혜택은 근로소득을 일부 대체해 여성이 일을 그만두고 집안일에 전념하는 결과를 가져올 수도 있다."고 분석했다. 따라서 "양육문제와 그로 인한 저출산, 여성의 경력단절 문제를 해결하기 위해 실질적으로 필요한 것은 '금전적 혜택'이 아니라 일하는 여성이 출산해도 다시 일에 복귀할 수 있도록 친정엄마처럼 적극적으로 지원하는 '공공보육서비스'이다."라고 강조했다.

출처: 아이뉴스24(2018. 7. 31.).

(4) 자녀교육 및 사회화 기능

가족은 자녀를 출산하는 것뿐만 아니라 자녀의 도덕적 · 사회적 · 정서적 성장을 돕는 교육적 기능과 사회구성원으로서 바른 가치관과 사고방식, 책임 있는 행동을 가르쳐 건전한 시민으로 사회화시키는 기능도 담당한다. 그러나 오늘날 이러한 가정의 자녀교육 및 사회화 기능은 자녀를 생의 초기부터 보육시설과 유아교육기관에 보내고 학교에 입학한 이후에는 학교생활과 사교육으로 인해 가정에서 머무는 시간 자체가 부족함으로써 가정이 그 기능을 하지 못하고 있는 실정이다.

그러나 한국인의 자녀에 대한 교육열은 본질적이고 중요한 인성을 함양하는 교육이라기보다는 대학진학에 필요한 수단으로서 학교교육을 강화하는 차원이며 그러한 자녀교육을 담당하는 엄마에게 그 일차적인 역할과 책임을 떠넘기는 식이다. 그리고 학교나 학원에서 이루어지는 교육은 인성 교육보다는 주로 학업과 관련하여 경쟁사회에 적응하고 성공하기 위한 도구적 교육에 치중되어 있기에, 결코 가정에서 이루어지는 올바른 인성이나 도덕성을 가진 시민으로서의 성장을 돕는 교육을 기대할 수 없으며 엄밀하게는 자녀교육기능을 담당하고 있다고 하기는 어렵다. 가족이 함께하는 시간 자체가 계속해서 부족하게 되고 가족이 자녀 교육을 가족 외부기관에 맡겨 버리고 경제적 지원만 하는 역할만 맡게 된다면 가족의 교육 및 사회화의 기능은 더욱 약화되고 축소될 것이다. 그러나 가족의 자녀교육 및 사회화 기능이 약화될수록 가족은 자녀가 처음 만나는 사회이기에 자녀에게 전인적으로 가장 큰 영향을 미친다는 점에서 그러한 기능의 중요성과 가치는 더욱 크다고 할 수 있다.

(5) 가족돌봄의 기능

과거 전통적으로 가족은 어린아이나 노부모 혹은 병약한 가족원을 돌보는 기능을 담당해 왔으며 그것은 전형적으로 집안일을 하는 여성의 몫이었다. 그러나 오늘날 여성의 경제활동 증가와 성평등적인 가족가치관, 돌봄의 사회적 책임의식의 강화로 가족의 돌봄 기능은 과거에 비해 약화되고 가족 외부의 기관으로 이관되면서 사회적 돌봄의 역할과 중요성이 강조되고 있다. 과거 전통적인 가부장적 가족가치관과 가족구조하에서 여성이 전담했던 많은 돌봄의 책임은 여성이 사회적으로 일을 함과 동시에 가정일도 해야 하는 상황에서 역할의 과부하 현상이 일어나게 되어 가족구성원인 개인, 주로 여성의 돌봄 책임을 사회적·국가적으로 분담을 하게 된 것이다.

현재 자녀의 돌봄은 보육시설이나 방과 후 프로그램, 사교육으로 그리고 노부모의 돌봄은 노인 요양 서비스나 시설로 가족돌봄의 기능이 사회적 서비스나 시설로 많이 이양되고 있어 가족의 돌봄 기능이 많이 약화되었다고 할 수 있다. 기대수명의 증가로 노부모 돌봄은 실제로 중요한 가족의 문제가 되었는데, 2022년 기준 한국의 기대수명은 82.7년이지만 건강수명은 65.8세로(통계청, 2024. 3. 26.) 중년기 자녀들은 건강이 나빠진 노부모를 돌봐야 하는 것이 중요한 책임이 되고 있다. 그러나 아직 사회복지가 충분히 제도화되어있지 않으며, 가족돌봄이 필요하거나 복지서비스에 만족하지 못하거나 이용하기 어려운 상황에 있는 가족에게는 현실적으로 가족돌봄의 기능이 중요하다.

또한 최근 이혼의 증가로 늘어난 한부모가족이나 조손가족, 그리고 장애인 가족 등 다양한 가족을 위해 많은 사회복지서비스가 제공되고 있으나 복지서비스의 혜택이 충분치 않거나 서비스 이용이 제한적인 경우, 취약한 가족원을 가족원 가운데 누군가가 돌봐야 한다. 이러한 현실을 고려할 때 가족돌봄의 기능이 예전에 비해 상당 부분 가정 밖의 시설이나 사회복지 서비스 기관으로 이전되어 약화되는 추세이지만 가족돌봄의 기능은 여전히 가족이 수행하는 중요한 기능으로 남아 있을 것으로 전망된다.

(6) 휴식 및 여가 기능

가족의 휴식 및 여가 기능은 우리 사회처럼 경쟁적이고 성취 압박과 불안이 심한 소위 '피로사회'에서 벗어나 적절한 휴식을 취하고 신체적 · 정신적 건강을 적절하게 관리하게 하는 기능으로 효과적인 스트레스 관리와 일과 개인, 가족 간 삶의 균형을 잡고 삶의 질을 높여 준다는 점에서 그 기능의 중요성이 더 크다고 할 수 있다. 직장, 가정 등 삶의 여러 영역에 시간을 균형적으로 배분하고 투입하는 것을 균형, 즉 시간 보장이라 할 때 한국은 노동시간과 가족시간을 보장하는 수준이 매우 낮은 국가(노혜진, 2023)이다. 한국인에게 있어 가족은 편안한 안식처로서의 '집'에 대한 무의식적 관념과 기대가 매우 강한 경향을 감안할 때 이러한 가족의 휴식 및 여가 기능의 중요성은 더 커지고 강화될 것이다. 한국인들의 여가활동 동반자는 혼자인 경우를 제외하고 가족이 가장 많았는데(통계청, 2023), 이는 개인주의적 가치관이 우세해진다고 해도 가족중심적 여가를 선호한다는 것을 보여 준다. 그러나 이러한 가족 기능의 중요성이 커지고 강화되지만 사실상 부모는 부모대로 과중한 경제활동으로, 자녀들은 조기부터 과도한 학업이나 방과 후 활동으로 바쁜 가족의 현실을 고려할 때, 절대적인 가족 시간의 부족과 다양한 여가활동의 부족으로 기능의 실제 수행도는 매우 낮을 가능성이 크다.

참고 1-5 독일인의 도시형 정원농장 '클라인 가르텐'

독일을 여행하다 보면 조그만 오두막집들이 옹기종기 모여 있는 정원들을 전국 어디서나 발견할 수 있다. 이 오두막을 갖춘 조그만 정원은 독일 국민의 반 이상을 행복하게 해 준다는 클라인 가르텐(Klein Garten–조그만 정원)이다. 대부분 주말을 이용하는 우리나라의 주말농장과는 개념과 기능에 상당한 차이가 있다. 도심에 위치해 있다 보니 직장에서 퇴근하면서 자기의 작은 정원으로 와서 작업복으로 갈아입고 1~2시간씩 일을 하고 간다. 도시속의 작은 정원으로 도시민을 위한 녹색의 안식처의 역할을 하는 클라인 가르텐은 온 가족을 함께 일하며 체험하는 순수한 체험공동체로 묶어 준다. 어린이들에게는 처음부터 자연의 신비함을 실제 접촉하면서 인격형성에 기여하도록 해 주며 노인들에게는 퇴직 후 인생의 황혼기에 소일거리를 제공하고 일상적으로 노인들이 흔히 느끼는 사회로부터의 격리감을 해소하는 데도 큰 효과가 있다.

출처: 경남일보(2020. 11. 1.).

참고 1-6 2023년 가족실태조사 주요 결과

전국 12,044 가구를 대상으로 실시한 가족실태조사의 주요 결과

- (가구 특성) 1인가구, 1세대 가구 비율 증가하고, 2세대 가구 비율 감소
  - * (1인가구) '20년 30.4% → '23년 33.6%, (1세대: 부부 등) '20년 22.8% → '23년 25.1%
- (가족관계) '우리 가족은 서로 돕고 의지하는 편' 81.9%로 대체로 긍정적으로 인식
  - * 배우자와 대화시간 30분~2시간 미만 66.8%, 전반적 부부관계 '만족' 비율 66.2%
  - * 청소년 자녀와의 친밀도: 모(83.5%), 부(63.4%)
- (자녀계획) 30세 미만 15.7%('20년 대비 6.8%p↑), 30대 27.6%('20년 대비 9.4%p↑)로 '있다'는 응답률이 증가하였으나, 30세 미만 65.3%는 '생각해 본 적이 없다'
  - * (자녀계획 없음) 30세 미만 19.0%(20년 대비 13.5%p↓), 30대 44.4%(10.3%p↓)
- (초등학생 돌봄) 방과 후 주로 시간을 보내는 곳: 학원(75.2%), 집(42.1%), 돌봄서비스가 가장 필요한 시간대: 오후 5시~6시(61.5%)
- (일·생활 균형) '현재 내 삶에서 일·생활 균형이 이루어지지 않고 있다'는 인식이 40대(20.5%), 30대(18.3%) 순으로 높게 나타남.
- (부부의 가사수행) 가사노동은 '아내'가 하는 비율(73.3%)이 높으나 연령이 낮을수록 '남편과 아내가 똑같이' 가사를 수행하는 비율(20대 56.4%, 30대 44.1%, 40대 25.7%)이 높게 나타나, 연령층이 낮을수록 가사를 평등하게 분담하는 양상을 보였다.
- (1인가구) 생활상 어려움은 남성 '균형 잡힌 식사'(53%), 여성 '아프거나 위급할 때 혼자서 대처(38.5%)'가 1순위
- (가족지원서비스인지도) '한부모가족지원서비스'('20년 45.0% → '23년 68.9%), '아이돌봄서비스'(68.7%), '가족센터'(61.6%) 순으로 높고, 2020년 대비 큰 폭 증가

출처: 여성가족부(2024).

생각해 볼 문제

1. 가족의 변화에 영향을 준 현대 사회의 중요한 특징에 대해 생각해 봅시다.
2. 한국 가족의 이념적 · 구조적 · 기능적 변화에서 가장 큰 변화와 그로 인한 문제점과 해결 방안에 대해 토론해 봅시다.

참고문헌

권태환, 홍두승, 설동훈(2009). **사회학의 이해**. 경기: 다산출판사.

김유경(2015). 가족변화에 따른 가족갈등양상과 정책과제. **보건복지포럼**, 228권, 49-65.

노혜진(2023). 일-생활 균형시간 보장의 유행화. **보건사회연구**, 43(2), 192-214.

여성가족부(2024). 2023년 가족실태조사 결과.

울리히 벡(2014). **위험사회(*Risk Society*)**. (홍성태 역). 서울: 새물결. (원저는 1999년에 출판).

장경섭(2010). **가족 · 생애 · 정치경제–압축적 근대성의 미시적 기초**. 서울: 창비.

장경섭, 진미정, 성미애, 이재림(2015). 한국사회 제도적 가족주의의 진단과 함의–소득 보장, 교육, 돌봄 영역을 중심으로–. **가족과 문화**, 27(3), 1-38.

최재석(1994). **한국인의 사회적 성격**. 서울: 현음사.

통계청(2023). 생활시간조사.

통계청(2025. 2. 24.). 국민 삶의 질 2024 보고서.

통계청(2024. 3. 26.). 2023 한국의 사회지표.

통계청(2024. 7. 29.). 2023년 인구주택총조사결과.

Olson, D. H., & DeFrain, J. (2006). *Marriage and family-intimacy, diversity and strengths*. McGraw-Hill Company.

경남일보(2020. 11. 1.). 독일인의 도시형 정원농장 '클라인 가르텐'.

동아일보(2023. 3. 15.). 한국인 57%만 "행복하다"…32개국 중 31위.

아이뉴스24(2018. 7. 31.). 친정엄마가 애보는 '신모계사회' … 저출산 해법은?.

여성신문(2024. 6. 30.). "자궁으로 풀려 하지 말라". "WP 저출생은 경제문제".
한국일보(2022. 4. 30.). 미혼 절반은 "반려동물도 가족, 동거가족도 정상가족".

INTRODUCTION TO HEALTHY FAMILIES

제2장

건강가정의 개념과 필요성

이 장에서는 건강가정의 개념과 등장 배경과 건강가정 연구를 살펴보고 건강가정이 보이는 공통적인 6가지 특징에 대해 구체적으로 알아본다. 건강가정의 필요성으로 건강가정을 통해 궁극적으로 개인의 행복과 삶의 질을 추구하며, 다양한 가족의 건강성을 파악하고, 개인과 가족 나아가 사회적 문제와 병리를 예방할 수 있으며, 성숙한 민주시민 육성의 토대를 이룬다는 점을 강조하고자 한다.

1. 건강가정의 개념과 등장 배경

일반적으로 '건강(health)'이라 함은 몸이 튼튼하고 병이 없는 상태의 신체적 건강의 의미를 떠올린다. 그러나 세계보건기구(WHO) 헌장에는 "건강이란 단지 질병이 없거나 허약하지 않은 상태뿐만 아니라 육체적 · 정신적 · 사회적으로 완전한 안녕 상태를 말한다."라고 명시되어 있다(유영주, 2004). 즉, 육체적으로 건강할 뿐만 아니라 정신적으로나 사회적으로도 안녕 상태를 유지해야만 건강하다고 본 것이다. 이러한 건강의 의미를 가정 혹은 가족에 적용해 보면 '건강가정'이란 기본적으로 가족이 건강하게 기능하여 가족원이 정신적 · 사회적 안녕감을 갖는 가정이라고 할 수 있다.

건강가정에 대한 연구가 1960년대 미국에서 시작된 이래, 스틴넷(Stinnett) 등이 건강가족 연구를 체계화한 후 새로운 관점으로서 건강가족적 관점(strong family perspective)이 등장하게 되었다. 이 관점은 가족의 병리적이고 부정적인 측면보다는 강점과 긍정적인 측면에 초점을 둔다(유영주, 2004).

1) 건강, 가정, 가족 및 가구의 개념

일반적으로 가족은 혼인이나 혈연, 입양으로 이루어진 일차집단이라고 할 수 있다. 이러한 가족의 의미는 종종 가정이나 가구라는 용어와 혼용되고 있는데 「건강가정기본법」에서는 '가족(家族)'이란 '혼인 · 혈연 · 입양으로 이루어진 사회의 기본단위'이며, '가정(家庭)'이란 '가족 구성원이 생계 · 주거를 함께하는 생활공동체로서, 구성원의 일상적인 부양 · 양육 · 보호 · 교육 등이 이루어지는 생활단위(제3조)'로 구분하고 있다. 한편, 통계청에서 인구조사 시 사용하는 '가구(家口)'는 '1인 또는 2인 이상이 모여서 취사, 취침 등 생계를 함께하는 생활단위'를 말하는 것으로, 세대별 가구라고 할 때는 가구주와 그 가족의 친족관계에 따라서 1세대 가구, 2세대 가구 등으로 구분한다. 또한 「민법」(제779조)에 의하면, 가족의 범위는 ① 배우자, 직계혈족 및 형제자매, ② 직계혈족의 배우자, 배우자의 직계혈족 및 배우자의 형제자매로, ②의 경우는 생계를 같이하는 경우에 한한다고 명시되어 있다.

가족과 가정이라는 용어는 크게 구분되지 않고 사용되고 있으나, 연구자에 따라 다음과 같이 구분하여 설명하기도 한다(송혜림 외, 2005). 먼저, 가족이라는 개념은 같이 사는 사람들, 즉 식구를 지칭하는 것으로 해석되거나 같이 사는 사람들의 관계 혹은 그들의 삶을 규정하는 제도로도 해석된다. 그리고 가족 개념에는 이념적 · 법적 · 제도적 차원이 포함되어 있으며 가족원 간의 관계가 형성되는 배경이나 관계 범위가 중요하게 작용한다. 즉, 가족은 대체로 혈연이나 결혼 등으로 맺어진 사람들의 집단을 말한다. 많은 사회는 가족의 범위를 법률이나 그 외의 규범으로 규정하고 있다. 이에 비해 가정이라는 용어는 가족의 구조나 관계의 개념보다는 생활의 측면이 더 강조되는 개념이다. 즉, 가정은 가족원의 일상생활이 영위되는 장소이자 삶의 물적 · 인적 토대가 되는 근원지로서 어떤 형태의 가족이든 그들이 이루고 있는 공동체적 생활 토대 개념이 강조된다. 그러므로 가족의 구조와 유형이 아닌 생활이나 기능에 주목할 때는 가족보다는 가정이라는 용어 사용이 더 적합하다.

참고 2-1 「건강가정기본법」상의 가족

1. "가족"이라 함은 혼인 · 혈연 · 입양으로 이루어진 사회의 기본단위를 말한다.
2. "가정"이라 함은 가족 구성원이 생계 또는 주거를 함께하는 생활공동체로서 구성원의 일상적인 부양 · 양육 · 보호 · 교육 등이 이루어지는 생활단위를 말한다.
3. "건강가정"이라 함은 가족 구성원의 욕구가 충족되고 인간다운 삶이 보장되는 가정을 말한다.

–「건강가정기본법」 제3조 中

한편, 가정이란 가족이 함께 생활하며 성장하는 최초의 사회적 환경이자 인간에게 가장 친밀한 혈연집단인 가족이 동거동재(同居同財)하면서 생활을 영위하는 주요 장소다. 그러므로 가정은 가족이 생활하는 공간으로서의 의미를 넘어서 가족의 감정과 의식, 가치와 규범, 행동이 형성되는 심리적 환경과 가족이 생활하는 데 필요한 의식주의 물리적 환경을 모두 포함하는 개념이라고 할 수 있다. '집'이란 한국인에게 과거에서 현재를 거쳐 미래에 이르는 초시간적 · 초관념적 집단(최재석, 1989)으로, 가족과 가정의 의미를 모두 포함하는 문화적으로 중요한 용어라고 할 수 있다. "집이 어디야?" "너희 집은 식구가 몇이니?" "우리 집은 분위기가 좋아." "우리 집에선 서로 비밀이 없어." "집밥이 최고야." 등등 '집'이라는 용어는 한국인에게 있어 단순히 가족이 거주하는 공간적인 의미뿐만 아니라 인적 · 관계적 · 심리적 측면에 초점을 둔 가족 개념과 물적 · 행동적 · 관리적 측면에 초점을 둔 가정 개념을 포괄하는 문화적 상징성을 갖는 의미있는 용어라고 할 수 있다.

이처럼 가족과 가정의 용어가 개념상 다르게 정의될 수 있으나 일반적으로 일상생활이나 연구 분야, 가족정책, 법률명, 정부 부처명 등에서 가족과 가정이라는 용어는 특별한 의미 구분 없이 혼용되고 있다. 이 책에서도 가족과 가정의 용어를 엄격한 의미 구분 없이 맥락에 따라 혼용하고자 한다.

2) 건강가정 관점의 등장배경

건강가정을 건강가족으로 표현하면서 건강가족의 개념과 용어 정의에 대한 국내외 연구를 정리한 유영주(2001)에 의하면, 건강가족은 'strong family' 혹은 'healthy family'를 번역한 것으로 외국의 경우 오토(Otto)가 이미 1960년대 초에 제시한 개념이다. 즉, 「건강가족이란 무엇인가(What is strong family?)」라는 오토의 연구가 이루어진 후 건강가족에 대한 관심이 커졌다. 미국의 경우 높은 이혼율, 청소년 범죄, 가족학대, 폭력, 알코올중독자, 마약중독자 등 갖가지 가족문제가 발생된 1970년대에 건강가족에 대한 연구가 국가적 과제가 되었다. 국내에서 건강가족에 대해 선구적으로 연구를 시작한 유영주(2001)는 건강가족을 "가족원 개개인의 건강한 발달을 도모하고 가족원 간의 상호작용이 원만하여 집단으로서의 가족체계를 잘 유지하는 가족"으로 정의하였다. 올슨과 스틴넷(Olson & Stinnett)은 건강한 가족은 "가족원 간의 상호작용의 질이 개개인의 심리적 안녕에 기여하는 가족"이라 정의하고, 건강가족은 가족의 외적 구조에 중점을 두는 것이 아니라 가족원 상호 간의 내적 과정에 중점을 둔다는 점을 강조하였다(유영주, 2004). 따라서 건강가족은 가족의 형태나 외형적 구조로 구분하는 개념이 아니라 가족원 간의 내적 관계와 가족이 수행하는 기능을 기준으로 판단하는 것이라 할 수 있다. 따라서 가족이 가족원 개개인의 욕구를 충족시키고 가족 내에서의 관계가 상호 만족스러우며 가족으로서의 대내외적 기능을 잘 수행한다면 그 가족은 건강하다고 할 수 있다. 이렇게 본다면 건강한 한부모가정, 건강한 재혼가정, 건강한 다문화가정, 건강한 조손가정 등 다양한 유형의 건강가족이 있을 수 있다.

또한 건강한 사람도 때로는 건강 상태가 좋았다가 나빠질 수 있듯이 어느 한 시점에서는 건강가족이라 하더라도 가족갈등이나 실직 등 크고 작은 위기나 스트레스를 겪을 때 건강성이 약화될 수 있다. 바로 그때 어떤 가족이 건강한가, 그렇지 않은가를 구별할 수 있다. 즉, 가족이 위기상황에서도 가족의 건강성을 유지하거나 더 강화하거나 혹은 일시적으로 약화되었다가도 다시 건강성을 회복하는 가족이라면 건강가족이라 할 수 있을 것이다. 그리고 가족갈등이 심하거나 가족 기능이 약해진 가족이라도 가족의 노력과 주위의 도움 여하에 따라 건강하게 기능하는 화목한 가족이 될 수 있듯이, 가족의 건강성이 회복되면 어떠한 가족이라도 건강가족이 될 수 있다.

건강가정이라는 용어는 국외 연구에서 다양한 용어로 혼용되었는데, 많은 연구자가 **'건강한 가족**(healthy family)' **'강한 가족**(strong family)' **'기능적인 가족**(functional family)' **'균형 있는 가족**(balanced family)' **'탄력적인 가족**(resilient family)' **'정상적인 가족**(normal family)' **'최적의 가족**(optimal family)' 등의 용어를 사용하였다. 건강가족을 정상적인 가족으로 간주할 때 생길 수 있는 개념적 혼란과 오해에 대하여 월쉬(Walsh)는 정상 가족의 개념을 '증상이 없는 가족' '보통 가족으로서의 정상 가족' '적절히 기능하는 가족으로서의 정상 가족' '정상적인 가족과정 관점에서의 정상 가족'으로 정리하였다(유영주, 2001). 건강가족에 대한 연구가 가족학 분야에서 시작되었기 때문에 연구 분야에서는 건강가족이라는 용어가 주로 사용되어 왔다. 그러나 가족이라는 용어가 갖는 가족관계 중심의 제한적인 이미지와 복지 서비스의 단위로 가정이라는 용어를 선호하는 경향으로 인해 정책 분야에서는 건강가족과 건강가정의 용어가 혼용되고 있다가 현재는 건강가정이 보편적으로 사용되고 있다. 이는 2004년 2월 9일 제정된 「건강가정기본법」의 제3조에서는 건강가족이 아닌 건강가정에 대한 정의로 건강가정 명칭을 채택하였으며, 동법에서 '건강가정'을 "가족 구성원의 욕구가 충족되고 인간다운 삶이 보장되는 가정"이라고 명시하고 있는 데에 기인한다.

참고 2-2 법률적 근거로서의 건강가정

건강한 가정의 중요성은 다음과 같은 법률에서 법의 목적이나 기본 이념, 국가의 의무로 규정하고 있는 데에서도 확인할 수 있다. 다음 법에서는 건강한 혹은 건전한 가족이라는 용어로 사용되고 있다.

「건강가정기본법」

제1조(목적) 이 법은 **건강한 가정생활**의 영위와 가족의 유지 및 발전을 위한 국민의 권리·의무와 국가 및 지방자치단체 등의 책임을 명백히 하고, 가정문제의 적절한 해결방안을 강구하며 가족구성원의 복지증진에 이바지할 수 있는 지원정책을 강화함으로써 건강가정 구현에 기여하는 것을 목적으로 한다.

제2조(기본이념) 가정은 개인의 기본적인 욕구를 충족시키고 사회통합을 위하여 기능할 수 있도록 유지·발전되어야 한다.

「가정폭력범죄의 처벌 등에 관한 특례법」

제1조(목적) 이 법은 가정폭력범죄의 형사처벌 절차에 관한 특례를 정하고 가정폭력범죄를 범한 사람에 대하여 환경의 조정과 성행(性行)의 교정을 위한 보호처분을 함으로써 가정폭력범죄로 파괴된 가정의 평화와 안정을 회복하고 **건강한 가정**을 가꾸며 피해자와 가족구성원의 인권을 보호함을 목적으로 한다.

「사회보장기본법」

제6조(국가 등과 가정) ① 국가와 지방자치단체는 **가정이 건전하게** 유지되고 그 기능이 향상되도록 노력하여야 한다. ② 국가와 지방자치단체는 사회보장제도를 시행할 때에 가정과 지역공동체의 자발적인 복지활동을 촉진하여야 한다.

「노인복지법」

제3조(가족제도의 유지·발전) 국가와 국민은 경로효친의 미풍양속에 따른 **건전한 가족**제도가 유지·발전되도록 노력하여야 한다.

2. 건강가정의 특징

1) 세계 각국의 건강가정의 특징

건강가정에 대한 연구의 역사는 비교적 짧지만, 세계 각국의 많은 연구자들에 의해 각국의 건강가정의 특징 혹은 요소에 대한 연구들이 진행되어 왔다(〈표 2-1〉 참조).

표 2-1 각국의 가족건강성 연구

국가	연구자별 가족건강성의 요소	
미국	연구자	Stinnett & DeFrain 등 (1977, 1985, 2002)
	건강성 요소	감사(존중)과 애정 헌신 긍정적 의사소통 즐거운 시간의 공유 정신적 안녕 스트레스와 위기의 효과적인 관리 
중국	연구자	Xia, Xie, & Zhou (2004) Xie, DeFrain, Merdit, & Combs (1996) Xu & Fe (2002) Xu, Anqui Xie, Liu, Xia, & Liu (2007)
	건강성 요소	3대 간 시간 공유 및 함께하기 사랑, 존중, 친화력 보호와 헌신 의사소통 가족지지 정신적 신념(자연, 자신, 타인 및 세계의 평화에 대한) 가족 전통 및 조화 변화에 대한 적응력

국가	구분	내용
아랍 에미리트	연구자	Sani & Buhannad (2003)
	건강성 요소	가부장적 가족구조 가족에 의한 결혼 성별에 기초한 권리와 책임, 특권 강력한 가족유대감(무와다) 확대가족(드후리야) 동거하거나 이웃에 사는 친족들 빈번한 의논 역할 모델이자 조언자인 노인들 위기는 알라의 시험 적절한 지침을 제시하는 이슬람교적 신념(타쿠와)과 수행 개인주의에 우선하는 집단주의 개인, 부부, 가족 복지를 지지하는 정부
이스라엘	연구자	Maha (2007)
	건강성 요소	가족과 전통에 대한 책임감 신앙심 대화방식 모든 집단을 결집시키는 강력한 치유력(에너지)
한국	연구자	유영주, DeFrain 등 (2004)
	건강성 요소	가족원에 대한 존중 유대의식 감사와 애정 긍정적인 의사소통 가치관 목표 공유 역할 충실 문제해결 능력 경제적 안정 사회와의 유대

출처: 유영주 외(2009: 60-61)의 내용을 재구성함.

참고 2-3 조선시대의 살림남

흔히 조선시대의 남자들은 다 가부장적이었을 것이라고 생각하는데, 실제로는 살림의 달인이라 불리는 양반층의 남자들이 많았다. 제사준비나 멀리 떨어져 있는 자녀들에게 편지를 보내거나 직접 고추장을 담가 편지와 함께 자녀에게 보낸 연암 박지원 같은 학자도 있었다. 오늘날 맞벌이 가정에서조차 가사노동이 여전히 여성에게 편중된 성별 분업의 시작은 일제강점기에 강제 노역을 위해 생겨난 남녀의 성 역할 구분과 일제에 의해 의도적·조직적으로 식민지 사회에 이식되어 강화된 근대의 왜곡된 여성상인 현모양처의 이미지의 잔재가 바탕에 있다.

출처: 지식채널e(2022. 02. 09.).

가족학 연구에서 이루어진 건강가정(건강가족)의 요소에 대한 가장 광범위한 연구는 스틴넷과 드프레인(Stinnett & DeFrain) 그리고 그 동료들에 의해 이루어졌다. 그들은 지난 25년 동안 미국과 세계 27개국의 다양한 형태의 2만여 가족을 조사한 자료를 수집하여 건강가족에 공통적으로 존재하는 여섯 가지 중요한 특징을 밝혀냈다. 그 특징은, ① 감사와 애정, ② 헌신, ③ 긍정적인 의사소통, ④ 함께 즐거운 시간 보내기, ⑤ 정신적 안녕, ⑥ 스트레스와 위기 대처능력이다(Olson & DeFrain, 2006: 70). 이러한 건강가정의 특징들은 여러 나라에서도 문화적 차이에도 불구하고 비교적 공통적인 것으로 나타났는데, 그러한 특징들을 자세히 살펴보면 다음과 같다.

(1) 감사와 애정

건강한 가족은 서로에게 감사와 애정(appreciation & affection)을 표현한다. 가족은 서로를 깊이 사랑하고, 이를 상대방에게 자주 말해 주거나 웃어 주거나 껴안아 주거나 가볍게 등을 두드려 주는 것 등을 통해 사랑을 표현한다. 건강한 가족은 상대방을 비난할 경우가 있을 때도 상대방의 기분이 상하지 않도록 부드럽게 이야기한다. 그러나 많은 가족이 자신의 가족에게 감사와 애정을 표현하지 않으며, 건강하지 못한 가족은 부정적인 것에 초점을 두어 '에너지를 방전시키는 사람'들처럼 상대방의 자존심과 기분 좋은 감정을 앗아 가 버림으로써 에너지를 얻기도 한다.

참고 2-4 당신의 가족을 위한 여섯 가지 아이디어: 가정에서 감사표현의 실천

① 배우자의 장점을 열 가지씩 적는다.

(당장 열 가지가 떠오르지 않으면 다섯 가지라도) 구체적으로 적어야 한다. 한 젊은 여성은 아버지의 긍정적인 성격을 아버지가 좋아했던 사진에 새겨 넣었다. 또 어떤 사람은 여행할 때 차 안에서 "우리 모두 한 사람씩 차례로 차안의 모든 사람들에게 그들의 어떤 면을 좋아하는지 말하기로 합시다."라고 제안했다.

② 가정을 긍정적이고 즐거운 환경으로 만든다.

이렇게 할 수 있는 한 가지 방법은 부정적이고 비판적인 말을 긍정적인 말로 바꾸는 것이다. 어떤 부정적인 진술이라도 긍정적인 진술로 바꿀 수 있다.

③ 상황을 재정의해 본다.

우리 자신이나 타인에게서 발견되는 흠에서도 긍정적인 면을 찾을 수 있다. 예를 들어, 다음의 표현을 긍정적인 말로 바꾸어 본다.

헤프다.

돈을 많이 쓴다. …… 대 …… 남에게 잘 베푼다.

말이 많다.

쉴 새 없이 말한다. …… 대 …… 이야기하기를 좋아한다.

지배적이다.

무엇이든 자기 마음대로다. …… 대 …… 리더십이 강하다.

규칙을 지키지 않는다.

항상 제멋대로다. …… 대 …… 창의적이다.

④ 감사를 표할 때 이를 고맙게 받아들임으로써 감사표현을 촉진한다.

칭찬을 해 줄 때 똑같이 칭찬거리를 찾아서 해 주어야 한다는 것이 아니다. 때로는 "고맙다." 라는 말로도 충분하다. 아니면 "그렇게 봐 주시니 고마워요."라고 하거나 "당신은 남의 장점을 잘 보는군요."라고 말해도 좋다. 이렇게 상대방의 칭찬을 수용해야 상대방의 기분을 좋게 하고 앞으로도 칭찬을 잘 할 수 있도록 독려하게 된다.

⑤ 배우자나 자녀에게 하루에 하나씩 칭찬을 한다.

이것을 매일의 목표로 삼는다. 어떤 사람은 차트를 만들어 매일 칭찬한 목록을 정리해 두기도 한다. 좀 기계적인 일 같기는 하지만 이러한 차트는 습관을 들이는 데 도움이 된다. 감사와 애정의 표현이 습관화되면 차트가 필요 없다.

⑥ 생일날 사랑의 편지를 쓴다.

매년 배우자와 자녀들의 생일에 편지를 써서 준다. 그 편지에서 지난날 함께 했던 일에 대한 추억을 나눌 수 있고, 특별히 자랑스러웠던 것을 적을 수도 있다. 그들이 한 일이나 당신이 좋아하는 장점들을 써 볼 수도 있다. 이것은 받는 사람의 자아존중감을 높여 주고 건강한 관계를 형성하는 데 도움을 준다.

출처: Stinnett와 Beam (2004)에서 재구성.

(2) 헌신

건강한 가족은 일이나 다른 어떤 것보다도 가족 상호작용에 우선순위를 두고 가족 활동에 시간과 에너지를 투자함으로써 서로에게 강하게 헌신(commitment)하는 모습을 보인다. 그러나 헌신이라고 해서 가족을 위해 무조건 희생한다는 의미는 아니며 가족을 인생에서 중요한 존재로 인식하고 가족과 함께하는 시간과 활동에 우선순위를 둔다는 것이다. 이때 헌신의 의미 속에는 부부로서 성적으로 정조를 지킨다는 의미도 포함된다.

참고 2-5 **1950년대 여성 3대의 가족사를 그린 〈폭싹 속았수다〉**

넷플릭스 〈폭싹 속았수다〉는 광례–애순–금명으로 이어지는 여성 3대의 가족사를 통해 한국 근현대사를 그려 내는 시대극이다. 총 4막으로 이루어진 작품에서 세 여성은 각자 다른 시대를 살아가지만, 생존에 대한 열망을 모성으로 대물림하며 억압과 차별 속에서 자신으로 살아남은 하나의 초상이 된다. (중략) 이 드라마는 …… 운명에 순응하지 않는 여성의 인생이 소문으로 각색되는 과정을 착실하게 그려 낸 후, 소문의 주인공에게 직접 서술의 기회를 주며 한 사람의 인생에 대한 관점을 회복시킨다. 광례, 애순, 금명의 목소리로 서술된 이야기는 편견으로 쌓아 올려진 소문은 진실과 얼마나 멀리 있는지, 그 진실을 회복하는 것이 인간에게 어떤 의미가 있는지를 깨닫게 하고 차별과 억압, 오해와 편견 속에서도 한 인간이 자신을 지킬 수 있는 힘은 자기 자신에 대한 믿음과 그 믿음을 지지해 주는 타인들의 관계 속에서 형성된다는 것을 인식시킨다.

출처: 데일리안(2025. 3. 19.).

(3) 긍정적인 의사소통

건강한 가족의 필수적인 요소 중 하나는 긍정적인 의사소통(positive communication)이다. 대부분의 가족은 서로 대화하는 데 많은 시간을 보내지 않는다. 그러나 건강한 가족은 서로가 가족으로 연결되었다고 느끼기 위해서 이야기하고 경청한다. 그러나 건강한 가족이라고 해서 항상 대화에서 의견 일치를 보이는 것은 아니며 의견 차이와 갈등을 겪기도 한다. 이때 건강한 가족은 상대방을 비난하지 않고 직접적이고 솔직하게 말한다. 반면에 건강하지 못한 가족은 과도하게 비판적이고 적대적이며 문제를 부정하고 언어적 갈등을 피한다. 언어적 적대감은 생산적인 방법이 아니지만 문제를 피하는 것 역시 마찬가지로 생산적인 방법은 아니다. 건강한 가족은 경청을 잘하고 사람들의 세계관이 다양하다는 것을 이해한다. 또한 유머를 잘 사용하고 잘 웃는다. 유머의 사용과 가족의 건강성 간의 상관을 살펴본 연구에 의하면 건강한 가족일수록 긍정적인 인생관을 유지하고 애정 표현을 자주 하며 긴장과 불안을 줄이고 대화를 촉

참고 2-6 5가지 사랑의 언어

1. 인정하는 말: 칭찬하는 말이나 감사의 표현
2. 함께하는 시간: 상대에게 완전히 집중
3. 선물: 기념일같은 특별한 날의 선물
4. 봉사: 상대방이 일상생활에서 원하는 것을 해 주는 행동
5. 스킨십: 사랑을 느낄 수 있는 손잡기, 포옹 등의 접촉

개인마다 선호하는 사랑의 언어가 다르므로 자신과 상대방의 사랑의 언어를 파악하고 이해하며 상대방에게 자신의 사랑의 언어를 알려주고 상대방의 사랑의 언어에 맞춰 주는 노력이 필요하다. 가능하면 5가지 사랑의 언어를 골고루 사용하는 것이 좋다.

출처: 게리 채프먼(2024).

진한다. 또한 어려운 상황에 잘 대처하기 위해 유머를 자주 사용하지만 다른 가족원을 깎아내리거나 비꼬기 위한 유머는 별로 사용하지 않는 것으로 나타났다.

(4) 함께 즐거운 시간 보내기

"무엇이 행복한 가족으로 만든다고 생각하는가?"라는 질문에서 가장 많이 나온 응답은 바로 함께 협력하고 함께 즐거운 시간(time together)을 보내야 행복한 가족이 될 수 있다는 것이었다. 많은 사람은 흔히 자신이 가족과 많은 시간을 보내지는 않지만 질적으로 좋은 시간(quality time)을 보내려고 노력한다. 그러나 사람들이 갖는 행복한 기억들은 상당한 시간을 함께 보내면서 지낸 질적으로 좋은 시간 속에서 나온다. 가족으로서 활동을 공유할 때 행복감을 느낄 수 있는데, 즐겁게 함께 시간을 보내는 데에는 돈이 들지 않는 단순한 활동들이 많다. 건강한 가족은 식사를 함께 하거나 집안일을 함께 하거나 캠핑이나 산책, 등산 같은 야외활동을 즐기는 등의 일상적이고 평범한 활동을 함께한다. 가족은 일상에서 생일이나 기념일을 축하하는 것과 같이 가족 전통에 해당하는 가족 의례들로 가족과의 연결감이나 심리적인 안정성을 가진다.

(5) 정신적 안녕

건강한 가족은 정신적 안녕(spritual wellness)을 신앙심이나 희망, 인생에 대한 긍정심, 세계와의 일체감, 윤리적 가치, 중요한 신념에 대한 맹세, 서로에 대해 신성하게 느끼는 사랑 등으로 다양하게 표현한다. 이러한 정신적 안녕은 나눔과 사랑, 연민을 촉진하는 개인 내적인 애정의 진원지라고 할 수 있으며, 사람들로 하여금 자신을 초월하게 하는 감정이나 힘이다. 이때 정신적 안녕은 정신적이라는 것과 종교적이라는 것의 구분이 필요하다. 즉, 정신적 믿음은 개인적이고 보다 보편적인 믿음인 반면, 종교적 믿음은 가족 역동보다는 종교단체와 연결된 공적이고 외적인 체계를 강조한다. 정신적으로 일치하는 가족은 자신들의 믿음을 가족 행동과 전통으로 통합한다. 정신적 믿음을 같이하는 부부는 성공적인 결혼생활을 하는 것으로 나타났으며(Larsen & Olson, 2004), 정신적 믿음에 높은 의견 일치를 보인 부부들일수록 더 행복한 결혼생활을 한다. 또한 이런 부부들은 의사소통 능력과 갈등해결 능력이 더 많고, 친밀감과 부부로서의 융통성 수준이 더 높은 등 다른 강점들도 많은 것으로 나타났다.

(6) 스트레스와 위기 대처능력

건강한 가족이라고 해서 가족문제가 발생하지 않는 것은 아니지만 역기능적인 가족만큼 위기에 취약하지는 않다. 건강한 가족은 오히려 스트레스와 위기(ability to cope with stress & crisis)를 효과적으로 대처하는 능력을 갖고 있다. 건강한 가족은 문제가 발생하기 전에 예방하는 데 성공적이다. 하지만 인생에서 스트레스를 야기하는 어떤 문제들은 불가피하다. 건강한 가족이라도 가족원의 질병이나 수술 혹은 죽음, 성인 자녀나 친인척 형제자매와의 관계를 포함한 결혼상의 문제, 자녀의 임신과 비행 혹은 학교 부적응 등의 문제를 겪는다. 그러나 건강한 가족은 이러한 위기에 대처하는 데 성공적이다. 건강한 가족은 위기가 닥치면 가족이 모두 협력하며, 서로의 부담을 덜어 주기 위해 역할을 맡는다. 그리고 문제를 스스로 해결할 수 없다면 상담과 같은 외부의 도움을 요청하기도 한다. 이러한 점은 자신들에게 문제가 있고 외부의 조언을 구할 필요가 있다는 것을 인정하지 않는 진정으로 문제가 있는 가족들과 대조적이다.

표 2-2 건강가족의 여섯 가지 특성과 하위 요소

건강가족의 특성	하위 요소
헌신	신뢰 정직 의존성 믿음
긍정적 의사소통	감정의 공유 칭찬하기 비난을 피하기 타협할 줄 알기 의견불일치에 대한 수용
정신적 안녕	희망 신앙 유머 열정 윤리적 가치관 공유 인류애
감사와 애정	상호 돌봄 우정 개성에 대한 존중
함께하는 즐거운 시간	많은 양의 시간 속의 질적인 시간 가족원의 친구들과 잘 지내는 것 단순히 즐거운 시간 보내기
스트레스와 위기에 대한 대처능력	적응성 위기를 도전과 기회로 봄 위기를 통해 함께 성장함 변화에 대한 개방성 탄력성(회복성)

출처: Olson & DeFrain (2006: 70).

2) 한국 건강가정의 특징

앞서 건강가정의 공통적인 여섯 가지의 구성 요소의 특징은 보다 관계적이고 심리적이며 정신적 혹은 행동적인 면이 강조된 반면, 국내에서 제시된 건강가정의 구성 요소는 보다 광범위하고 다차원적인 측면이 있다. 대표적으로 한국의 건강가정의 구성 요소를 제시한 연구(조희금 외, 2023)에 의하면 건강가정이란 가족구성원의 욕구가 충족된 상태로 간주하면서 건강가정의 특징을 기본적인 토대와 가족관계, 가족 역할, 사회와의 관계, 가정 문화의 다양한 측면을 포괄하는 것으로 제시하였다. 그러한 건강가정 특징의 각각의 구성 요소는 [그림 2-1]과 같다.

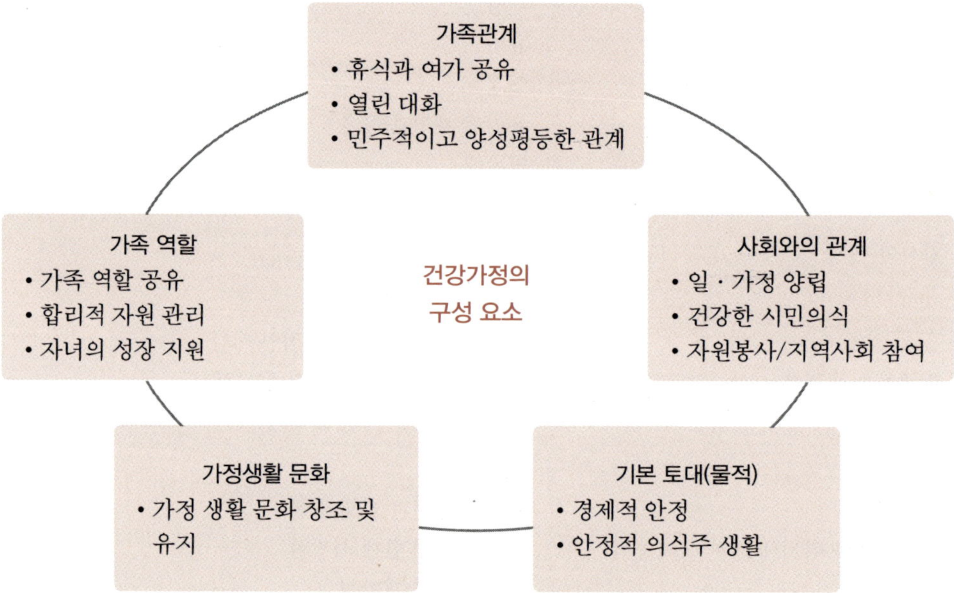

[그림 2-1] 건강가정의 구성 요소

출처: 조희금 외(2023)에서 재구성.

- 기본 토대: 가정의 경제적인 안정과 안정적인 의식주 생활을 포함한 물적 토대
- 가족관계: 민주적이고 양성 평등한 가족관계, 열린 대화, 휴식과 여가 공유

• 가족 역할: 자녀의 성장 · 발달 지원, 합리적인 자원관리, 가족 역할 공유
• 사회와의 관계: 일과 가정의 조화, 건강한 시민의식과 자원봉사 활동, 지역사회 활동 참여
• 가정 문화: 건강한 가정생활 문화의 유지 및 창조

3. 건강가정의 필요성

오늘날 가족을 둘러싼 급격한 국내외의 사회경제적 변화와 가족에 대한 가치관의 변화로 가족의 형태는 다양해지고 가족의 기능은 축소되는 상황 속에서 가족의 위기나 문제에 대한 많은 담론들이 넘쳐 나고 있다. 그러나 최근 우리 사회에서 우려하고 있는 가족의 위기나 가족문제가 증가할수록 건강한 가정에 대한 개인적 요구와 사회적 기대는 더 커지고 있으며 행복한 가족에 대한 중요성 또한 증가한다고 할 수 있다. 어느 때보다도 개인과 사회 그리고 국가적 측면에서 특히 더 건강가정에 대해 주목해야 할 시점에서 그 필요성은 다음과 같이 생각해 볼 수 있다.

1) 건강가정을 통한 개인의 행복과 삶의 질 향상

후기 산업사회로 갈수록 가족의 기능이 약화될 것인가 혹은 강화될 것인가에 대한 논쟁이 있지만 여전히 결혼은 어느 사회에서나 대부분의 사람이 선택하는 대표적인 생활방식이며, 가족은 인류 역사상 가장 오랫동안 지속되어 온 사회적 제도라고 할 수 있다. 그것은 아마도 산업기술과 경제발전 같은 물질문명의 눈부신 발전에도 불구하고 여전히 인간은 가족과 같은 친밀한 인간관계를 통해 물질적으로 채워지지 않는 심리적 · 정신적 욕구를 충족하려는 존재이며, 그러한 욕구 충족이 이루어질 때 인생의 행복을 느끼는 존재이기 때문일 것이다. 그리고 개인이 인생에서 느끼는 행복 가운데 행복하고 만족스러운 가정생활을 영위하는 데서 느끼는 행복은 어느 사회나 문화를 막론하고 개인의 인생에서 중요한 비중을 차지한다고 할 수 있다.

매슬로(Maslow, 1987)에 의하면, 인간 욕구는 가장 기본적이며 낮은 생리적 욕구에서 안전 욕구, 소속감과 사랑에 대한 욕구, 자아존중감에 대한 욕구, 그리고 가장 높은 수준의 자아실현에 대한 욕구가 위계적으로 있으며, 이러한 욕구들이 충족될 때 인생 전반에 대해 행복을 느끼게 된다. 건강하게 기능하는 가족은 매슬로가 말한 인간의 욕구들을 충족시킬 수 있는 기본적인 토대가 될 수 있으며 행복의 조건이 될 수 있다. 하버드대학 졸업생들을 72년간 추적하여 연구한 조지 베일런트(2011)는 노년까지 건강하고 행복하게 사는 요소로 금연, 금주, 운동과 같은 건강한 생활습관과 배우자와의 행복하고 안정된 결혼생활, 성숙한 방어기제 그리고 평생교육을 꼽았다. 이는 개인의 행복에 결혼생활과 같은 가족관계가 중요함을 시사한다(〈참고 2-7〉 참조). 건강가정은 개인의 행복뿐만 아니라 사회 구성원들의 삶의 질을 향상하기 위해서도 필요하다.

오늘날 삶의 질은 전 세계적으로 보편적인 관심사이자 정책적 의제다. UN 산하 지속가능발전해법 네트워크에서 발간한 『세계행복보고서 2023』에서 한국인들이 스스로 자신의 삶의 질을 평가한 주관적 행복도는 조사대상 137개국 가운데 57위이며 OECD 회원국 중에서는 최하위인 튀르키예, 콜롬비아, 그리스 다음으로 최하위권으로 나타났다. 또한 한국이 1인당 GDP 및 건강기대여명은 비교적 우수하나, '삶을 선택할 자유'의 측면과 힘들 때 도움을 청하거나 의지할 수 있는 사회적 지지의 측면은

참고 2-7 치유에 영향을 준 가장 중요한 사건은...

성인발달 연구에서 유년기에 사랑받지 못한 남성들의 삶을 조사했다. 도심에 거주하는 456명 중 30명을 연구 대상으로 선정했는데 모두 유년기가 대단히 황폐하고 지속적인 성인발달이 가장 의심되는 청년들이었다. 그들은 아동발달심리학자들이 회복을 '방해'한다고 입증해 온 변수들을 유년기에 경험했다. 그러나 그들이 50세나 60세가 되었을 때 30명 중 9명은 성공적이고 생산적인 삶을 영위하고 있었다. 퀸튼과 러터가 실시한 연구의 여성들처럼 치유에 영향을 준 가장 중요한 사건은 '사랑해 주는 배우자를 찾은 것'이었다.

출처: 조지 베일런트 (2011: 59).

취약한 것으로 나타났다(허종호, 2023). 아동 · 청소년의 삶의 만족도도 OECD 국가 중 최하위로 나타났는데(통계청, 2022. 12. 13.), 청소년은 성적이나 경제 수준보다 부모와의 관계에서 행복감을 느끼는 것으로 나타났다.

한국과 같이 단기간에 급속한 경제성장을 이룬 국가들은 경제발전 목표에 치중한 나머지 개인이나 가족의 행복과 안녕, 삶의 질, 사회적 평등과 공정한 분배와 같은 근본적이고 중요한 가치들을 도외시한 결과 개인과 가족의 행복과 삶의 질 저하, 사회적 불평등과 소외현상의 증가와 같은 부작용을 낳고 있다. 이러한 점에서 개개인이 건강하고 행복한 가정생활을 영위하는 건강가정은 개인의 행복과 삶의 질을 높이는 데 중요하게 기여할 수 있을 것이다.

2) 다양한 가족의 등장과 가족건강성에 대한 관심

오늘날 전 세계적으로나 국내적으로 결혼과 가족에 대한 사람들의 관념은 전통적 가치관에서 벗어나 개인적이면서 다원화된 가치관으로 크게 변화하였으며 가족을 둘러싼 사회문화 및 경제적 상황의 변화로 인해 가족의 형태 또한 매우 다양해지고 있다. 현재 우리 사회에서도 한부모가족, 다문화가족을 비롯하여 조손가족, 무자녀가족, 입양가족, 재혼가족, 비혼동거가족 등 다양한 형태의 가족이 나타나고 있으며, 이혼의 증가로 한부모가족이나 조손가족이 증가하고 결혼장벽이 높아짐에 따라 동거부부 또한 증가하고 있다. 이처럼 다양한 가족 형태에 대한 국민 수용도 또한 과거에 비해 보다 개방적으로 변하고 있는데 특히 젊은 세대인 경우 그러한 가치관의 변화는 현실적으로 다양한 가족 형태 및 생애주기의 변화에도 영향을 미칠 것으로 전망된다.

다양한 유형의 가족이 증가하는 현실에서 지금까지 부부와 친자녀로 구성된 핵가족만을 이상적인 정상가족으로 간주했던 관점은 더 이상 통용되지 않는다. 그러므로 가족의 형태를 막론하고 어느 가족에나 존재하는 보편적이고 공통적인 건강가정의 요소는 무엇인지 혹은 다양한 가족 형태에 고유한 가족건강성은 무엇이며 어떠한 방식으로 건강한 가족으로 기능하는지에 대해 관심을 둘 필요가 있다.

3) 건강가정을 통한 개인적 병리와 가족문제의 예방

한국은 지난 수십 년간 눈부신 경제발전을 이루어 왔으나 국민 개개인의 정신적 건강이나 안녕감은 과거에 비해 오히려 퇴보하여 자살이나 가정폭력, 아동학대와 같은 개인적 · 가족병리적 문제이자 사회적인 문제들이 끊이지 않고 있다. 개인적 · 사회적 정신건강 수준을 단적으로 보여 주는 자살률의 경우 한국은 2023년 기준 인구 십만 명당 27.3명(남자 38.3명, 여자 16.5명)으로 비교대상 국가들 가운데 최고 수준으로 OECD 회원국가 평균(10.7명)보다 두 배가량 높다(통계청, 2024). 자살시도자들의 자살시도 이유로는 우울감과 같은 정신과적 증상이 가장 많았으나 대인관계로 인한 스트레스도 그다음으로 큰 비중을 차지하였고, 특히 40대는 부부문제로, 50~60대는 가족이나 지인의 신체건강 문제가 자살의 위험성을 증대시키는 것으로 나타났다(보건복지부, 2015. 4. 1.). 한국이 경제 수준이나 문화적으로 국가적 위상이 높아졌으나 불안감과 우울증, 자살률은 갈수록 높아지면서 사회적 고립과 외로움으로 '한국은 가장 우울한 사회'(연합뉴스, 2024. 1. 28.)라고까지 불리고 있다.

자살과 같은 극단적이고 심각하며, 개인적이면서 동시에 사회적인 문제를 예방하기 위해서는 개인에게 가장 중요한 일차집단인 가족의 애정과 관심, 상호 지지가 무엇보다 중요하다고 할 수 있다. 결혼을 통해 친밀한 인간관계를 맺고, 가족을 통해 행복감과 사랑, 인정, 소속감, 즐거움 등 인간의 기본적인 심리적 욕구를 충족하려는 많은 사람의 기대로 인해 오늘날까지도 가족은 위기에 처하고 변화하는 가운데서도 유지되어 왔다. 그러나 가족에 대한 이상적이고 환상적인 기대와는 다르게 현실적으로 건강하지 못한 가족은 가족원에게 정신적 · 신체적 고통을 주는 병리적인 현상을 야기한다. 가족이라는 이름하에 가족원 중의 한 사람을 희생양으로 만드는 문제 상황이 부지불식간에 만들어지곤 한다.

최근 가정폭력 실태조사(여성가족부, 2022)에 따르면, 지난 1년간 배우자나 동거파트너에 의한 폭력(신체적 · 성적 · 경제적 · 정서적 폭력 및 통제) 피해율은 여성이 28.7%, 남성 26.3%로 나타났는데 여성은 성적 폭력의 피해가, 남성은 신체적 폭력의 피해경험이 가장 많았다. 그리고 그러한 배우자의 폭력으로 인해 여성은 분노, 무력감, 자존감의 하락, 우울, 불안, 피해의 재현 등 정신적 고통을, 남성은 무력감과 자존감 하락의 고통을 겪고 있었다. 그리고 결혼생활 중이 아닌 이혼이나 별거 그리고 동거종료 전후에 배우자/파트너에 의한 폭력도 많았다. 결혼이나 동거로 가족을 이루었다고 저절로 행복해지는 것은 아니며 가족이 건강성을 가지고 있을 때 자살이나 부적응과 같은 개인적 병리와 가족문제 발생을 예방할 수 있다.

참고 2-8 우울증은 무조건 약 먹고 사람 만나야 낫는다? 오해입니다

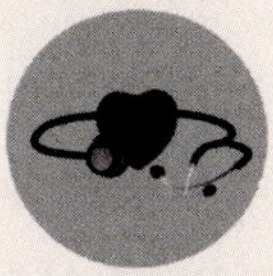

"우울증은 감기처럼 한번 왔다가 자기가 극복하면 쉽게 낫는 병처럼 생각하곤 합니다. 하지만 제가 본 많은 환자는 20대에 우울증이 생겨 평생 많은 고통을 받았습니다. 정신적 암처럼 느껴질 때도 있죠. 감기 수준의 우울증과 중증으로 고통받는 사람 모두에게 도움 될 수 있는 치료가 필요합니다."

바람처럼 스쳐 지나가는 일시적 '증상'이 아니라 평생 꾸준히 따라다니는 '질병'. 우울증 환자를 매일 마주하는 홍진표 삼성서울병원 정신건강의학과 교수의 진단입니다. 최고의 우울증 치료제는… 주변에 우울증 환자가 있다면 가족·친구 등의 역할이 중요합니다. 일부 가족은 환자들에게 "의지가 약하다."라거나 "정신력이 약하다." "게으르다."면서 비난하고 야단치곤 합니다. 하지만 우울증을 앓는 사람은 이미 열등감이 가득 찬 상황에서 자신을 더 자책하게 되고, 우울증이 악화하는 경우가 종종 생깁니다.

우울증 환자는 뭘 하고 싶어도 할 수 없는 상태에 있는 경우가 많습니다. 그러다 보니 온종일 집에 틀어박혀 있는 상황이 종종 나타납니다. 적절한 외출이 필요하긴 하지만, 주변 사람들이 나서서 밖으로 나가라고 떠밀거나 다그치는 건 금물입니다. '~하라' 식의 강요보다는 "네가 산책하길 원하면 같이 가 주겠다."라거나 "운동 한번 같이 해 보지 않겠니?" 등의 권유가 적절합니다.

결국 가족·친구 등이 우울증 환자에게 해 줄 수 있는 최선은 '응원'입니다. 우울증이 심해지면 "내가 무능해서 가족들이 날 싫어한다."라거나 "차라리 내가 없어지는 게 낫다."고 생각하는 경우가 많습니다. 그럴 때일수록 지인들에게 얼마나 소중한 존재인지 알려 주고, 늘 사랑하고 아낀다는 걸 표현해 줘야 합니다. "우울증을 잘 이겨 내고 예전처럼 행복하게 지낼 수 있다."는 메시지를 전달하면 병 회복에도 많은 도움이 됩니다. 믿음과 사랑이 최고의 우울증 치료제가 될 수 있다는 뜻입니다.

출처: 중앙일보(2020. 12. 18.).

4) 건강가정 육성을 통한 사회복지비용 경감

가정은 자연적이고 기본적인 사회의 단위이며, 사회와 국가의 보호를 받을 권리가 있다는 세계인권선언의 제16조 제3항은 가정은 보호받을 권리가 있으며 사회와 국가는 그에 대한 책임이 있음을 명시하고 있다. 실제로 가정으로서의 기능이 제대로 수행되지 못했을 때 가족이 해체되고 가족 내에서 가족원들이 담당했던 중요한 역할과 책임을 사회나 국가가 떠맡게 된다. 그리하여 가족문제로 취약해진 가족원들의 경제적 · 정서적 안정과 돌봄을 제공하고 사회적 안전망을 더욱더 강화해야 하므로 사회복지비용이 불가피하게 증가하게 된다. 공적 제도로서의 가족은 사회와 연결되어 있어서 개인이 자신이 속한 가족의 문제를 적절히 해결하지 못하거나 대처하지 못할 때 그것은 사회적 문제로 이어져 국가적 정책에까지 영향을 미치며 이는 곧바로 사회복지비용의 지출 증가로 이어진다. 가정해체로 인한 사회적 비용은 비단 정부 입장에서의 복지비용 지출의 증가 외에 개인이 지불하는 법적 비용으로 인한 경제적 부담이 있으며, 사회적으로도 해체된 가정의 자녀들의 어려움과 사회적 응집력의 약화 그리고 개인의 정신건강 문제나 부모자녀 관계의 약화와 같은 심리적 비용을 초래한다.

예를 들면, 이혼의 증가는 가족원들의 경제적 지위의 하락을 경험하는 한부모가족이 증가하게 되면서 이들을 위한 복지비용의 지출이 증가하며, 가정에서의 아동학대나 가정폭력이 발생하게 될 때 국가가 나서서 어려움을 겪는 가족구성원들을 보호하거나 지원해 주어야 하므로 결국 이들을 위한 사회복지비용이 증가하게 된다. 가족위기나 해체로 경제적 · 정신적 문제를 겪게 되는 미성년이나 성인들은 결국 우리 사회나 국가에서 개입하여 돌봐 주어야 할 복지수혜 대상자가 될 가능성이 크다. 우리나라의 경우 GDP 대비 공공사회복지지출(생활이 저하되는 상황에 놓인 개인과 가구를 지원하기 위한 목적으로 공공 또는 민간기관들에 의해 제공되는 금전적 지원과 급여와 관련된 사회적 지출) 규모는 지난 1990년에 2.6%에서 계속 증가하여 2022년 14.8%를 차지한다. 이는 OECD 주요 회원국들의 평균인 21.1%에는 미치지 못하나 계속해서 사회복지의 지출규모는 증가할 것이다(참고 2-9).

참고 2-9 OECD 주요국 사회복지지출 규모 비교 (단위: 경상 GDP 대비 %)

한국	덴마크	독일	미국	스웨덴	영국	일본	프랑스	OECD 평균
14.8	26.2	26.7	22.7	23.7	22.1	24.9	31.6	21.1

출처: OECD (2024).

사회가 경제적으로 성장할수록 사회구성원을 위한 복지지출의 비중이 높아져야 하며 이는 곧 개인의 삶의 질에 긍정적 영향을 미친다. 그러나 지속가능성의 관점에서 볼 때 과도한 복지지출은 국가재정의 부담을 초래할 수 있다. 가정이 과거처럼 사회나 국가가 분담해야 했던 많은 사회복지적 기능과 역할을 전적으로 감당해야만 하는 것은 결코 아니며 오늘날 제도적 사회복지를 추구하는 경향에서 사회나 국가가 사회구성원인 개인을 위해 적극적으로 복지서비스를 제공하는 것은 당연하다. 그러나 가족의 건강성과 행복도가 높아질 때 가족의 위기나 해체로 인해 초래되는 사회문제의 발생과 가족 해체로 인한 사회복지비용의 증가를 제한적이나마 줄일 수 있다. 심각한 문제가 없는 일반 가정은 건강가정으로서의 장점과 잠재력을 개발하고, 위기에 취약한 가정이나 가족문제 해결에 도움이 필요한 가정은 건강성을 회복하여 건강가정으로 기능할 수 있도록 지역사회나 국가가 서비스를 제공하여 사전에 개입함으로써 문제를 예방한다면 이후에 초래될 수 있는 더 큰 사회복지 비용 부담을 미리 경감하는 효과를 가져올 수 있다.

5) 성숙한 민주시민 육성의 토대인 건강가정

현재 한국 사회는 급속한 경제 성장과 함께 민주주의 사회로 나아가고 있다. 그러나 민주주의 국가에서 진정한 사회의 발전은 산업이나 경제발전과 더불어 민주주의적 이념과 가치가 실현되는 사회로의 발전이 동시에 이루어져야 한다. 현재 우리 사회에서 가족의 많은 기능, 특히 자녀를 교육하고 사회화하는 기능이 입시 위주의 교육제도하에서 크게 약화되었지만 여전히 가정은 개인이 성숙한 개인이자 민주사회의 사회구성원으로서 갖추어야 할 인성과 태도, 가치관과 행동을 배워야 하는 가장 기초적인 학습의 장이라 할 수 있다. 정보화 사회 속에서 산업기술이 크게 발전한다고 하여도 개인이 도덕성, 자율성과 상호의존성, 타인에 대한 배려와 존중, 평등의식, 공동체 의식, 책임감 등 성숙한 개인이자 민주시민으로 성장하는 데 필요한 기본 덕목을 가르치고 배우며 실천할 수 있는 곳은 가정이며 무엇보다 건강한 가족관계를 맺고 있는 가정일 때 건전하고 성숙한 시민의식을 가진 개인을 육성할 수 있을 것이다.

생각해 볼 문제

1. 행복한 다양한 가족유형의 사례를 신문이나 방송기사, 유튜브 등 다양한 매체에서 찾아 건강가정의 필요성에 대해 각자의 의견을 나누어 봅시다.
2. 올슨과 드프레인(Olson & DeFrain)이 말한 건강가정의 여섯 가지 요소 외에 한국 가족에서 다른 요소가 있다면 어떠한 것이 있을지 논의해 봅시다.

참고문헌

「가정폭력범죄의 처벌 등에 관한 특례법」 제1조.

「건강가정기본법」 제3조.

「노인복지법」 제3조.

「민법」 제779조.

「사회보장기본법」 제6조.

노혜진(2023). 일-생활 균형시간 보장의 유형화. **보건사회연구**, 43(2). 192-214.

보건복지부(2015. 4. 1.). 자살시도자의 자살률, 일반인의 약 25배(보도자료).

송혜림, 성미애, 진미정, 이승미(2005). 건강가정 개념에 대한 논의. **한국가정관리학회지**, 23(6), 179-190.

여성가족부(2022). 2022년 가정폭력실태조사 연구 보고서.

유영주(2001). **건강가족연구**. 경기: 교문사.

유영주(2004). 가족강화를 위한 한국형 가족건강성 척도 개발 연구. **한국가족관계학회지, 9**(2), 119-151.

유영주, 이인수, 김순기, 홍성례, 최희진(2009). **건강가족의 이해**. 경기: 교문사.

조지 베일런트(2011). **행복의 완성-하버드대학교 인생성장 보고서 그 두 번째 이야기-**. (김한영 역). 서울: 흐름출판.

조희금, 김경신, 정민자, 송혜림, 이승미, 성미애, 이현아(2023). **건강가정론(5판)**. 서울: 신정.

통계청(2022. 12. 13.). 2022 한국의 사회동향(보도자료).

통계청(2023. 3. 23.). 2023 한국의 사회지표.

통계청(2024). 2023년 사망원인통계 결과.

허종호(2023). 세계행복보고서 10년의 결과: 친사회적 사회가 행복한 국민을 만든다. **국회미래연구원** *Futures Brief*. 23-6호, 1-4.

Gary D. Chapman(2024). **5가지 사랑의 언어**(*The 5 Love Languages*). (장동숙, 황을호 공역). 서울: 생명의말씀사. (원저는 2015년에 출판).

Larsen, A. S., & Olson, D. H. (2004). Spiritual beliefs and marriage: A national survey based on ENRICH. *The Family Psychologist, 20*(2), 4-8.

Maslow, A. H. (1987). *Motivation and personality*(3rd ed.). Boston. MA: Addison-Wesley.

OECD(2024). OECD Social Expenditure Database. www.oecd.org.

Olson, D. H., & DeFrain, J. (2006). *Marriages and Families: Intimacy, diversity and strengths*. Boston: McGraw Hill.

Stinnett, N., & Beam, J. (2004). **환상적인 가족만들기** (*Fantastic Families*). (제석봉, 박경 옮김). 서울: 학지사. (원저는 1999년에 출판).

데일리안(2025. 3. 19.). 영어판 제목까지 화제... '폭싹 속았수다', '장벽' 뛰어넘는 가족 서사의 힘.

연합뉴스(2024. 1. 28.). 한국은 가장 우울한 사회… 미국 인기 심리연구가 진단.

중앙일보(2020. 12. 18.). 우울증은 무조건 약 먹고 사람 만나야 낫는다? 오해입니다.

지식채널e(2022. 2. 9.). 조선의 살림남. https://jisike.ebs.co.kr

제 2 부

건강가정의 이론적 이해

제3장

건강가정의 미시적 접근

이 장에서는 건강가정에 대한 접근을 설명할 수 있는 여러 이론 중 미시적 접근에 해당되는 이론을 소개한다. 총 4가지 이론으로 가족체계이론과 가족역동성모델, 가족강점관점(가족 탄력성과 임파워먼트), 가족발달이론 순으로 소개한다. 각각의 이론이나 관점들이 건강가정의 개념을 정의하는 데에 시사점을 줄 수 있으므로, 각 이론이나 시각에서의 주요 전제와 개념들을 살펴보고 건강가정에 적용해 보면서 건강가정에 주는 시사점을 이해하는 데 초점을 둔다.

1. 가족체계이론

결혼과 가족을 이해하는 가장 보편화된 개념적인 틀은 가족체계이론이다. 체계로서의 가족을 이해하면 가족 내 많은 현상들을 이해하는 데 도움이 될 수 있다. 이 이론은 가족을 상호 연관된 가족원들의 계속적인 체계로 간주하며, 가족을 설명하는 많은 이론에 영향을 미쳤다.

1) 가족체계이론의 배경

가족체계이론에 따르면, 특정 가족원에게 일어나는 모든 일은 가족원 전체에게 영향을 미친다. 가족원은 서로 연관되어 있으며 하나의 집단으로 작동하므로 그 집단을 **가족체계**(family system)라고 한다. 선구적인 가족치료자인 휘태커(Whitaker)는 "세상에 개인이란 없다. 단지 가족의 부분만이 있을 뿐이다."라고 표현하기도 했다(Olson & DeFrain, 2006). 사람이 생각하고 행동하는 방식을 잘 들여다보면 이는 가족 배경에 의해 영향을 받은 경우가 많으며, 한 개인을 이해하고자 할 경우 그 가족을 살

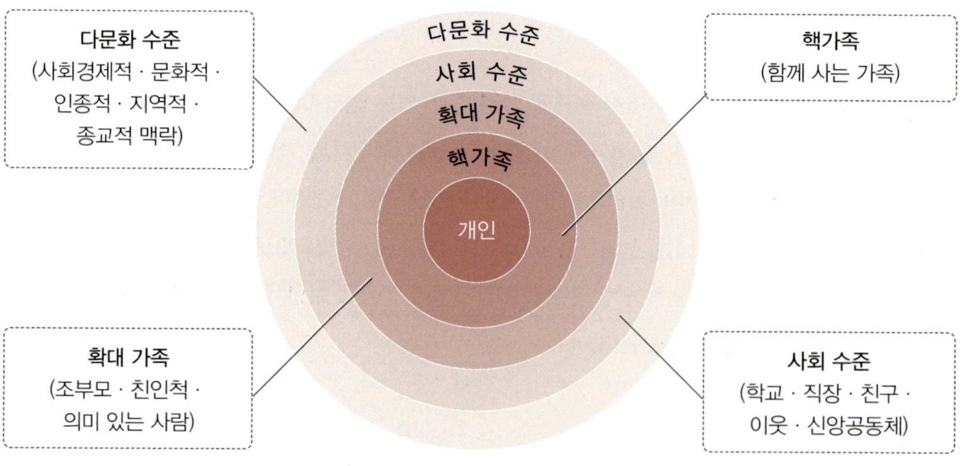

[그림 3-1] 개인이 속한 다중체계의 수준

펴보면 가장 잘 이해할 수 있다고 본 것이다.

가족체계이론은 1960년대 비엔나 태생 생물학자 버틀란피(Bertalanffy)가 발전시킨 **일반체계이론(general system theory)**에서 파생되었다. 사실 그의 작업이 새로운 이론을 창조했다기보다는 과학탐구의 진전을 위한 다양한 지식 분야에 공통적으로 적용될 수 있는 일반 원칙들을 밝혀낸 것이다(Smith-Acuna, 2021).

가족(치료)학자들은 일반체계이론의 개념을 체계로서의 가족이 겪고 있는 다양한 문제에 적용하고 있다. 예를 들어, 아동이 문제행동을 나타낼 때 개인상담을 통해 다소 기능상 향상을 보이기도 하지만 그 원인이 가족의 문제일 경우 문제행동은 반복된다. 가족체계가 아동의 문제에 큰 영향을 준다는 것을 알게 된 가족(치료)학자들은 아동 문제가 나타날 경우 가족체계에 대한 개입이 필요하다고 깨닫게 되면서 이 이론의 중요성이 커지게 되었다.

2) 가족체계이론의 기본 개념

가족체계이론의 기본 개념으로는, ① 다중체계의 수준, ② 경계, ③ 전체성과 같은 일반체계이론에서의 개념과 ④ 상호의존성, ⑤ 등결과성, ⑥ 피드백, ⑦ 가족 항상성과 같은 가족체계이론에서의 개념을 들 수 있다.

(1) 다중체계의 수준

가족체계이론의 주창자들은 일반체계이론에서 발달된 개념과 용어들을 확장시켰고, 가족치료자들은 이러한 개념들을 임상에서 사용하였다. 일반체계이론의 몇몇 개념은 특히 가족체계와 관련이 있는데, 그중 **다중체계 수준(multiple system levels)**은 체계들이 다른 체계들 안에 끼워져 있다는 것이다. 어떤 체계에 초점을 둘 때는 보통 **상위체계(suprasystem, 보다 큰 체계)**와 **하위체계(subsystem, 보다 작은 체계)**가 포함된다. 예를 들어, [그림 3-2]에서 보면 부모체계에 초점을 둔다면 상위체계는 가족이고, 하위체계는 부모를 구성하는 남편과 아내, 두 명의 개인이다. 그리고 핵가족에 초점을 둔다면 상위체계는 확대가족이고, 하위체계는 부부나 부모-자녀로 볼 수 있다. 개인

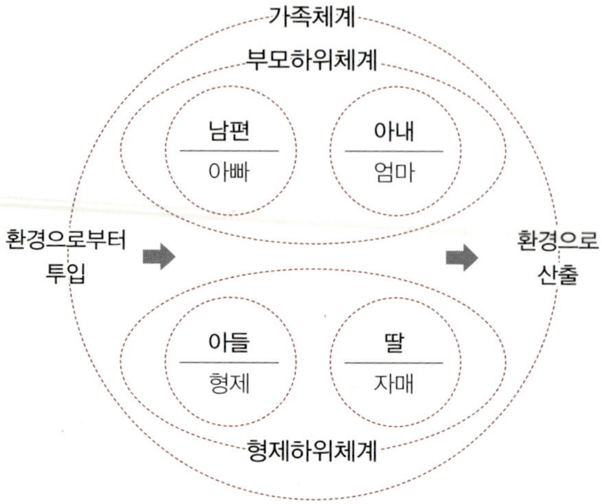

[그림 3-2] 가족체계의 다중체계

을 둘러싼 다중체계의 수준을 가족을 중심으로 살펴볼 때(Rigazio-DiGilio et al., 2005) 가족체계는 가족공동체와 연결되고, 가족공동체는 다시 사회구조로 둘러싸여 있으며, 사회구조는 보다 추상적인 문화적 구성들로 둘러싸여 있는 것으로 생각해 볼 수 있다.

가족체계론적 관점에서 다중체계들은 구분상 내용이 다를 수는 있으나 개인이나 가족은 상위의 다중체계들로 둘러싸여 있으며, 각 체계들은 서로 상호작용하면서 영향을 주고받는다고 할 수 있다.

(2) 경계

체계들은 서로 연결되어 있으며, 경계에 따라 다른 체계와 분리된다. **경계(boundary)**는 상호 연관된 체계들의 위계를 의미하며, 각 체계는 크고 작은 체계와 눈에 보이지 않는 경계들로 나뉜다(Goldenberg & Goldenberg, 2003). 자신이 속한 가족과, 보다 큰 친족체계

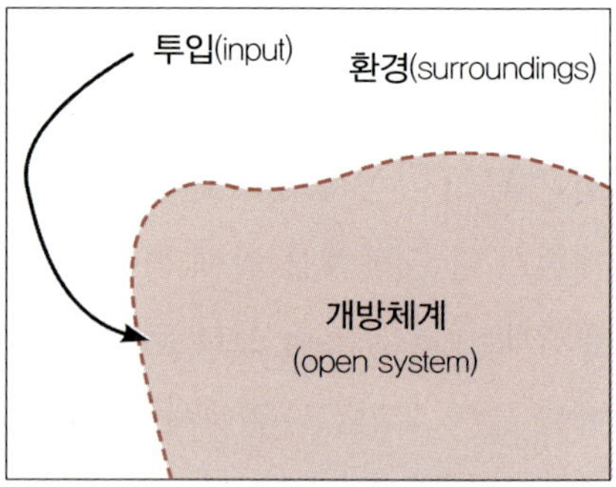

[그림 3-3] 개방체계의 경계

간에, 그리고 부모와 자녀 간에 경계가 존재한다. 때로는 세대 간 구분을 만들어 내기도 한다. 그렇기에 경계는 다른 체계와 구분되는 부분이다. 가족의 경계는 한 체계와 다른 체계를 구분하며, 한 체계 안에 속하는 사람과 속하지 않는 사람을 결정한다. 또 투과성(transparency)의 정도에 따라 **개방체계**(open system)와 **폐쇄체계**(closed system)로 구분되며([그림 3-3] 참조), 개방체계의 경우 투과성이 높아 경계 구분이 분명하지 않고 외부 체계와의 상호 교류가 활발한 반면, 폐쇄체계는 경계 구분이 분명하고 외부 체계와의 상호 교류가 상당히 적다. 투과성이 낮은 경우 경직된 경계선을 형성하고, 투과성이 높은 경우 모호한 경우를 형성하게 된다.

가족은 이러한 경계를 성공적으로 다루기 위해 **규칙**(rules)이나 **의례**(rituals)를 만들기도 한다. 규칙은 사람들이 여러 가지 배경과 환경 안에서 그들 자신이 어떻게 행동할 것인가에 대한 하나의 기대로, 가족 내에는 그 가족만의 명시적 그리고 암묵적 규칙이 있다. 명시적 규칙은 가족원 모두가 규칙을 아는 반면, 암묵적 규칙은 가족원이 이해 혹은 동의한 것일지라도 표면으로 승인하거나 말하지 않는 특성을 갖고 있다. 예를 들어, 가족원의 갑작스러운 죽음을 맞은 가족원들이 서로에게 그 죽음에 대해 말하지 않는 것을 들 수 있다. 명절문화나 제사, 생일을 챙기는 방식, 자녀양육 방식은 각 가정마다 다 다른 것을 알 수 있는데, 이는 경계를 형성하는 가족이 다른 규칙과 의례로 새롭게 경계를 만들기 때문이다.

요약* 경계는 상호 연관된 체계들의 위계를 나누게 되며, 각 체계는 크고 작은 체계와 눈에 보이지 않는 경계들로 나뉨

- 투과성의 정도에 따라 개방(open) 체계와 폐쇄(closed) 체계로 구분
- 가족은 경계를 성공적으로 다루기 위해 규칙이나 의례를 만듦
- 개인과 하위체계 간, 가족과 다른 가족 간에 허용할 수 있는 접촉의 양과 종류를 의미(누가 어떻게 참여하는가를 규정하는 규칙)

(3) 전체성

일반체계이론에서 나온 또 다른 개념은 전체성(wholeness)이다. 전체성이란 전체는 부분의 합 그 이상이라는 의미다. 가족체계론적 접근에서 볼 때 가족은 개별 가족원의 총합 그 이상이다. 가족이 체계가 아니라면 1+1=2라는 산술적인 계산이 나올 수 있으나, 가족은 개인과 개인의 합이라고만 할 수 없다. 또한 각 가족원이 가족 밖에서는 다르게 행동하므로 개인 각각을 안다고 해서 그 가족을 알 수는 없다는 의미이기도 하다. 역으로 전체로서의 가족을 안다고 해서 그 가족에 속한 개인의 행동을 예측하기도 어렵다.

[그림 3-4] 가족은 개인의 단순합?

(4) 상호의존성

가족 구성원의 행동은 각 가족구성원에게 영향을 미치는 상호의존성(interdependency)을 갖는다는 특성이 있다. 가족구성원들 사이에는 서로 간의 상호작용이 존재하기 때문이다. 물론 가족이 아닌 누군가의 행동도 개인의 삶에 영향을 미칠 수 있다. 그러나 가족만큼 지속적이고도 크게 영향을 미치는 존재는 없다. 그렇다고 한 사람의 행동이 반드시 문제가 된 사건의 원인은 아니며 상대방의 행동에 영향을 받아 다시 문제가 반복되기도 한다. 따라서 가족 내에서 일어나는 관계나 문제행동은 당사자들 상호 간에 책임이 있다는 점에서 순환적(circular)이라고 볼 수 있다.

사례

저는 이 집에서 도무지 누군지 모르겠어요. 권한이 아무것도 없습니다. 남편이 벌어 오는 돈을 일정액 타다가 그냥 살림이나 하고 아이들이나 키우는 부모에 불과한 것 같아요. 집안의 의사결정은 거의 다 남편이 하고, 시댁과 관련된 명절, 제사, 성묘는 큰아들인 남편이 주로 시어머님과 함께 결정합니다. 모든 것을 결정해서 늘 통보하는 식이죠. 정말 살맛이 안 납니다. 결혼이 이런 것이라면 혼자 사는 편이 나았을 것입니다.

이 사례를 보면 부인은 이 가족에게서 밥도 하고 아이들 키우고 하는 역할을 담당하고는 있으나 가족 간의 상호의존성, 특히 부부간의 상호의존성은 약화된 상황이며, 가족 간의 경계도 모호해진 상황일 때 우리가 가족인가에 대한 고민을 하게 되고 갈등이 일어나게 된다고 볼 수 있다.

(5) 등결과성

가족에게 나타난 현상은 하나에만 원인이 있다고 볼 수 없다. 예를 들어, 아이에게 문제가 있을 때 선형적 인과관계를 적용해 부모의 잘못된 양육 방법이 아이 문제의 원인이라고 쉽게 말하곤 한다. 그러나 등결과성의 관점에서는 이러한 문제가 부모 하나만의 문제가 아닌 다양한 요인에 기인한다고 본다. **등결과성(equifinality)**이란 선형적(linear) 원인과 결과가 아닌, 하나의 목적에 도달하는 데에 여러 원인이 있을 수 있다는 것이다. 건강가정이라는 동일한 결과는 한 방법에 의해서만 이루어지는 것이 아니라 여러 다양한 방법, 즉 민주적이고 평등한 부부관계, 경제적 안정 등의 다양한 방법을 통해 가능할 수 있다는 것으로 적용해 볼 수 있다.

(6) 피드백

피드백(feedback)은 가족체계의 변형과정을 살펴보고, 수용된 표준 내에 있는지를 알기 위해 끊임없이 산출을 평가하는 과정이다. 그것이 **정적(positive)** 혹은 **부적(negative) 피드백**으로 다시 체계 내로 돌아오게 된다. 정적 피드백은 체계의 안정한 상태를 거부하고 체계를 변화시키려는 방향의 피드백인 반면, 부적 피드백은 체계가 변화나 이탈을 거부하는 안정성을 유지하려는 방향의 피드백이다. 예를 들어, 매번 온 가족이 함께 여행을 가던 가족이 자녀를 두고 부부만 여행을 다녀왔는데, 부부만의 여행이 가족관계 향상에 도움이 되어 이후 부부만의 여행을 자주 해 보기로 했다면 이는 정적 피드백이라 할 수 있다. 그러나 부부만 여행을 다녀와서 다음부터는 예전처럼 자녀와 모두 다 같이 가족여행만 하기로 했다면 이는 부적 피드백이라 할 수 있다.

(7) 가족 항상성

가족체계론적인 관점에서 본 가족이란 각 가족구성원들의 합으로만 이루어진 것이 아니라 그들 간의 상호작용과 역동을 통해 형성되는 체계이다(정문자 외, 2018). 따라서 가족체계의 한 부분의 변화는 다른 부분에 영향을 줄 수밖에 없으며, 그로 인해 또다시 체계 전체에 변화가 발생한다. 이때 **가족 항상성**(family homeostasis)이란 가족체계의 형태나 구조를 바꾸려고 노력하면 할수록 가족체계는 그에 저항하여 변화하지 않고 남아 있으려는 경향을 보이는 것을 말한다. 이 때문에 가족체계의 형성과 해체, 재구성은 모두 각 가족구성원에게 상당한 영향을 미칠 수 있는 사건이다. 예를 들어, 한부모가정으로 생활하다가 재혼한 남성과 그 자녀가 재혼가정에서도 여전히 단독적인 의사결정을 하려거나 밀착된 부모-자녀관계 패턴을 유지하려고 하며 재혼가족으로의 변화에 저항하는 태도를 보이는 경우가 그것이다.

3) 가족체계이론과 건강가정과의 관계

가족체계이론에서는 가족을 개인 간의 관계, 즉 부부, 부모, 형제, 부자, 모자 관계 등과 같이 상호의존적인 하위체계들로 구성된 체계로 간주하며, 사회와 가족의 관계에서 가족은 개인의 삶에서 중요한 미시체계이면서 사회라는 거시체계와 상호 영향을 주고받는다는 점을 강조한다. 이러한 가족체계이론의 관점에서 건강가정이란 가족 내 각각의 하위체계들의 역할과 기능이 안정적이며, 하위체계들의 관계가 병리적이지 않고 건강하며 상호 영향을 주고받는 상호의존적인 가족이다. 또한 사회의 변화와 요구에 적절하게 대응하지만 동시에 가정의 건강성을 통해 사회에 긍정적인 영향을 미치는 가족이라고 할 수 있다.

건강가정에 대한 가족체계이론의 관점은 가정의 건강성을 위해서는 가족원 개개인이 자신에게 필요한 신체적, 심리·사회적 능력을 개발하고 개인 자신이 속한 하위체계의 기능과 역할을 수행하며 하위체계 간의 상호 독립과 상호의존의 균형을 맞추면서 동시에 가족 전체의 안녕과 건강성을 유지해야 한다는 것을 강조한다. 또한 직장이나 사회와 같은 가족을 둘러싼 외부 체계들과 개개 가정은 상호 영향을 주고받으므로 건강가정이 사회에 긍정적인 영향을 미치듯이 가정의 건강성을 높이기 위해서는 직장이나 사회의 외부적 지원이 필요함을 시사한다. 가령, 건강가정을 위해 맞벌이가족 부부가 가사와 육아, 여가 시간을 갖고자 해도, 이러한 것이 직장이나 정책적으로 제도화되어 지원되지 않으면 현실적으로 건강가정을 실현하기 어렵다. 가족체계이론의 관점은 개인과 가족, 사회 모두 상호의존적이며 상호영향을 주는 공동체적 운명을 가진 유기체와 같다는 점을 재확인시키며, 개인과 가정의 문제가 사회에 영향을 미치는 것에 대해 다각적으로 인식하게 해 준다는 데에 의의가 있다.

2. 가족역동성모델

1) 가족역동성모델의 내용

가족체계이론에서의 주요 개념에 근거하여 올슨(Olson)과 그의 동료들은 미네소타 대학교에서 **순환모델**(circumplex model)을 개발하였는데, 이를 흔히 가족체계 모델 혹은 가족역동성모델이라고 한다. 이후에 연구자들은 이 순환모델이 결혼과 가족에서의 관계 역동을 명료하게 보여 준다는 의미에서 '**부부와 가족의 지도**(Couple and Family Map)'라고 명명하였는데, 여기서는 가족역동성모델로 부르고자 한다.

가족역동성모델에서는 건강가족적 관점에서도 중요시되는 가족체계의 세 가지 차원으로 가족 응집성, 융통성, 그리고 의사소통을 든다(Olson & DeFrain, 2006). 가족역동성모델은 가족 응집성과 가족 융통성의 두 차원을 축으로 하는 네 가지 수준을 조합하여 총 열여섯 가지의 부부 및 가족관계 유형을 제시한다([그림 3-5] 참조). 여기서 **응집성**은 가족관계에서 독립성과 친밀감을 유지하면서 분리와 연결의 극단 사이의 역동적인 균형을 의미하며, **융통성**은 안정과 변화 사이의 역동적인 균형을 의미한다. 모델에서는 표시되지 않는 **의사소통**은 변화가 필요할 때 응집성과 융통성 수준에서 변화를 만들어 내는 촉진적인 차원이다. 즉, 의사소통은 응집성과 융통성에서 극단에 있는 가족들이 균형을 잡을 수 있도록 도와준다. 만일 가족이 좋은 의사소통 기술을 가졌

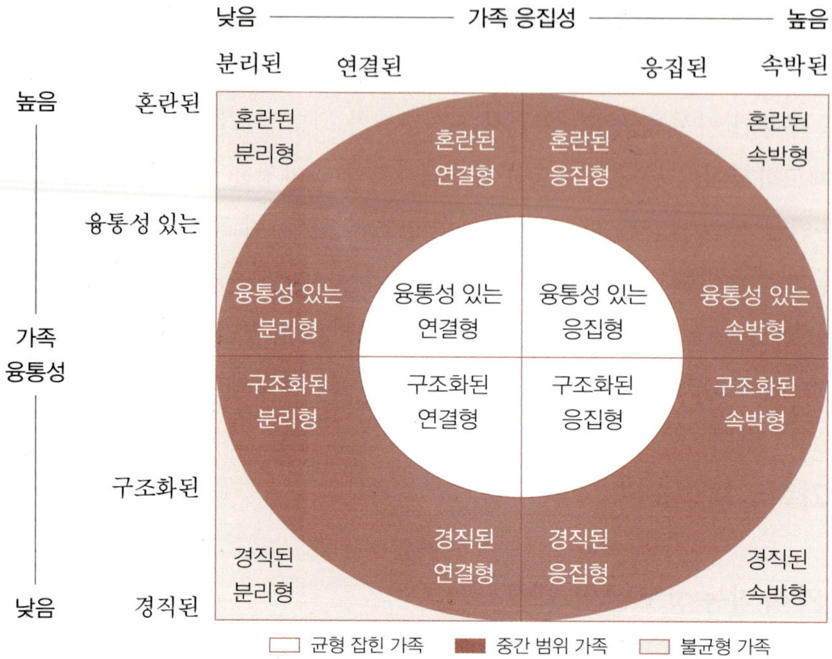

[그림 3-5] 가족체계도(부부와 가족의 지도)

출처: Olson & DeFrain (2006: 88).

다면, 그들은 응집력 있는 구조를 유지하고 변화에 잘 적응하며 당면한 문제가 무엇이든 해결하기 쉽다. 이 모델에서 제시되는 열여섯 가지의 가족관계는 크게 세 가지 가족체계 유형, 즉 **균형 잡힌 가족, 중간 범위 가족, 불균형 가족**으로 구분된다.

2) 가족 응집성, 가족 융통성(적응성) 및 의사소통

(1) 가족 응집성

가족 응집성(family cohesion)이란 가족이 얼마나 서로 간에 정서적 유대감(emotional bonding)이 강한지에 대한 것으로, 가족원 간의 정서적 친밀감을 말한다. 가족 응집성의 본질은 분리와 연결 간의 균형이라 할 수 있다. 가족 응집성은 낮은 정도에서 높은 정도까지 모두 네 가지 차원이 있다(〈표 3-1〉 참조).

참고 3-1 가족 응집성의 다양성

나는 내 일을 하고, 당신은 당신 일을 합니다.
나는 당신의 기대에 부응하기 위해 이 세상에 있지 않습니다.
당신은 나의 기대에 부응하기 위해 이 세상에 있지 않습니다.
당신은 당신이고, 나는 나입니다.
그리고 우리가 우연히 마주친다면 좋겠지만,
그렇지 않다면 어쩔 수 없지요.

–페리 길리스(Ferry Gillies)

우리는 모두 함께 우리의 일을 합니다.
나는 당신의 욕구와 기대를 충족시키기 위해 여기에 있고
당신은 나의 욕구와 기대를 충족시키기 위해 여기에 있습니다.
우리는 만나야 하고, 그렇다면 아름다운 일이죠.
나는 다른 어떤 길이 있다는 것을 상상할 수 없습니다.

–프리츠 펄스(Fritz Perls)

함께 노래하고 춤추며 즐거워하되, 너희는 서로 혼자이도록 하라.
기타의 줄들이 한 가락을 울려내면서도 줄은 하나하나 혼자이듯이.
마음을 주되, 상대방에게 아주 맡기지는 말라.
생명의 손만이 너희 마음을 지닐 수 있나니.
함께 서되, 너무 가까이 서지는 말라.
사원의 기둥들도 따로 떨어져 서 있으며,
참나무와 삼나무도 서로의 그늘 속에선 자랄 수 없나니.

–칼릴 지브란(Kahlil Gibran)

균형 잡힌 수준은 연결된 관계(connected relationships)와 응집력 있는 관계(cohesive relationships)다. 연결된 관계는 가족관계보다 개인에 더 중점을 두는 반면, 응집력 있는 관계는 개인보다 가족관계에 더 중점을 둔다. 분리된 관계(disengaged

표 3-1 가족 응집성의 수준

특징	분리된(불균형)	연결된(균형)	응집력 있는(균형)	속박된(불균형)
분리성과 연결성	높은 분리성	연결성보다 분리성이 높음	분리성보다 연결성이 높음	매우 연결됨
나-우리 균형	우선적으로 '나'	'우리'보다는 '나'	'나'보다는 '우리'	우선적으로 '우리'
친밀성	낮은 친밀성	낮거나 중간 정도의 친밀성	중간이나 높은 정도의 친밀성	매우 높은 친밀성
충성심	충성심의 부족	다소 충성심 가짐	상당히 충성심 가짐	높은 충성심
활동	주로 가족과 분리된 활동	공유하기보다는 분리된 활동	분리되기보다는 공유된 활동	주로 가족과 공유된 활동
의존성-독립성	독립성이 높음	의존성보다는 독립성이 많음	독립성보다는 의존성이 많음	의존성이 높음

출처: Olson & DeFrain (2006: 82).

relationships)는 가족 간의 친밀감이 없고, 개인적인 독립성과 분리성을 강조한다. 속박된 관계(enmeshed relationships)는 가족원 간의 친밀감과 충성심, 의존성 같은 유대를 강조한다. 그러나 지나치게 속박된 관계는 상대방에게 비현실적인 기대를 요구하거나 혹은 개인적 발달을 저해하는 등 문제를 초래할 수 있으며, 지나치게 분리된 관계는 너무 자신에게만 몰두함으로써 상대방과의 친밀한 관계를 발달시키거나 유지하는 데 어려움을 가져올 수 있다. 따라서 건강한 가족은 개개 가족원이 개인으로서의 '나'와 가족으로서의 '우리' 사이의 균형을 맞추며 자신의 개성과 가족 간의 친밀성을 유지하는 가족이라 할 수 있다.

(2) 가족 융통성

가족 융통성(family flexibility)이란 가족이 외부의 변화에 얼마나 잘 적응할 수 있는가를 보여 주는 것으로, 가족체계가 안정성과 변화 간에 균형을 이루는 능력이다. 일반체계이론에서는 체계가 성장과 변화에 개방적일 때 개방체계(open system) 혹은 형태발생적 체계(morphogenic system)라 하며, 체계가 변화를 피하고 현상을 유지

표 3-2 가족 융통성의 수준

특징	경직된(불균형)	구조화된(균형)	융통성 있는(균형)	혼란스러운(불균형)
지도력	권위주의적인	때로 공유된	자주 공유된	지도력의 부족
훈육	엄격한 훈육	다소 민주적인	민주적인	관대한 훈육
타협	제한된 논의	조직화된 논의	개방적인 논의	끝없는 논의
역할	매우 안정적인 역할	안정적인 역할	역할 공유	획기적인 역할 전환
규칙	규칙 변경이 없음	규칙 변경이 거의 없음	규칙 변경이 다소 있음	빈번한 규칙 변경
변화	거의 변화가 없음	다소 변화	적당한 변화	상당한 변화

출처: Olson & DeFrain (2006: 85).

하려는 경향을 가질 때 폐쇄체계 혹은 형태정태적 체계(morphostatic system)라 한다(Goldenberg & Goldenberg, 2003). 요컨대, 가족 융통성은 가족이 변화에 직면하거나 가족발달주기에서 일어나는 스트레스에 대응하는 과정에서 지도력이나 역할관계, 관계 규칙상에서 일어나는 변화의 정도를 말한다.

가족 융통성도 가족 응집성처럼 네 가지 차원으로 나뉜다(〈표 3-2〉 참조). 극단적인 유형은 경직된(rigid) 체계와 혼란스러운(chaotic) 체계다. 균형 잡힌 체계는 구조화된(structured) 체계와 융통성 있는(flexible) 체계로, 이 체계들은 가족생활주기에 따른 변화에 보다 잘 적응할 수 있다. 구조화된 체계와 융통성 있는 체계는 중간 정도의 변화 수준을 보이며, 지도력은 때로 공유되고 훈육은 민주적이며 역할은 안정적이다. 융통성 있는 체계의 경우 구조화된 체계에서보다 변화가 더 많다. 가족 융통성이 극단에 있는 경직된 체계나 혼란스러운 체계의 경우, 가족은 자주 극단적인 상황에 놓이게 되므로 불균형적이 되고 문제가 된다. 경직된 관계에서 지도력은 권위주의적이며 그로 인해 훈육은 엄격하고 역할들은 매우 안정적이다. 혼란스러운 관계에서는 지도력이 부재하기 때문에 변화가 매우 많다. 훈육은 변덕스럽고 일관성이 없는데, 그 이유는 부분적으로 가족 역할에서 급작스러운 변화가 있기 때문이다.

예를 들어, 실업과 같은 스트레스 상황에 부딪힌 가족이 그것을 성공적으로 극복할 것인가 혹은 극복하지 못할 것인가를 예측할 수 있는 중요한 차원이 바로 그 상황에서 가족들이 얼마나 유연하게 가족 역할을 바꿀 수 있는가 하는 융통성의 차원이라고 할 수 있다.

(3) 가족 의사소통

일반체계이론의 기본적인 원리 중 하나는 체계에서는 피드백, 즉 의사소통이 필수적이라는 것이다. 가족체계는 중요한 정보가 가족 구성원 간에 정기적으로 교환될 때 더 잘 기능할 수 있다. 바로 그러한 교환이 의사소통이다. 일반체계이론에서는 정보 피드백 고리가 정적 피드백일 수도 있고, 부적 피드백일 수도 있다고 본다(Goldenberg & Goldenberg, 2003). 가족체계에서 정적 피드백이 변화를 만들기 위한 것이라면 부적 피드백은 변화를 최소화하고 현상을 유지하기 위한 것이다. 가족체계에서 피드백의 개념은 곧 의사소통으로 의사소통은 부부나 가족 간의 마찰을 완화시켜 주는 윤활유의 역할을 한다. 가족의 의사소통 기술이 좋을수록 부부와 가족관계는 더 강해진다. 가족 의사소통 기술을 측정할 때는 경청 기술, 말하는 기술, 자기개방, 명료성, 주제에 초점 맞추기 그리고 존경과 존중심의 여섯 가지 차원이 고려된다(〈표 3-3〉 참조).

표 3-3 가족 의사소통의 수준

특징	낮음	높음	매우 높음
경청 기술	경청 기술의 부족	경청은 하지만 피드백은 제한적임	좋은 경청 기술로 피드백을 줌
말하는 기술	가끔 다른 사람을 위해 말함	다른 사람보다 자신을 위해 말함	다른 사람보다 주로 자신을 위해 말함
자기 개방	낮은 감정 공유	중간 수준의 감정 공유	높은 감정 공유
명료성	불일치한 메시지	분명한 메시지	매우 분명한 메시지
주제에 초점 맞추기	주제에 대해 거의 이야기하지 않음	가끔 주제에 맞춰 이야기함	거의 주제에 맞춰 이야기함
존경과 존중심	낮거나 보통	보통이거나 높음	높음

출처: Olson & DeFrain (2006: 86).

3) 가족역동성모델과 건강가정과의 관계

앞서 언급했듯이 가족역동성모델에서 건강가정의 중요한 세 가지 요소는 바로 가족의 응집력, 융통성 그리고 의사소통으로, 이들 요소가 가족관계의 역동을 결정한다고 강조한다. 중요한 점은 이러한 가족 역동이 만들어 내는 부부 및 가족관계의 유형들은 고정불변하는 것이 아니라 시간에 따른 가족생활주기에 따라 변할 수 있다는 점이다. 이러한 모델에 건강가정의 개념을 적용시킨다면 건강가정은 가족 응집력과 융통성에서 균형 잡히고 좋은 의사소통 기술을 가진 가정이다. 그리고 건강가정은 한 시점에서 계속 유지되는 것이 아니라 동일한 가족이라도 가족발달주기 같은 시간적 변화에 따라 가족의 건강성이 낮아지거나 높아지는 시점이 있다.

가족역동성모델에서 보더라도 건강가정의 개념은 건강한 가정과 건강하지 않은 가정의 이분법으로 구분될 수 없으며, 가족체계의 중요 요소들 간의 역동적 변화에 따라 가족의 건강성이 변화할 수 있다. 따라서 모든 형태의 가족은 건강성이 매우 높은 차원에서 낮은 차원까지 가족건강성의 변화를 경험하게 된다고 할 수 있다. 요컨대 가족원들이 응집력과 융통성 그리고 의사소통의 측면에서의 노력 여하에 따라 어떤 형태의 가정이든 건강가정을 구현할 수 있다.

3. 가족 강점 시각 및 관련 이론

가족 강점 시각은 가족건강성에 초점을 둔 건강가족의 이론적 관점이며 탄력성 이론과 임파워먼트 개념은 가족 강점 시각과도 관련이 깊으므로 여기서는 함께 살펴보기로 한다.

1) 가족 강점 시각

20세기 이후 가족이론가들은 가족을 설명하기 위해 사회학이나 인류학, 경제학 등

[그림 3-6] 스틴넷과 드프레인의 저서

여러 학문 분야에서 이론이나 개념을 빌려왔으나 오늘날 가족에 대한 그 어떤 이론이나 신생 이론도 21세기 세계 도처의 가족을 설명할 수 없었다. 이는 현대 가족이 갖는 독특성과 다양성 때문일 수도 있으나 가족의 건강성보다는 문제와 위기에 대해 우려하는 사회적 · 학문적 경향에 기인하기도 한다. 가족 강점 시각은 가족건강성 시각이라고도 할 수 있는데, 이는 세계 도처에서 수행된 연구에 기반을 둔 인생과 가족에 대한 긍정적이고 낙관적인 세계관이자 지향이라고 할 수 있다.

가족 강점은 가족건강성(family strengths)이라고도 할 수 있는데 이는 행복한 부부 관계, 결혼 그리고 가족생활을 발전시키고 유지하는 데 필수 요소다. 가족 강점 시각은 어떠한 가족이나 강점을 갖고 있다는 전제하에 가족이 왜 실패하느냐 하는 것보다 어떻게 성공하느냐, 즉 가족 강점에 더 초점을 둔다. 이러한 시각은 강점을 가진 가족, 달리 말해 건강한 가족은 성공적인 가족생활을 원하는 다른 가족들에게 모델이 될 수 있다는 생각에서 출발하였으며 가족 강점 시각의 한 가지 장점은 사람들이 가족에서 찾으려고 하는 것의 성격을 바꾼다는 것이다. 만일 사람들이 자기 가족의 문제를 찾는 데만 집중한다면 문제만 발견할 것이다. 가족상담가들은 가족문제를 치료하는 데 가족 강점 시각이 유용하다는 것을 알게 되었다. 많은 전문가들은 단지 가족문제를 해결하는 것으로는 충분치 않다는 것을 알았으며 어려움을 겪는 가족이 지향하는 목표로 건강한 가족 모델이 필요했다. 실제 교육이나 상담 현장에서도 가족의 강점, 건강성을 확인하는 것은 가족원들의 사기를 진작시킨다는 것을 목격했다.

제2장 건강가정 특징에서 언급된 바와 같이 스틴넷과 드프레인이 건강한 가족들의 공통적인 특성으로 헌신, 긍정적인 의사소통, 정신적 안녕, 감사와 애정, 함께하는 즐거운 시간, 스트레스와 위기에 대처하는 능력을 제시하였다. 이러한 가족 강점들은 상호연관되어 있고 어느 정도 중첩되기도 하며 상호작용하는데, 가령 감사와 애정은 가족이 서로 함께 하는 시간을 더 많이 갖게 하며 가족이 함께하는 시간이 많아지면 긍정적인 대화를 더 많이 하게 된다. 대화를 많이 하면 가족에 대한 헌신이 커지

고, 헌신은 가족과 함께하는 시간을 증가시킨다. 정신적 안녕은 위기를 헤쳐 나가는 데 자신감을 주며 위기에 대처하는 능력은 가족이 서로에게 더욱 감사하게 한다. 이처럼 여섯 가지의 가족 강점은 서로 긴밀하게 연결되어 있다.

가족 강점 시각의 연구자들은 이러한 가족의 강점이 가족에 국한되지 않고 공동체 강점과 문화적 강점과 상호작용하며 강화되고 전체적으로 통합될 수 있다는 점을 제시한다. 즉, 건강한 가족은 지역사회 공동체의 안녕에 기여하며 건강한 공동체는 건강한 가족의 발달을 증진시키고 건강한 문화를 창출하는 데 기여할 수 있으며 문화의 건강성은 공동체의 건강성에 영향을 미친다는 것이다(DeFrain & Asay, 2007). 가족 강점 시각은 체계적으로 정립된 이론이라기보다는 연구에 근거한 삶과 가족에 대한 긍정적이고 낙관적인 세계관이라고 할 수 있으며 이러한 관점은 가족문제를 무시하는 것이 아니라 가족문제를 가족으로서의 능력을 시험하고 가족원 간의 유대를 재확인시키는 수단으로 긍정적으로 간주한다.

(1) 가족 강점 시각의 기본 명제

가족 강점 시각은 오늘날 가족이 당면한 문제가 특정한 가족이론으로 설명되지 않으며 과거에 비해 가족의 형태가 다양화되고 가족의 기능이 전반적으로 쇠퇴하는 변화를 보이고 있는 시점에서 가족을 문제적인 시각으로 보기보다는 다양한 가족들이 어떻게 가족 차원에서 문제에 대처하고 궁극적으로 사람들이 어떻게 행복한 가족생활을 영위할 수 있는가에 대한 근원적인 대답을 찾는다. 이러한 점에서 인간의 행복과 성장에 관심을 두는 긍정심리학과 철학적 전제가 유사하다고 할 수 있다. 건강가족 관점에서의 기본적이고 구체적인 전제는 다음과 같이 건강가족 연구에서 도출된 명제(DeFrain & Asay, 2007: 5-6)들로 이해할 수 있다.

① 건강가족 연구에서 도출된 명제들

- 가족은 현저한 다양성이 있음에도 인류 문화의 기본적인 토대를 이룬다. 건강가족은 건강한 공동체의 발전에 중요하며 건강한 공동체는 건강한 가족을 육성한다.

- 모든 가족은 강점을 갖고 있다. 모든 가족은 도전과 함께 잠재적인 성장 영역을 갖고 있다. 만일 어느 가족에서 문제만 보려한다면 문제들만 보게 될 것이다. 그러나 강점들도 보려 한다면 강점을 발견하게 될 것이다.
- 가족의 건강성은 가족의 구조에 관한 것이 아니라 가족의 기능에 관한 것이다. 흔히 가족에 대해 말할 때 가족의 내적 기능보다는 가족의 유형이나 가족의 외형적인 구조에 초점을 맞추는 오류를 저지르기 쉽다. 그러나 사실은 건강한 한부모가족, 건강한 재혼가족, 건강한 핵가족, 건강한 확대가족, 건강한 입양가족 등 많은 건강가족이 있다.
- 건강한 결혼은 많은 건강한 가족의 중심을 이룬다. 좋은 부부관계는 잘 지내는 많은 유자녀 가족의 건강성의 중요한 원천이다. 부모들은 가족의 모든 성원들을 위해 긍정적인 부부 관계를 향상시키는 방법을 찾을 필요가 있다.
- 건강한 가족은 훌륭한 자녀들을 육성하는 경향이 있다. 훌륭한 자녀들을 돌보는 최적의 장소는 건강한 가족이다.
- 만일 건강한 가족에서 자녀로 성장했다면 아마도 성인이 되었을 때 자신의 가족을 건강가족으로 만들기 쉬울 것이다. 그러나 불행히도 심각한 문제가 있는 가정에서 성장한 개인이라도 건강한 가족을 만드는 것 또한 충분히 가능한 일이다.
- 돈과 가족건강성과의 관계는 미약하다. 가족이 재정적으로 적정한 상황이 되면 그 이상 수입을 늘리기 위한 노력은 가족의 삶의 질이나 행복, 가족원간의 관계의 강도를 증가시키지는 않는다.
- 가족의 건강성은 시간에 따라 변한다. 부부가 함께 생활하기 시작했을 때 종종 서로에게 적응하는 데 상당한 어려움을 겪으며 이러한 어려움들은 매우 예측가능하다. 서로에게 적응한다는 것은 쉬운 일이 아니다. 그러나 처음에 불안정한 많은 부부들도 건강하고 행복한 가족을 만들어 갈 수 있다.
- 건강성은 때로 도전에 대한 반응으로 개발된다. 부부와 가족의 건강성은 삶의 일상적인 스트레스와 우리 모두가 조만간 직면하게 되는 심각한 위기에 의해 시험당한다.

- 건강한 가족들은 자신들의 건강성에 대해 많이 생각하지 않는 경향이 있으며 그들은 단지 건강하게 지낸다. 그러나 가족의 건강성에 대해 주의 깊게 살펴보고 어떻게 가족원들이 건강성을 잘 활용하는지 면밀하게 논의해 보는 것은 유용하다.
- 다른 가족과 마찬가지로 건강한 가족들도 완벽하지는 않다. 심지어 매우 건강한 가족들조차도 서로에게 고슴도치처럼 굴 때가 있다. 즉, 서로에게 까칠하게 대하고 무례하게 굴며 서로 갈등을 일삼기 좋아하는 모습을 보인다. 그러나 그러한 가운데서도 온정과 지지를 위해 서로에게 가까이 다가가려는 상당한 욕구를 갖는다. 건강한 가족은 항상 성장과 변화의 과정 속에서 계속해서 진보하는 예술 작품과 같다.
- 사람들, 공동체, 그리고 모든 국가들을 통합하고자 할 때 가족을 강화하는 목표로 통합하는 것은 강력한 전략이 될 수 있다.
- 인간은 안전하고 편안하며 행복하고 사랑받을 권리와 책임을 갖는다.

(2) 가족 강점 시각과 건강가정

건강가정의 개념이 가족 강점 시각에서 출현하였다는 앞서의 등장 배경을 고려하면 건강가정은 곧 가족 강점 시각을 대표하는 핵심개념이라고 할 수 있다. 또한 모든 가족은 나름대로 강점을 가지고 있기 때문에, 양친의 핵가족 이외에 다양한 유형의 건강가정이 있을 수 있다. 가족 유형의 다양성에도 불구하고 건강가정들이 공통성을 갖는다는 가족 강점 시각의 전제는 건강가정에 대한 이론적 토대를 제공한다. 아울러 급격하고 다층적인 변화를 겪고 있는 가족의 현실을 위기나 문제로 보는 것이 아니라 다양한 가정의 긍정적인 강점, 건강성을 찾으려 한다. 이는 가족에 대한 문제지향적 시각과 비관적인 전망에서 벗어나 행복하고 건강한 가족을 이루기 위해 진정으로 필요한 것은 무엇인가? 하는 근본적이고도 철학적인 문제를 제기하며, 건강가정을 이루는 요인들을 탐색하는 실천적인 시도를 한다는 점에서 중요한 의미를 갖는다.

그러나 가족 강점 시각이 보다 이론적 체계를 갖추기 위해서는 계속적인 연구가 진행될 필요가 있다. 즉, 건강가정을 이루는 요인이 모든 문화에 통용될 수 없으며 가족 내에서 이루어지는 심리적 · 행동적 차원만 중요한 것이 아니라 사회문화적 영향과 지역사회 및 가족유형의 특성도 중요하므로 이를 고려한 건강가정의 정의와 구성요인들에 대한 실제적인 연구가 지속적으로 이루어질 필요가 있다.

2) 가족탄력성 이론

(1) 가족탄력성 이론의 개관

탄력성(resilience)은 회복탄력성, 탄성, 회복력의 용어로도 사용되며 그 원래 의미는 제자리로 되돌아오는 힘을 뜻한다. 한마디로 "어려운 상황에서도 긍정적으로 대처하고 원래의 건강하고 안정된 상태를 회복하는 능력"을 의미한다. 심리학에서는 주로 시련이나 고난을 이겨 내는 긍정적인 힘을 의미하는 말로 쓰인다. 달리 말해 탄력성 혹은 회복탄력성이란 변화하는 환경에 적응하고 그 환경을 스스로에게 유리한 방향으로 이용하는 인간의 총체적 능력(김주환, 2023)으로 개인이나 가족, 조직이 스트레스와 위기, 역경을 극복하고 더 강해진 모습으로 회복하는 능력을 의미한다. 이러한 탄력성의 개념은 아동발달과 정신건강 특히 정신병리 분야에서 연구되었는데, 그러한 분야에서는 정신적인 문제가 있는 부모나 문제가정에서도 잘 기능하며 성장하는 아동처럼 개인의 특성으로 개인적 탄력성에 초점을 두었다(Walsh, 1995). 탄력성의 주요 개념으로는 스트레스에 대한 저항력과 적응력, 문제해결 능력, 사회적 지원 활용 능력, 긍정적인 마음자세 등을 들 수 있다.

가족탄력성(family resilience)이란 탄력성의 개념을 가족에 적용한 것으로 가족이 위기와 스트레스에 적응하고 역경으로부터 회복하는 능력으로 정의할 수 있다(김은정, 2013). 가족탄력성 이론에서는 가족을 스트레스와 위기에 대처하고 극복할 수 있는 자원으로 간주하는데, 월쉬(Walsh, 1996)의 가족탄력성 연구와 맥큐빈과 패터슨(McCubbin & Patterson, 2014)의 가족스트레스와 대처에 관한 연구에서는 가족이 어려운 상황에서도 긍정적으로 대처하고 적응하며 고난을 극복하는 능력에 중점을 둔다. 특히 월쉬는 가족탄력성을 신념체계, 조직유형, 의사소통과정을 포함하는 개념적 틀로 다음과 같이 조직화하였다(양옥경, 김연수, 2003).

표 3-4 가족탄력성의 주요 요소

<table>
<tr><td rowspan="9">가족탄력성

</td><td rowspan="3">가족신념체계</td><td>• 역경에 대한 의미부여</td></tr>
<tr><td>• 긍정적 시각</td></tr>
<tr><td>• 초월과 영성</td></tr>
<tr><td rowspan="3">조직유형</td><td>• 융통성</td></tr>
<tr><td>• 연결성</td></tr>
<tr><td>• 사회 및 경제적 자원</td></tr>
<tr><td rowspan="3">의사소통 과정</td><td>• 명료성</td></tr>
<tr><td>• 개방적 정서표현</td></tr>
<tr><td>• 상호 협력적 문제해결</td></tr>
</table>

① 신념체계

신념체계란 경험에 의미를 부여하고 세계를 바라보는 렌즈로서 가치, 확신, 태도, 편견 및 가정(assumption) 등이 포함된다. 신념체계는 가족에게 응집성을 제공하고 가족원들이 위기상황과 역경을 해석하고 행동을 결정하는 데 큰 영향을 미친다. 신념체계는 역경에 대한 의미부여와 긍정적 시각, 초월성과 영성으로 구성된다.

첫째, '역경에 대한 의미부여'는 가족의 위기상황에 대한 이해와 해석으로 역경의 의미는 가족의 상호작용을 통하여 여과되며 가족은 위기상황에 대한 해석을 공유하는 것이 중요하다. 이를 위해서는 가족 간의 강한 신뢰와 결속감이 필요하다.

둘째, '긍정적 시각'은 역경의 상황에서 가족이 인내심을 가지고 상호간에 용기와 격려를 주고 희망을 유지하며 삶에 대한 낙관적인 태도를 취하는 것이다. 이때 유머의 사용은 가족이 어려운 상황에 잘 대처하고 긴장감을 감소시키는 데 도움을 준다. 가족은 변화할 수 없는 한계에 대해서는 수용하고 변화가능한 것에 대해서는 최선을 다하는 균형이 필요하다.

셋째, '초월성과 영성'은 역경을 뛰어넘는 삶의 의미와 목적을 제공하는 것으로 고통 속에서 위안을 주며, 가족을 경험과 지식의 한계를 초월하는 더 큰 체계에 연결되도록 한다.

② 조직유형

조직유형은 가족이 하나의 단위체계로 통합되어 있는 정도를 의미하며, 위기와 역경을 위해 자원을 동원하고, 스트레스를 중재하며, 변화하는 가족의 내 · 외적 상황에 적합하도록 가족의 구조를 재조직하는 능력을 뜻한다. 여기에는 융통성, 연결성, 그리고 사회 및 경제적 자원이 포함된다.

첫째, '융통성'이란 가족이 삶 속에서 안정과 변화의 균형을 이루는 것으로 변화와 도전이 있을 때 가족의 조직을 변경하고 적응하는 가족의 능력이다. 특히 가족생활주기의 주요한 전환점이나 혼란의 시기에 중요한 능력으로 가족 내의 규칙과 역할 변화에 중심역할을 한다.

둘째, '연결성'은 가족원 상호 간의 연합, 지지, 협력하는 능력으로 건강한 가족의 구성원들은 분화됨과 동시에 상호 연결되어 있다. 이를 위해서는 세대 간의 경계가 필요하며 위기 시에 특히 부모의 강력한 리더십이 중요하다. 즉, 부모는 관심, 인정, 승인을 통해 자녀의 성공을 지지하고, 규칙을 설정하고 실행하는 데 일관성이 있으며 효과적인 통제방법을 사용하고, 따뜻함과 확고함을 가진 양육을 제공해야 한다. 부부관계에서는 상호 간에 애정과 존중을 바탕으로 한 동등한 파트너로서의 역할이 중요하다.

셋째, '사회 및 경제적 자원'이란 가족이 외부의 자원을 동원하고 활용하는 것으로서, 확대가족 및 친지의 지지를 포함하여, 지역사회 내에서 지지망을 확립하는 것을 말한다.

③ 의사소통 과정

의사소통 과정은 가족탄력성의 핵심으로 의사소통의 명료성, 개방적인 정서표현, 상호 협력적 문제해결과정으로 구성된다.

첫째, '의사소통의 명료성'이란 명확하고 일관성 있는 말과 행동으로 애매한 정보를 분명하게 전달하는 것을 뜻한다. 특히 위기나 스트레스가 있을 때 가족원 간에 상황에 대한 명료한 의사소통을 하는 것이 중요하며 의사소통이 차단되면 관계에서 장벽이 생긴다.

둘째, '개방적인 정서표현'이란 가족들이 기쁨과 고통, 희망과 두려움의 모든 감정을 솔직하게 이야기할 수 있으며 의견 차이를 이해하고 수용하며 함께 공유하는 것으로 가족 간에 사랑, 감사, 존중 등의 긍정적인 감정표현이 활발히 이루어지는 것이다.

셋째, '상호 협력적 문제해결'은 당면한 문제에 대해 가족이 창조적인 브레인스토밍 과정과 공유된 의사결정 과정을 통해 함께 문제와 갈등을 해결해 나가는 것으로, 탄력적인 가족은 이러한 문제해결기술이 있는 가족이며 성공적인 문제해결의 경험은 가족이 문제를 예방하고 미래의 위기와 도전에 대한 준비를 하는 데에 도움이 된다.

(2) 가족탄력성 이론의 관점에서 본 건강가정

가족탄력성 이론은 사회경제적으로 급변하는 미래가 불확실한 오늘날 현실에서 가족이 당면하게 되는 스트레스나 위기, 도전에 대처하고 극복할 수 있는 가족의 힘을 신뢰하며 방향을 제시한다는 점에서 의의를 갖는다.

어느 가족이나 살아가면서 끊임없이 크고 작은 스트레스와 위기를 경험하며 인생의 도전을 받는다. 가족탄력성 이론의 관점에서 보았을 때 건강가정은 곧 탄력적인 가족으로 가족에게 닥친 위기나 스트레스, 역경에 잘 대처하고 극복하여 위기 후에 더 결속되고 성장하는 가족이라고 할 수 있다. 즉, 가족에 위기가 닥쳤을 때 그것에 긍정적인 의미를 부여하고 기존의 가족의 규칙이나 역할을 융통성 있게 변경하여 적응하며, 가족 간의 개방적이고 명확한 의사소통을 통해 문제를 해결하며 적극적으로 외부로부터의 도움을 구하고 가족과 지역사회 내의 자원을 활용하는 능력을 갖는 가족이 건강가정이라고 할 수 있다.

3) 임파워먼트 관점

(1) 임파워먼트 관점의 개관

임파워먼트(empowerment, 권한부여)는 사전적 의미로 자신이 원하는 것을 하거나 자신에게 일어나는 일을 통제할 수 있는 자유와 힘을 얻는 과정(Cambridge 영어사전)이다. 이는 개인이나 집단이 상대적으로 무기력한 상태에서 힘을 가진 상태로 이동해

나가는 것으로 개인과 집단이 자신의 삶을 보다 잘 통제하고 권리를 획득하며 소외를 줄이는 적극적이고 참여적인 과정이다. 임파워먼트의 개념은 1950년대와 1960년대 참여적 경영 혹은 민주적 경영으로부터 발생한 것으로 고용주가 근로자에게 직무 활동에서 의사결정 권한과 역량 및 재량권을 부여하여 조직의 목표를 달성하는 데 가장 적합한 행동을 취하도록 하는 것을 의미한다(윤방섭, 2001).

오늘날 임파워먼트의 개념은 여러 분야에서 널리 사용되고 있는데, 사회복지나 심리학 분야에서 임파워먼트는 어려운 삶의 환경이나 지역 사회 조건에 직면한 사람들이 당면한 문제에 대한 해결책을 정의하고 적극적으로 참여할 수 있는 능력을 강조하는 강점 기반의 비전문가 주도 접근 방식을 나타낸다. 1970년대 사회복지 분야에서는 체계이론 및 생태학적 접근에 기초한 문제해결모델이 주목받기 시작하면서 임파워먼트에 대한 관심이 커졌다. 사회복지분야에서 임파워먼트는 일반적으로 무력한 상태에 있던 사람들이 힘(power)을 가지게 되는 과정, 혹은 사람들이 자신의 삶의 조건에 대해 더 많은 통제권을 가지기 위해 힘을 증가시키는 과정으로 이해된다(정소연, 2013). 임파워먼트는 전통적으로 사회복지에서 서비스 이용자들을 일방적으로 전문가들에게 의존하는 수동적이며 무력한 존재로 간주했던 관점에서 벗어나 이들이 적극적으로 의사결정에 참여하고 자신을 돌보고 삶을 주체적으로 주도할 수 있는 능력이 있는 존재라는 점을 강조한다.

여러 분야에서 다양한 의미로 사용되고 있으나 임파워먼트 개념은 공통적으로 무력함을 감소시키고 힘을 획득하거나 개발 또는 부여하는 것, 자신의 삶과 관련이 있는 타인, 조직, 및 환경에 영향을 줄 수 있는 능력을 갖는 것, 자신의 삶에 대한 통제력을 획득하고 지역사회에서의 여러 삶의 영역에서 민주적인 참여를 증진시키는 것으로 요약된다(정소연, 2013).

임파워먼트는 말 그대로 파워를 갖는 것을 의미하는데, 개인이나 조직에서 두 객체의 관계 속에서 누가 더 의존적인가하는 것처럼 두 객체의 관계 속에 존재하는 파워, 즉 객관적 통제력을 중심으로 이해하는 것을 관계적 임파워먼트라고 한다. 반면에 개인의 입장에서 파워를 가지고 있다는 인식, 즉 개인이 처한 상황이나 일을 통제할 수 있다는 믿음에 대한 인식에서 파워가 지닌 개인의 내면적 동기 측면을 강조하고 이해하는 것을 심리적 임파워먼트라고 한다.

짐머만(Zimmerman, 1995)은 다차원적인 개념으로 심리적 임파워먼트를 개인내적 · 상호작용적 · 행동적 측면의 세 가지 상호 관련된 다차원적 구조로 개념화했는데 먼저 개인내적 임파워먼트는 일이나 사회 정치적 맥락과 같은 다른 삶의 영역에서 영향력을 행사할 수 있는 능력에 대한 신념으로 자기효능감이나 능력의 지각, 통제감의 동기(motivation)를 통제하는 것을 포함한다. 이러한 개인내적 임파워먼트는 개인이 목표를 달성하는 데 필요한 행동에 참여하도록 한다. 상호작용적 임파워먼트는 당사자가 처한 사회 정치 환경에 대해 비판적으로 인식하며 문제의 원인이 되는 요인을 이해하고 목표를 달성하는 데 필요한 자원에 대한 기술을 발달시키고 그러한 기술을 생활영역 전반에 적용하며 필요한 자원들을 동원하는 것이다. 행동적 차원의 임파워먼트는 임파워먼트의 결과로 인한 개별적 행동으로 공동체나 조직에 참여하고 대처 행동을 하는 것이다([그림 3-7] 참조).

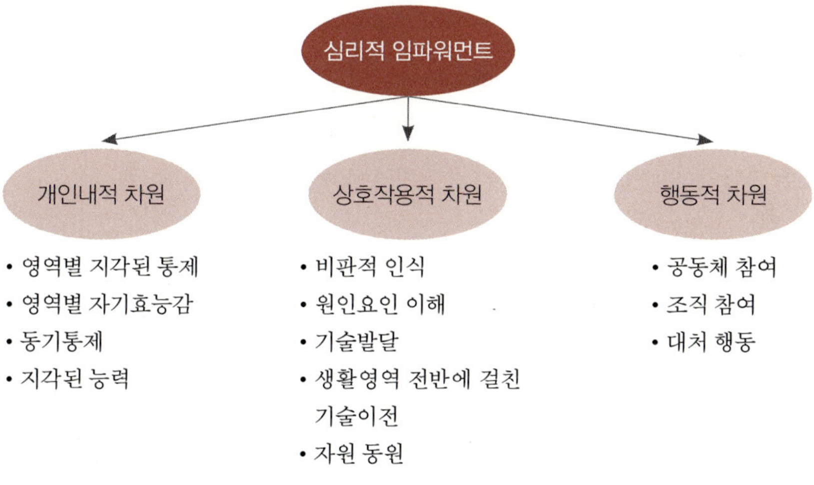

[그림 3-7] 심리적 임파워먼트의 차원

출처: Zimmerman (1995: 588).

(2) 임파워먼트 개념을 적용한 건강가정

임파워먼트의 개념을 적용할 때 건강가정이란 가족원 개개인이 가족 생활에서 삶의 통제감과 자기효능감, 자기 능력에 대한 신념을 갖고 가족문제가 발생했을 때 원인에 대해 객관적으로 인식하고 대처기술을 발달시키며 대처자원을 동원하며 지역사회 공동체의 도움을 적극적으로 구하며 행동적으로 대처하는 가족이라고 할 수 있다. 그리고 어려움을 겪는 가정이 건강가정이 되도록 하기 위해서는 복지서비스 실천 현장에서 개입이 필요한 가족이 강점을 찾고 자원을 활용하여 문제를 해결하고 가족이 통제력과 파워를 느낄 수 있도록 가족복지 실천가들이 서비스 대상 가족의 잠재력을 존중하며 가능한 대등한 입장에서 도움을 줄 필요가 있다.

4. 가족발달이론

가족발달이론은 1930년대 미국 농업실험부의 연구 보고서에서 '가족생활주기(family life cycle)'와 '가족 발달(family development)'이라는 용어가 처음 사용된 이래 듀발(Duvall)과 힐(Hill) 등의 학자를 중심으로 결혼과 가족에서의 변화과정을 설명하기 위하여 고안되었다(유계숙, 최연실, 성미애 편역, 1999).

1) 기본 가정

가족생활주기는 자녀의 출생과 성장, 독립, 은퇴 등과 같이 시간의 흐름에 따라 가정생활이 변화하는 일련의 과정을 의미한다. 이는 [그림 3-8]과 같이 결혼을 통해 사이클, 즉 하나의 원을 그리며 회전하듯 시작하여 아이가 생기고 이 아이가 자라 성인이 되어 가정을 떠나면서 가족이 축소되며 변화를 겪는 발달적 과정을 나타내는 것을 의미한다.

가족생활주기에 대한 기본적인 가정 네 가지는 다음과 같다. 첫째, 가족은 변화한다. 둘째, 가족이 변화함에 따라 가족원의 욕구와 발달과업이 달라진다. 셋째, 대부분

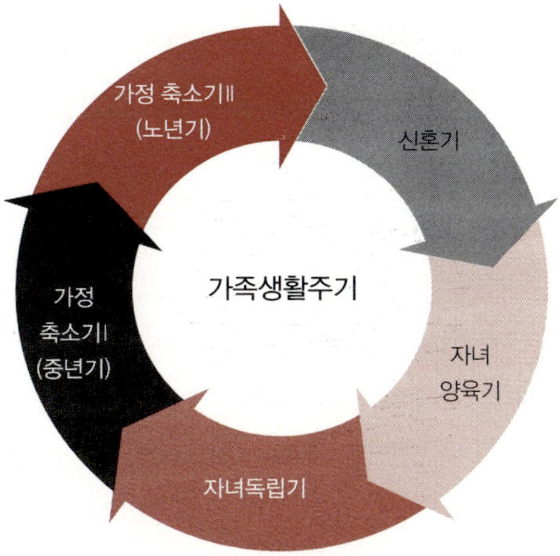

[그림 3-8] 가족생활주기의 사이클

의 가족은 유사한 가족발달 단계를 거치며 그에 따른 욕구의 변화를 비슷하게 경험한다. 넷째, 각 단계는 앞뒤 단계와 연관성을 갖고 있다. 다양한 인구 · 사회학적 변화에 따라 표준화된 가족생활주기를 논하기 어려워지기는 하였으나, 인간이 아동기를 거쳐 청년기, 중 · 장년기, 노년기의 발달 흐름을 보이는 것처럼 가족의 생활도 이러한 인간의 생애주기에 따른 변화의 보편성을 지니게 된다. 이에 따라 가족생활주기는 여전히 많은 가족의 행동을 예측하는 데 중요하게 사용되고 있다.

2) 주요 개념

가족발달이론의 주요 개념으로는 **규범**(norm), **지위**(status), **역할**(role), **단계**(stage), **사건**(event), **가족경력**(family career), **전이**(transitions), **타이밍**(timing) 등이 있다. 주요 개념들을 포괄하는 가족생활주기 개념은 가족발달이론에서 가장 대표적인 개념으로 가족원들이 다양한 가족생활주기 단계로 옮겨 감에 따라 경험하는 다양한 역할과 발달과업을 어떻게 대처하는가에 일차적인 관심을 둔다.

주요 용어

☞ **규범**: 사회집단의 성원들이 보편적으로 수용하는 행동에 대한 기대이며 학습된 반응

☞ **지위**: 가족 내에서의 위치이며, 역할은 각 지위에 부여되는 규범 의미

☞ **단계**: 가족생활을 구분하는 데 있어서 이전과 이후의 기간이 뚜렷이 구분되는 질적 변화를 수반하는 기간

☞ **사건**: 특정 시점에서 발생하는 질적 변화를 의미

–전이적 사건: 결혼과 같이 두 단계 사이에서 질적 변화를 구분하는 사건

☞ **가족경력**: 일련의 가족 발달 단계에 따라 연속적으로 이어지는 역할 전이는 한 가족이 질적으로 구분되는 한 단계에서 다음 단계로 옮겨 갈 때 일어나는 것

☞ **타이밍**: 개인이나 가족이 특정 시점에서 특정한 사건을 경험하기를 사회로부터 기대받고 그러한 기대에 따르는가의 여부

출처: 정현숙, 유계숙(2016: 61-62).

3) 가족생활주기의 단계별 발달과업

가족이 다양한 단계와 사건을 거치는 과정에서 성취해야만 하는 일을 **발달과업**(developmental task)이라고 한다. 즉, 가족은 각 가족생활주기 단계에서 요구되는 역할 기대와 책임을 완수하는 것을 배운다. 발달단계마다 이전 단계에서 미해결된 발달과업이 있는 경우 다음 단계의 복리에 큰 영향을 미칠 수 있으므로 이에 대한 계획과 대처가 필요하다. 단계별 발달과업을 제안한 대표적인 학자로는 듀발이 전통적인 가족생활주기와 발달과업을 8단계로 제시하였다(〈표 3-5〉 참조). 그 이후로 학자들마다 다양한 단계를 제안하고 있다.

표 3-5 듀발의 전통적인 가족생활주기 단계와 발달과업

가족생활주기 단계	가족 내 지위	가족 발달과업
1. 신혼기	남편 아내	• 상호 만족스러운 결혼관계의 수립 • 임신에 대한 적응 • 친족관계 적응
2. 첫 자녀 출산기	아내/모 남편/부 자녀	• 임신과 출산 및 그에 대한 적응 • 부모와 어린 자녀에게 만족스러운 환경 제공
3. 학령 전 자녀기	아내/모 남편/부 딸/형제 아들/형제	• 학령 전 자녀의 발달적 욕구 충족 • 에너지 소모와 부모의 사생활 부족에 대처
4. 학동기 아동기	아내/모 남편/부 딸/형제 아들/형제	• 지역사회에 적응 • 자녀의 교육적 성취 격려
5. 청소년 자녀기	아내/모 남편/부 딸/형제 아들/형제	• 자유와 책임감 사이의 균형 • 탈부모기 이후 관심사 개발
6. 자녀 독립기	아내/모/조모 남편/부/조부 딸/형제/이모나 고모 아들/형제/삼촌이나 외삼촌	• 청년기에서 성인기로 자녀가 독립 • 지원적인 가정 기지로서의 유지
7. 중년기 부모기	아내/모/조모 남편/부/조부	• 부부관계에 재초점화 • 노년 세대, 젊은 세대와 친족관계 유지
8. 노년기 부모기	사별여성/사별남성 아내/모/조모 남편/부/조부	• 배우자 사별과 독신생활에의 대처 • 주택 축소 및 리모델링 • 퇴직 후 적응

출처: Olson & DeFrain (2006: 76).

(1) 가정 형성기(신혼기)

가정 형성기는 가정생활을 처음 시작하는 단계로, 이때는 이후의 가족생활에 대한 계획을 수립해야 한다. 이 시기에는 결혼을 통해 서로 다른 가정에서 각기 성장한 개인이 하나의 새로운 가족을 이루어 인생의 파트너로서 서로 관계를 맺고 친밀감을 형성하며 양가와 새로운 친족관계를 형성하는 것이 중요하다. 또한 부부로서의 관계를 정립하고 가사와 양육 역할에 대한 분담 계획과 자녀출산 계획을 세우고 두 사람이 합의하는 것이 중요한 과제다. 또한 최근 주택마련에 대한 부담이 커진 상황으로 일찍부터 경제 계획을 수립하는 것도 발달과업이 될 수 있다.

(2) 가정 확대기(자녀양육기)

가정 확대기는 첫 자녀 출산부터 막내자녀 출생까지의 기간(확대 완료기)을 의미한다. 최근 임신 후 결혼하는 경우가 증가하면서 가정 형성기가 극도로 짧아지는 경향이 나타나기도 하고 무자녀가족에게는 생략되는 시기이기도 하다. 이전 단계의 발달과업이 잘 달성될 경우에 가정 확대기에서 새로이 생기는 발달과업에도 순조롭게 대처할 수 있다.

① **자녀 출산 및 미취학 아동기:** 자녀 출산과 함께 부모로서의 역할에 적응하며 부부 두 사람의 관계에서 자녀를 포함한 가족생활로의 전환이 필요하다. 증가된 가사노동과 자녀양육에 대해 부부가 분담하고 역할을 조정해야 한다. 또한 이후에 증가하게 될 가계 지출과 주택 마련에 대한 경제적인 계획을 수립해야 한다.

② **초등교육기:** 이 시기에는 자녀 성장에 효과적으로 대비하여야 한다. 즉, 자녀가 학교생활에 적응하도록 준비시키고 학습할 분위기를 조성해 주며, 모든 가족구성원이 가사를 분담하고 가족 일에 대한 책임을 공유하도록 한다. 그리고 부모로서 좋은 역할모델이 될 수 있도록 자녀와 함께하는 시간을 많이 가져야 한다. 주거공간을 재배치해야 할 필요가 있다면 주거에 대한 변화도 이루어져야 한다.

③ **중 · 고등교육기:** 이 시기의 부모는 자아정체성을 탐색하면서 독립심이 커지는 청소년 자녀와 원만한 관계를 유지하면서 청소년 자녀의 심리적 성장과 진로지도

에 신경을 써야 한다. 또한 자녀가 성장함에 따라 주거 공간을 재구성해 주고, 자녀의 적성과 진로에 관심을 갖고 함께 자녀의 장래에 대해 계획한다. 한국의 문화적 특성상 교육비가 급증하므로 이에 대한 장기적인 경제 계획도 필요하다. 지나친 자녀 중심의 가족생활로 부부간의 관계가 주변적이 되거나 소홀해지고 부모로서의 권위가 손상되는 일이 없도록 부부가 협력할 필요가 있다.

다음으로는 가정 축소기에 해당하는 내용으로, 기존에는 막내자녀 독립 후 부부가 사는 가정 축소기가 길지 않았으나 평균수명이 늘어남에 따라 가족생활주기의 후반인 가정 축소기가 길어짐에 따라 중년기에 해당하는 가정 축소기(I)과 노년기에 해당하는 가정 축소기(II)로 나누어 보았다.

(3) 가정 축소기 I(중년기)

① **자녀 독립기:** 자녀의 결혼과 은퇴 이후의 생활에 대한 경제적 준비를 하고 자녀의 배우자와의 관계를 정립하며 조부모로서의 역할을 준비한다. 자녀독립 후 남게 되는 부부관계를 재조정하며 갱년기 등의 신체적 노화에 따른 신체적 · 심리적 변화와 관련하여 건강관리에 힘쓴다. 또한 노후준비를 본격화 해야 하는 시기이므로 주택 축소나 주거니 이전도 고려해 볼 수 있다.

② **중년 후기:** 많은 경우 노부모의 돌봄이 필요해지는 시기다. 이 시기에 가족들 간 돌봄을 누가 할 것인가에 대한 의사결정으로 가족갈등이 일어나기도 한다. 자녀가 있는 경우 교육비와 졸업후 취업까지의 기간이 길어지면서 이 기간 소위 캥거루족인 자녀의 의존여부에 따라 생활을 변경해야 하는 경우가 생길 수 있다. 또한 차후 이어질 자녀의 결혼에 대한 대비와 의사결정이 필요하게 된다. 노년기가 길어짐에 따라 인생 후반전에 대한 준비를 적극적으로 해야 할 시기다.

(4) 가정 축소기 II(노년기)

① **노년 전기/은퇴기:** 이전에 세웠던 은퇴 이후의 경제생활과 주거생활에 대한 계획을 실행하며 늘어난 여가시간에 적응한다. 일반적으로 노후 소득보장은 3층으로

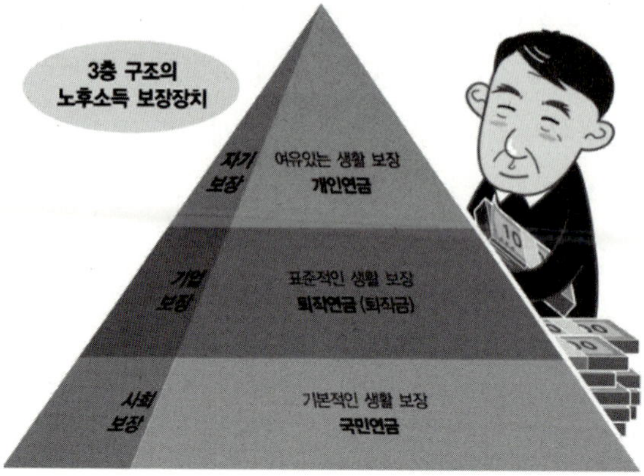

[그림 3-9] 3층 구조의 노후소득보장

구성하여 준비하게 되는 데 3층 구성은 [그림 3-9]를 참조해 본다. 배우자 사망에 따른 독신생활을 예상하며 자신의 죽음에 대해서도 생각해 보고 준비한다. 계속해서 자녀 및 손자녀와의 관계가 원만하게 유지되도록 노력하며 노년기의 건강관리에도 힘쓴다. 손자녀가 생김에 따라 이들의 양육이 필요하기도 한데 가족 상황에 따라 다양하게 손자녀 양육이 이루어질 수 있다.

② 노년 후기: 이 시기의 가족들의 가장 큰 이슈에는 부부가 생애 마지막 단계가 다가옴에 따라 성공적 노화로 인생을 잘 마무리하기 위한 발달과업들이 포함될 수 있다. 이에 따라 부부의 건강상태에 따라 양로나 요양시설 입소나 상속문제에 대한 결정이 필요할 수도 있다. 생의 마무리를 위한 웰다잉 준비도 발달과업에 포함될 수 있다.

3) 가족발달이론과 건강가정과의 관계

가족발달이론은 각 발달 단계에 따라 발생하는 문제나 스트레스를 예상하고 단계에 맞는 가족의 발달과업을 잘 수행하며 중요한 변화 시점에서 그에 잘 대처하는 잠재력을 가진 가정이 될 수 있게 도울 수 있는 방법을 제공한다는 데에 의의가 있다.

가족발달이론은 건강가정 개념과 건강가정을 위한 사업 내용에 중요한 시사점을 준다. 다시 말해, 건강가정의 개념에 시간의 차원, 즉 발달단계의 개념을 도입하여 각 발달단계에 따라 발생하는 문제나 스트레스를 예상하고, 단계에 맞는 발달과업을 잘 수행하며 중요한 변화 시점에서 그에 잘 대처하는 잠재력을 가진 가정이 건강가정임을 재확인시켜 준다.

그러나 이론의 중심 개념인 가족생활주기는 전형적인 중산층 핵가족의 단계를 모델로 하였기 때문에 오늘날처럼 이혼이나 재혼가족, 무자녀부부, 동거부부, 한부모가족, 다문화가족 등 복잡하고 다양해진 가족의 적용에는 한계가 있다. 그러므로 다양한 가족을 대상으로 한 정책 수립에서 가족발달이론의 대표적인 개념인 가족생활주기를 다양한 가족 형태에 맞게 재구성하고 단계마다 가족들이 겪는 스트레스와 발달과업을 제시할 필요가 있다. 이에 대해서는 제5장 가족주기에 따른 가족의 건강성에서 자세히 다룰 것이다. 또한 가족 형태별로 다양한 가족생활주기를 겪고 있는 가족을 지원하기 위한 교육, 상담, 문화사업 등 건강가정 사업 서비스도 마련되어야 한다.

생각해 볼 문제

1. 각각의 이론 및 모델의 주요 개념을 적용하여 건강가정의 의미를 적용해 봅시다.
2. 개인적으로 선호하는 이론이나 모델을 선택한 후 각 내용의 주요 개념을 사용하여 본인 가정의 건강성에 적용해 봅시다.

참고문헌

김은정(2013). 한부모의 가족탄력성 증진 프로그램 개발 및 효과성 연구. **한국가족관계학회지, 17**(4), 137-159.

김주환(2023). **회복탄력성-시련을 행운으로 바꾸는 마음 근력의 힘**(2판). 서울: 위즈덤하우스.

양옥경, 김연수(2003). 가족탄력성 증진을 위한 부모역할 프로그램 개발연구. **사회과학연구논총, 11**, 115-147.

윤방섭(2001). 임파워먼트- 개념, 이론 및 실천. **연세경영연구, 38**(1), 71-111.

정문자, 전영주, 정혜정, 이선혜(2018). **가족치료**. 서울: 학지사.

정소연(2013). 가족임파워먼트 척도(Family Empowerment Scale)의 요인구조 검증 및 단축형 척도. 한국콘텐츠학회논문지, 13(7), 214-227.

정현숙, 유계숙(2016). 가족관계. 서울: 신정.

DeFrain, J. & Asay, S. (2007). *Strong families around the world: Strengths-based research and perspectives*. NY: Routledge.

DeFrain, J., & Stinnett, N. (2002). Family Strengths. In. J. J. Ponzetti et al.(Eds.), *International encyclopedia of marriage and family* (2nd ed.). NY: Macmillan Reference Group.

Goldenberg, I., & Goldenberg, H. (2003). *Family therapy: An overview* (6th ed.). Pacific Grove, CA: Brooks/Cole.

Koren, P. E., DeChillo, N., & Friesen, B. J. (1992). Measuring empowerment in families whose children have emotional disabilities: A brief questionnare. *Rehabilitation Psychology, 37*, 305-321.

McCubbin, H. I., & Patterson, J. M. (2014). The family stress process: The double ABCX model of adjustment and adaptation. *Social stress and the family*, 7-37.

Olson, D. H., & DeFrain, J. (2006). *Marriage and family-intimacy, diversity and strengths*. McGraw-Hill Company.

Pauline G. Boss, William J. Doherty (유계숙, 최연실, 성미애 편역)(1999). 가족학이론. 서울: 하우.

Perkins, D. D., & Zimmerman, M. A. (1995). Empowerment theory, research, and application. *American Journal of Community Psychology, 23*(5) 569-579.

Rigazio-DiGilio, S. A., Ivey, A. E., Kunkler-Peck, K. P., & Grady, L. T. (2005). *Community genograms using individual, family, and cultural narratives with clients*. NY: Teachers College Press.

Smith-Acuna, S. (2021). *Systems Theory in action: applications to individual, couple, and family therapy* (1st ed). NJ: John Wiley & Sons, Inc.

Walsh, F.(1996). The Concept of Family Resilience: Crisis and Challenge. *Family Process, 35*, 261-281.

Zimmerman, M. A., & Zahniser, J. H. (1991). Refinements of sphere a specific measures of perceived control: Development of a sociopolitical control scale. *Journal of Community*

Psychology, 19, 189-204.

Zimmerman, M. A. (1995). Psychological empowerment: Issues and illustrations. *American Journal of Community Psychology, 23*, 581-600.

Zimmerman, M. A. (2000). Empowerment theory: Psychological, organizational, and community levels of analysis. In J. Rappa-port & E. Seidman (Eds.), *Handbook of community psychology* (pp. 430-463). New York: Plenum Press.

[참고사이트]

https://dictionary.cambridge.org.

제4장

건강가정의 거시적 접근

이 장에서는 건강가정을 설명할 수 있는 여러 이론 중 거시적 접근에 해당되는 이론을 소개한다. 미시적 접근을 통해 가정의 건강성을 높이고자 하는 노력도 필요하지만, 가정을 둘러싸고 있는 거시적 환경의 변화 없이는 개별 가정의 노력은 그 변화에 한계가 있을 것이다. 거시적 접근에 해당하는 이론으로 구조기능론과 상징적 상호작용론, 사회교환론, 여권주의, 가정생산론을 소개하고자 한다. 각 이론에서의 전제와 주요 개념들을 살펴보고 건강가정에 이 이론들을 적용해 보면서 건강가정에 주는 시사점을 이해하는 데 초점을 둔다.

1. 구조기능론

1) 구조기능론의 배경과 관점

구조기능론(structural functionalism)은 사회학의 이론 중 하나로 이 이론은 사회를 유기체로 보며, 사회를 구성하는 여러 요소들은 상호 긴밀하게 연관되어 있으며 각 요소가 사회 전체의 안정성과 기능을 위해 필요한 특정한 기능을 수행한다고 본다(Allen & Henderson, 2022). 이 이론은 프랑스 사회학자인 에밀 듀르케임의 기능주의에서 시작되었는데 그는 산업혁명 전과 후의 사회를 기계적 연대(사회구성원들이 비슷한 일을 비슷한 책임감을 가지고 수행하는 사회)에서 유기적 연대(잘 명시된 노동 분업이 있는 사회)로 변화하는 사회로 보았다. 이때 연대라는 개념은 사회 및 집단(가령, 가족)이 '함께 연결된' 또는 집단 구성원들을 기능적 단위로 묶어 주는 과정으로, 그러한 거시적인 사회 변화는 사회규범과 사회 구성원 전체의 통합에 변화를 가져온다고 보았다.

듀르케임의 뒤를 이어 파슨스(Parsons)는 모든 체계는 체계유지를 위한 기능을 갖고 있으며 가족의 주된 기능은 자녀생산과 사회화임을 강조하였다. 그는 여성들은 **표현적 역할**(expressive roles), 즉 체계를 위한 애정, 관심, 육아 및 협조적인 역할에 더 적합하며, 남성은 **도구적 역할**(instrumental roles), 즉 지도자가 되고 중요한 결정을 내리며 체계를 위해 물질적 욕구를 충족시키는 역할에 더 적합하다고 보았다. 이에 따라 그는 가족이 원활한 기능수행을 위해서는 가족구조가 성의 구별에 따라 나뉘어야 한다고 주장하였다. 그러나 이러한 구조기능론은 제2차 세계대전 후 경제 호황으로 남성이 가장이고 여성이 주부의 역할을 담당했던 중산층 백인 가족 중심의 미국 내 문화적 규범 소위 남성 1인 부양자모델이 반영된 것이었다.

구조기능론적 관점에서는 기본적인 가족의 욕구를 충족시키지 못하는 사회적 패턴 혹은 행동을 뜻할 때 역기능이라는 용어를 사용했는데, 가령 가정폭력은 정서적 안정을 제공해야 하는 가족의 기능에 반대된다는 점에서 역기능적이라고 하였다. 이러한 관점에서 가족은 기본적인 사회적 기능을 수행하는 중요한 사회적 제도이며, 개인의 역할은 가족의 구조를 유지하는 데 필수적이며, 가족의 기능이 잘 수행될 때 가족의 구조가 안정화되고 나아가 사회의 구조 또한 안정화될 수 있다고 본다. 이러한 구조기능론적 관점은 가족에서의 이상적인 부부 역할, 남녀역할에 대한 고정관념이 지속되는 데 크게 영향을 미쳤다.

구조기능론적 관점에서는 두 명의 남녀가 성별 분업에 입각하여 이룬 핵가족을 '정상적' 혹은 '기능적'인 가족구조로 간주한다. 이러한 관점은 오늘날 다양해진 가족구조와 기능 그리고 여성의 경제적 참여가 많아진 상황과 맞벌이가족이 대세인 현실에는 타당하지 않다. 그러므로 이 이론은 남성은 가계부양자로 여성은 가정생활 담당자로 성별화된 성역할을 당연시하고 가장인 남성에게 더 높은 지위를 부여하면서, 불평등한 사회 구조나 가족 구조를 정당화하고 유지하는 데 초점을 두었다는 점에서 비판을 받는다. 또한 가정의 안정을 더 우선시하므로 가족구성원 개인의 행복보다는 불만스럽거나 불평등한 결혼이라도 가정의 안정을 위해 가족원 개인 특히 여성의 헌신과 희생을 간과한다는 점에서 여권주의자들의 비판을 받는다.

2) 구조기능론의 전제와 주요 개념

구조기능론은 사회를 상호 의존적인 구성 요소들의 체계로 이해하며, 사회적 안정과 질서를 유지하는 데 중점을 둔다. 즉, 정치나 경제, 교육, 가족 등 많은 사회제도 즉 사회구조는 궁극적으로 사회의 균형과 안정, 유지 및 통합을 목표로 한다고 보며 다음과 같이 전제한다. 첫째, 사회는 서로 긴밀하게 연결되고 상호의존적인 여러 부분으로 구성되어 있으며, 각 부분은 사회 전체의 안정과 균형을 유지하는 데 기여한다. 둘째, 사회적 구조는 기능을 통해 사회 질서를 유지하며, 모든 구성 요소가 그 역할을 효과적으로 수행해야 사회가 지속가능하다. 셋째, 사회는 하나의 유기체로 각 부분이 전체 시스템의 건강과 생존을 위해 기능하며 사회 체계는 변화에 대응하여 균형을 유지하려는 경향이 있다.

이러한 전제를 가진 구조기능론의 주요 개념으로는 구조, 기능, 균형과 안정성, 사회적 통합, 명시적 기능, 잠재적 기능 등을 들 수 있다.

(1) 구조

사회의 각 부분이나 요소를 의미하며, 가족, 교육, 경제, 정치, 종교 등의 사회 제도와 조직을 포함한다.

(2) 기능

각 구조가 수행하는 역할이나 목적을 의미하며, 기능은 사회의 안정을 유지하고 통합을 증진하는 데 기여한다.

(3) 균형과 안정성

사회는 구성 요소 간의 상호작용을 통해 균형을 유지하려는 경향이 있으며, 이는 사회 변화가 점진적이고 조화롭게 이루어지도록 한다.

(4) 사회적 통합

사회의 각 요소가 협력하고 결속하여 사회의 지속성과 연대를 유지한다는 개념으로, 이는 공유된 규범과 가치를 통해 가능하다.

(5) 명시적 기능

명시적이고 의도된 기능으로, 사회 구조의 목적이나 역할이 명확하게 드러나는 것을 의미한다.

(6) 잠재적 기능

의도하지 않았으나 결과적으로 나타나는 숨겨진 기능으로, 처음 의도한 목적 외에 부수적으로 발생하는 결과를 의미한다.

3) 건강가정에의 적용

구조기능론은 가족이 사회의 안정과 통합을 위해 중요한 기능을 한다는 점을 강조한다. 그러나 오늘날 다양한 구조의 가족들이 어떻게 기본적인 가족 기능을 수행하는지, 어떻게 가족의 기본적인 욕구를 채울 수 있는지, 어떻게 핵가족의 기능적인 대안으로 가능한지, 그리고 구체적인 방안은 무엇인지에 대한 문제를 제기한다. 또한 '특정한 사회구조', 가족구조를 고려할 때 누구를 위해, 어떤 사회를 위해, 어떤 가족을 위해 기능적인가? 하는 근본적인 의문을 제기한다. 가령, 전통적인 남성의 권위와 우월적 지위가 아버지나 아들에게는 기능적일 수 있으나 어머니나 딸에게는 그렇지 않을 수 있다. 이혼이나 별거가 당사자들에게는 기능적일 수 있으나 자녀들에게는 그렇지 않을 수 있다.

구조기능론적 관점에 대한 많은 비판점에도 불구하고 구조기능론을 다소 변용하여 건강가정에 적용해 본다면 가족의 구조가 다양해졌으므로 부부와 자녀 중심의 핵가족 형태뿐만 아니라 한부모, 맞벌이, 재혼가족 등 다양한 형태의 가족이라도 가족의 기본적인 기능(애정과 친밀감 제공, 사회정서적 지지, 경제적 상호협력과 부양 등등)을 문제없이 성공적으로 수행한다면 사회의 안정에 기여하는 건강가정이라고 할 수 있을 것이다.

2. 상징적 상호작용론

1) 상징적 상호작용론의 기본 전제

상징적 상호작용론(Symbolic interactionism)은 사회적 상호작용이 개인의 의미 부여와 상징적 의미에 기반한다고 보는 관점으로, 가족을 포함한 사회적 현상은 상징적 의미를 통해 이해되어야 한다고 본다. 상징적 상호작용론은 사회학자인 쿨리(Cooley)와 미드(Mead)에 의해 전개되었으며 블루머(Blumer)에 의해 발전된 가족연구에 가장 큰 영향력을 미치는 이론 중의 하나다. 상징적 상호작용론은 거대한 사회 구조나 제도에 초점을 맞추는 것이 아니라 사람들이 서로 얼굴을 맞대고 상호작용할 때 일어나는 일상적인 커뮤니케이션과 개인들이 주관적으로 해석하는 사회생활의 의미에 초점을 둔다. 상징적 상호작용에서는 개인을 사회에서 요구하거나 문화적으로 규정된 규범에 따라 행동하는 사회의 산물이 아니라 자기의 주관에 따라 대상과 상황을 규정하고 거기에 의미를 부여함으로써 자기의 세계를 능동적으로 이끌어 가는 주체로 본다(권태환, 홍두승, 설동훈, 2014).

상징적 상호작용론의 기본 전제는 다음과 같다(Smith & Hamon, 2012).

- 사람들은 자신이 부여하는 의미에 따라 사물이나 상황에 반응할 것이다. 다시 말하면, 사람들은 상징적 환경에서 살며 그러한 상징에 대한 자신들의 정의에 따라 상황을 해석하고 그러한 해석에 따라 행동한다. 가령, 담배가 어떤 사람에게는 안정과 즐거움을 주는 상징인 반면, 다른 사람에게는 죽음을 주는 막대기의 상징일 수 있다. 그래서 안정을 주는 상징으로 담배를 생각하는 사람은 담배를 피지만 그렇지 않은 사람은 담배를 거부할 것이다.
- 우리는 다른 사람과의 상호작용을 통해 의미에 대해 배운다. 사람들은 상징이 긍정적인지 부정적인지에 대해 가치판단을 하며 이러한 가치에 근거해 상징에 반응한다. 그러므로 이때 사람들은 행위자이자 동시에 반응자라고 할 수 있다.
- 일단 개인이 자아 감각(sense of self)을 발달시키면 이것은 미래 행동에 대한 동기화가 된다. 인간은 성찰적이기 때문에 자신들이 경험한 것에 대해 항상 성찰하며 이것은 미래 행동에 대한 지침으로 사용된다. 이러한 과정은 자아 감각뿐만 아니라 다른 사람들이 개인을 어떻게 보는가의 감각도 포함한다.
- 개인은 사회에 의해 영향을 받는다. 개인은 자신의 자아개념, 가치관, 상징 그리고 신념뿐만 아니라 그들이 살고 있는 사회의 문화적 규범과 가치에 의해 영향을 받는다.
- 사람들은 문화 내에서 일어나는 일상적인 상호작용을 통해 사회의 규칙과 가치를 배운다. 한 사회에서 생활에 대해 가장 잘 배울 수 있는 방법은 그 사회의 사람들과 함께 생활해 보는 것으로 그들의 일상적인 생활경험을 통해 그 사회의 규칙과 가치를 알 수 있다.

2) 상징적 상호작용론의 주요 개념

상징적 상호작용론에서의 주요 개념으로는 상징, 상호작용, 의미, 제스처, 사회적 규범, 의례, 역할, 영상자아 등을 들 수 있다.

(1) 상징(symbol)

상징이란 사회적 상호작용의 산물이다. 어떤 상황에서 상징의 의미는 다른 상황에서 상징의 의미와 같지 않을 수 있다. 상징이 어떻게 정의되는가는 상황의 맥락 혹은 현재 환경에 근거하고 있으며 이러한 환경에서 타인과 상호작용을 통해 배울 수 있다.

(2) 상호작용(interaction)

상호작용은 두 명 이상의 개인 간에 특정한 유형의 의사소통이 일어나서 서로가 그 상황에 반응하고 그 결과 각자의 행동을 수정하게 되는 사회적 행동으로, 이때 의사소통은 언어적이거나 비언어적일 수 있다.

(3) 의미(meaning)

의미는 사회적 상호작용을 통해 학습되고 처리되는 개인이 부여하는 가치를 말한다. 의미는 인간 행동의 중심 요소로 사람들은 사회적 관계를 통해 의미를 공유하고 공유된 의미를 바탕으로 자신에게 기대되는 역할을 수행하게 된다.

(4) 제스처(gesture)

제스처는 비언어적 의사소통의 예로 그 밖의 무언가를 나타내는 행위다. 가령, 엄지와 검지를 맞대는 것은 어떤 일이 OK라는 것을 나타낸다. 이러한 제스처는 주변에 해석하거나 반응해 줄 사람이 없다면 무의미하다. 그러므로 제스처를 통해 상호작용을 하는 것은 사회화의 필수적인 부분이다.

(5) 사회적 규범(social norm)

사회적 규범은 개인이 일반적인 상황에서 어떻게 행동할 것인가에 대한 기대로 정의할 수 있다. 만일 타인과의 상호작용에서 상징과 제스처가 무엇을 의미하는지 가르친다면 이것은 또한 상호작용이 적절한 사회적 규범인지를 가르친다는 것을 의미한다.

(6) 의례(ritual)

의례는 일상생활이나 혹은 특별한 기념일에 행하는 사람들 간에 합의된 정교한 절차를 의미한다. 어느 가족이나 일상생활이나 기념일이나 특별한 날에 행하는 고유한 의례를 갖고 있으며 의례는 사회적 규범이나 가족 규범을 사회화하는 의미 있는 행위로 개인이 상황에 적절한 행동을 하도록 기대하는 기능을 갖는다.

(7) 역할(role)

역할은 특정한 상황에서 개인에게 기대되는 사회적 규범 양식이라고 할 수 있다. 특정한 사회적 상황에서 개인의 행동에 영향을 미치는 것은 개인 자신이 정의한 역할이며, 개인의 사회적 역할은 개인의 사회적 지위에 부여된 일련의 기대라고 할 수 있다.

(8) 상황 정의(definition of situation)

상황 정의는 개인이 특정 상황에 대하여 정의하는 것으로 동일한 특정 상황이라도 그것을 주관적으로 지각하는 사람에 따라 다른 방식으로 정의될 수 있다. 만일 한 사람에게는 객관적으로 존재하지 않는 상황이라고 해도 다른 사람이 그 상황을 주관적으로 실재하는 것으로 해석한다면 그 상황은 그 결과에 있어 실재하는 것일 수 있다.

(9) 영상자아(looking-glass self)

영상자아는 개인은 다른 사람들에게 자신이 어떻게 보이는가를 생각하고 다른 사람들이 자신에 대해 어떻게 생각하는지를 판단하고 이것을 통합하여 자신에 대한 자아개념을 만든다는 것으로 쿨리(Cooley)가 주창한 개념이다. 이러한 개념의 학습 과정은 일차 집단이라고 하는 소집단에서 다른 사람과의 대면적인 상호작용을 통해 대부분 이루어진다.

참고 4-1 가족 간의 의미 형성

상징적 상호작용론을 통해 가족 내에서 구성원들이 서로의 역할과 관계를 어떻게 이해하고, 이를 통해 형성된 의미가 가족의 기능과 관계에 어떻게 영향을 미치는지를 설명할 수 있다. 예를 들어, 부모가 자녀에게 "넌 우리 가족의 기쁨이야."라고 말하면, 자녀는 자신의 존재가 가족에게 긍정적인 영향을 미친다는 의미를 형성하게 된다. 또한 자녀가 부모에게 "아빠는 내 영웅이야." "엄마는 대단한 사람이야."라고 말하면, 부모는 자녀에게 긍정적인 영향력을 끼친다는 의미를 부여받게 된다. 가족 구성원끼리 "사랑해."라는 말을 자주 하면, 자녀나 부모는 사랑받는 존재라는 의미를 강화하게 된다.

3) 건강가정에의 적용

상징적 상호작용론은 가족원들 간의 의사소통과 같은 상호작용, 그리고 그에 대한 가족원 각자의 주관적 의미부여와 해석, 가족원의 역할, 사회화와 같은 내적인 과정들을 설명하는 데 유용한 틀을 제공한다. 일찍이 상징적 상호작용론자인 버제스(Burgess)는 가족을 '상호작용하는 인성들의 집합체(A unity of interacting personalities)'로 명명하였는데, 이는 가족의 본래적이고 고유한 특성이 일상적으로 친밀한 사람들 간의 대면적인 상호작용이라는 점을 강조한다.

상징적 상호작용론적 관점에서 가족은 자녀가 부모와의 의미 있는 상징적 상호작용을 통해 자아개념을 획득하고 사회성원으로 사회화되는 매우 중요한 일차적인 집단이다. 개인은 가족과의 상징적 상호작용을 통해 역할기대와 문화적 규범을 획득하며 같은 상황이라도 개인의 주관적 관점에 따라 다르게 해석될 수 있다는 것을 배운다. 한 개인의 신념이나 태도, 가치, 행동을 결정하는 데 중요한 기준이 되는 집단을 준거집단(reference group)이라 할 때 가족은 개인이 출생하여 성장하는 동안 사회화를 담당한다. 또한 개인의 신념이나 태도, 행동의 준거기준이 된다는 점에서 중요한 준거집단이라 할 수 있으며, 원가족에서 학습된 건강한 상호작용은 이후 자녀가 성장해서 이루는 가족의 건강성의 중요한 모델이 될 수 있다.

상징적 상호작용론적 개념을 가족에 적용할 때 무엇보다 가족을 가족원 간에 통용되는 의미와 상징을 공유하고 이를 통해 연결되는 사회적 단위로 이해하여야 한다. 이러한 의미에서 가족은, 첫째, 가족원에게 애정과 안정성과 안정성, 정체성과 연결감을 형성하는 특별한 의미와 가치를 제공해야 하며, 둘째, 가족 고유의 언어사용과 공동으로 참여하는 행사를 통해 소통하고 의미를 만들어 가는 독특한 상징체계를 형성해야 한다. 셋째, 가족은 일상적인 소통과 함께하는 시간, 행사와 같은 지속적인 상호작용을 통해 의미를 공유하고 형성하며, 상호 간의 역할 기대를 명확히 하면서 가족원 서로의 강점과 가치를 인정해 주어야 한다. 마지막으로, 가족은 가족 고유의 특정한 문화적 특성(집안의 전통이나 관습, 식습관)을 유지하여 가족원에게 자부심과 정체성을 갖게 해 주어야 한다.

이러한 점을 고려할 때 상징적 상호작용론적 관점에서 건강가정이란 가족원이 애정과 정체성, 소속감을 가질 수 있는 특별한 의미와 가치를 공유하고 가족원 서로가 언어적·비언어적으로 긍정적으로 소통하며, 각자의 역할을 명확히 하며 공유된 역할기대에 적합한 역할을 수행하면서 개인과 가족이 함께 성장하는 가정이라고 할 수 있다.

오늘날 가족은 상징적 상호작용인 언어적·비언어적 의사소통의 부족과 역할기대와 이해에서의 불일치, 가족 내에서의 긍정적 자아개념 함양의 부족이나 사회화 기능의 부족으로 인해 이혼, 가정불화, 세대차, 상이한 역할기대나 상황정의에서의 불일치로 인한 갈등 등 많은 문제가 발생되고 있다. 상징적 상호작용론적 관점에서 가정의 건강성을 높이기 위해 가족은 가족원 개인이 가족의 의미를 공유하며 가족원이 대화나 주고받는 문자, 제스처 등 언어적·비언어적 상징을 사용하며 긍정적인 소통을 보다 적극적으로 하여야 한다. 그리고 가족원 간에 서로 행동의 의미를 정확히 전달하고 해석하며 중요한 일의 의미를 가족이 공유하려는 노력이 필요하다. 또한 가족 내 역할에 대해 서로 명확한 기대를 바탕으로 합의하고 수행하며 부부 혹은 부모자녀 간의 상이한 주관적 해석의 차이를 좁힐 수 있도록 소통하는 것이 중요하다.

3. 사회교환론

1) 사회교환론의 기본 전제

사회교환론(Social exchange theory)은 조지 호만스와 피터 블라우 등의 학자들에 의해 발전되었으며 인간의 사회적 행동을 경제적 거래와 유사한 것으로 간주하는 사회학 이론으로, 사람들은 보상을 최대화하고 비용을 최소화하려는 방식으로 행동하는 경향이 있다고 가정한다. 즉, 이 이론은 모든 인간관계가 비용 대 이익에 대한 분석과 개인이 이용가능한 자원의 교환으로 이해될 수 있다고 전제한다. 또한 사회적 변화와 안정성 또한 당사자 간의 교환 과정으로 설명하는데, 즉 개인과 집단은 보상을 극대화하고 비용(대가)을 최소화하려는 합리적 행위자로 사회적 교환에 참여하게 된다는 것이다. 이 이론의 기본 전제는 다음과 같다.

첫째, 인간은 합리적인 존재로, 행동의 결과를 예측하고 선택함으로써 최대한의 이익을 얻고자 한다. 둘째, 인간은 상호의존적인 관계 속에서 살아가며, 상호작용은 개인 간의 자원 교환으로 이루어진다. 이때 자원은 물질적, 정서적, 사회적 가치를 모두 포함한다. 셋째, 사회적 관계에서 보상과 비용은 균형을 이루어야 관계가 지속될 수 있다. 관계의 유지 여부는 보상이 비용보다 클 때 가능성이 높다. 넷째, 개인은 현재 관계에서 얻는 보상을 과거 경험이나 기대 수준과 비교하여 만족도를 판단한다. 이는 개인의 과거 경험, 사회적 기준, 문화적 요인에 영향을 받는다.

2) 사회교환론의 주요 개념

사회교환론에서의 주요 개념은 다음과 같이 정리할 수 있다.

(1) 보상

개인이 사회적 상호작용에서 얻는 긍정적인 결과로, 물질적 자원(예: 돈, 물건)뿐 아니라 심리적 만족감(예: 사랑, 인정)도 포함된다.

(2) 비용

사회적 상호작용에서 발생하는 부정적인 요소나 손실로, 물질적 자원 외에 시간, 노력, 감정적 고통 등이 이에 해당한다.

(3) 이익

보상에서 비용을 뺀 순수한 이득이다. 이익이 클수록 관계가 유지될 가능성이 높다.

(4) 교환자원

개인들이 사회적 상호작용 속에서 주고받는 유・무형의 가치를 지닌 물질적(금전, 재화, 서비스 등), 사회적(신뢰, 애정, 명예, 사회적 지위 등), 심리적(정서적 안정, 자존감, 친밀감 등), 시간적(상대를 위해 투자한 시간과 노력 등) 자원이다. 이러한 자원은 비용과 보상으로 작용하며, 개인들은 이를 평가하여서 관계의 지속 여부를 결정한다.

(5) 비교수준

개인이 관계에서 특정 관계에서 기대하는 보상과 비용의 평균적인 수준이다. 비교수준은 개인의 만족도를 결정하며, 과거 경험과 문화적 기대에 따라 달라진다.

(6) 대안비교수준

현재 관계를 다른 가능한 관계와 비교하는 기준이다. 대안비교수준은 대안 관계의 보상과 비용을 고려하여 현재 관계를 유지할지 여부를 판단하는 데 중요하다.

(7) 호혜성 규범

인간관계와 상호작용을 유지하는 기본적인 규범으로, 개인은 자신이 받은 만큼 상대에게 돌려줘야 한다는 사회적 기대를 의미한다. 이는 상호 의무와 보답의 개념을 포함하며, 교환 과정에서 균형과 공정성을 유지하는 핵심 원칙으로 작용한다.

(8) 공정성

자신이 교환관계에 대한 기여와 그에 따른 보상의 비율을 다른 사람과 비교하여 공정한가를 판단하는 것을 의미한다.

사회적 교환에서 각 개인이 기여와 보상을 공정하게 분배받는다고 느낄 때 관계가 안정적으로 유지되지만 개인이 지각하는 불공정성은 관계의 갈등을 초래할 수 있다.

[그림 4-1] 교환 과정에서의 균형과 공정성

(9) 의존성

개인이 특정 관계에 의존하는 정도를 나타낸다. 이는 다른 대안이 없거나 현재 관계에서 이익이 매우 크다고 느낄 때 증가한다.

이상과 같은 사회교환론의 주요 개념을 가족관계에 적용해 본다면 가족원들은 서로에게 정서적 지지, 경제적 지원, 집안일 분담 같은 보상을 얻지만 반면에 가족 간의 갈등이나, 스트레스, 시간과 노력의 소비라는 비용을 치러야 한다. 그리고 가족 간의 보상과 비용의 교환이 균형 있게 유지되어야 가족원들이 만족과 안정을 이루며 한쪽이 과도한 비용을 지불하고 보상을 받지 못하면 불만과 갈등이 발생한다. 사회교환론에서 중요한 호혜성의 규범은 가족에서도 중요한데, 부모 자녀 간이나 부부간의 관계는 상호의존적이며 상호호혜적이어서 상대에게 준 애정과 시간과 자원의 투자나 경제적 돌봄은 다시금 나중에 돌려받는 상호 보상을 기대한다. 그리고 가족 내에서의 중요한 의사결정은 대부분 비용과 보상을 비교해서 이루어지는데, 특히 부부의 경우 서로의 정서적 지지와 경제적 지원으로 관계를 유지하는 데 어느 한쪽이 결혼생활에서 비용이 크고 보상이 적다고 지각할 때 별거나 이혼으로 관계가 끝날 수 있다.

가령, 이혼을 사회교환론적 관점으로 볼 때 이혼은 단순히 불행한 결혼의 결과가 아니라 비용과 보상이 될 대안을 고려한 것이다. 결혼관계에서 보상이 비용보다 크면 관계가 지속되지만 비용이 보상보다 크면 관계는 약화되어 종결되는데 그 과정에서 비교수준과 비교대안수준이 작용한다. 비교수준은 자신이 기대하는 만큼 보상과 비용이 교환되는가를 평가해 보는 기준이며 비교대안수준은 현재 관계에서 얻어지는 결과와 대안적 상황에서 얻어질 결과를 비교 평가하는 기준이다([그림 4-2] 참고).

사회교환론적 관점을 적용할 때 결혼관계에 따른 보상과 비용에 대한 평가는 결혼생활을 유지할 것인지 중단할 것인지, 즉 결혼의 질을 좌우한다. 결혼의 질이 낮을 때 이혼을 결정할 가능성이 커지는데, 이때 이혼에 따른 비용(장벽)으로 이혼을 주저하게 하는 요인으로는 이혼을 금하는 신앙, 부부간의 유대, 가족에 대한 걱정과 의무감, 사회의 규범적 기대나 압력, 이혼에 대한 편견, 이혼으로 인한 법적 · 경제적 제약이 있다. 이혼에 따른 보상으로는 현 결혼관계 외 다른 대안적 선택들, 가령 교육기회, 경제적 자립, 직업적 발전, 새 연인과의 애정, 재혼가능성, 독신의 자유로움을 고려하게 된다. 이혼을 고려 중인 개인은 이처럼 이혼에 따른 비용과 대안을 비교하면서 최종적으로 이혼여부를 결정하게 된다(최규련, 2005).

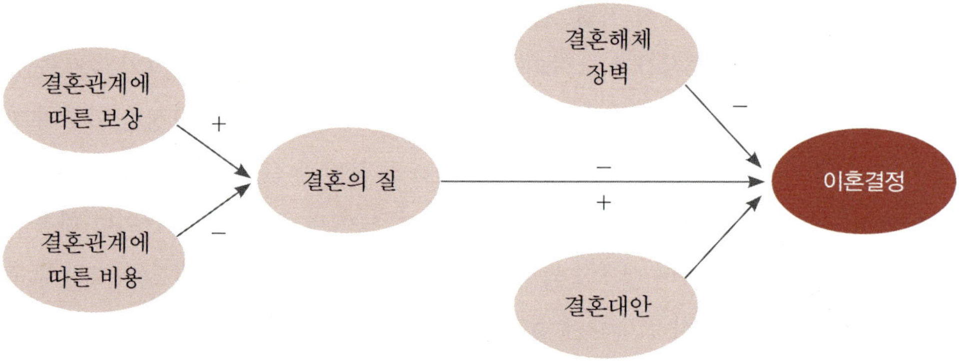

[그림 4-2] 사회교환론을 적용한 이혼 결정

출처: 최규련(2005: 129).

3) 건강가정에의 적용

사회교환론은 데이트나 배우자 선택, 출산, 부모자녀관계, 노부모 부양과 성인자녀 관계, 결혼만족도와 안정성, 이혼 결정 등 가족생활의 다양한 관계나 현상을 설명하는 데 유용하며, 특히 현재 결혼기피, 만혼, 1인가구나 동거의 증가, 저출생, 이혼 증가가 심각한 한국 가족의 현상을 잘 설명해 주는 하나의 관점을 제공한다. 특히 가족과 같은 친밀한 관계에서 개인이 지각하는 불평등 즉 보상과 비용의 불리한 균형, 즉 불평등은 가족갈등을 초래할 수 있음을 시사한다.

사회교환론적 관점에서 볼 때 건강가족이란 가족원들이 가족관계에서의 비용과 보상이 평등하게 혹은 공평하게 이루어지는 가족이라고 할 수 있다. 즉, 특정 가족원 한 사람에게 과중한 역할과 책임으로 물질적 · 심리적 · 신체적 비용을 떠맡기지 않으며, 상대적 자원을 많이 가진 가족원이 의사결정에서 권력이나 영향력을 독점하지 않는 가족으로 관계에서 교환의 균형을 이루는 가족이다. 가족의 건강성을 위해서는 가정생활로 인한 보상이 비용보다 크도록 사회정책적으로나 가족 내에서 의사결정이나 가사와 육아, 경제적 협력의 부분에서 부부간의 평등성과 공평성 그리고 역할공유를 위한 지원과 노력이 필요하다.

4. 여권주의

1) 여권주의의 발달

일반적으로 가정은 남성과 여성의 이성 간의 결혼에서 시작되며 행복하고 건강한 가정이 되려면 양성 모두가 평등하고 서로를 존중하는 민주적인 관계가 토대를 이루어야 한다. 그러나 여성의 경제활동 참여가 높아지고 있음에도 불구하고 가정 내에서는 가사나 양육, 가족돌봄이 여성의 책임으로 부가되는 성별 분업이 당연시되고 있으며 중요한 의사결정이나 제도상의 권한이 남성에게 있는 유교적 가부장적 문화가 아

참고 4-3 영화 〈82년생 김지영, 2019〉

조남주 작가의 동명의 소설 원작을 바탕으로 만든 2019년에 개봉한 영화이다. 1982년 봄에 태어나 누군가의 딸이자 아내, 동료이자 엄마로 살아가는 주인공 '지영'의 기억을 바탕으로 한 고백을 한 축으로, 고백을 뒷받침하는 각종 통계 자료와 기사들을 또 다른 축으로 삼는 이 소설은 1982년생 김지영 씨로 대변되는 '그녀'들의 인생 마디마디에 존재하는 성 차별적 요소를 묘사한다. 이를 통해 작가는 제도적 성차별이 줄어든 시대의 보이지 않는 차별들이 어떻게 여성들의 삶을 제약하고 억압하는지 보여 준다.

직도 우세하다. 양성평등의 수준을 나타내는 성 격차 지수(Gender Gap Index: GGI)[1]를 살펴보면, 한국의 경우 2023년 전 세계 146개국 중 105위를 기록해 경제발전 정도에 비해 성평등에 있어서는 낮은 순위를 보이고 있다(연합뉴스, 2023. 6. 21.). 특히 여성들의 정치와 노동 참여 부분에 있어서 낮은 순위를 보여 이에 대한 많은 개선이 필요하다. 이처럼 성평등 수준이 아직도 낮은 우리의 경우, 여권주의 시각은 중요한 의미를 갖는다고 할 수 있다.

여권주의(Feminism)는 여권 운동에 뿌리를 두고 있는 이론임과 동시에 여성으로서 누려야 할 권리, 기회 그리고 정체성에 초점을 둔 이념으로, 남성중심의 사회제도나 문화에서 여성이 받는 차별과 불평등 문제에 관심을 갖는다. 초창기 여권주의는 남성 위주의 교육이나, 취업 그리고 정치 참여에서의 여성의 동등한 권리를 주장하였으며, 1960년대와 1970년에 다소 다른 강조점을 갖는 여권주의들이 등장하였다(Smith & Hamon, 2012). 즉, 자유주의, 마르크스주의, 급진주의, 사회주의 여권주의와 문화적 여권주의를 대표적으로 들 수 있고 이를 요약하면 〈표 4-1〉과 같다.

1) GGI는 경제, 정치, 교육, 건강지표에 대한 성격차를 측정하는 것으로, 국가별 발전상태를 고려하여 성평등을 측정하는 지표다. 이와 유사한 지표로는 GDI(Gender Inequality Index), GII(Gender Inequality Index)를 들 수 있는데, 성평등을 살펴보기 위해서는 다양한 지표에 대한 고려가 필요하다.

표 4-1 여권주의의 다양한 입장

대표적인 입장	내용
자유주의적 관점	• 기회균등, 자기실현의 자유주의 원리가 토대 • 여성의 균등한 사회참여 주장. 공공정책을 통하여 여성들에게 동등한 기회가 주어져야 함을 강조, 사회제도와 법의 개혁 주장 • 가부장제 이데올로기로부터의 해방 • 가사노동의 성별분업이 여성의 사회적 삶의 기회를 제한하는 요인이 되어서는 안 된다는 주장
급진주의적 관점	• 가부장제는 개선될 수 있는 것이 아님 • 남성이 여성을 지배하는 것은 자연적인 것이었으나, 기술의 발달로 생물학적인 힘이 권력 지배의 근거가 될 수 없다고 판단 • 가부장제에 기반한 남녀관계가 여성 억압의 중요 원인인데, 여성의 출산기능과 친족제도 등이 억압의 원인이므로 여성들만의 출산과 육아를 하는 제도적 관습 제거와 전통적 가족제도 탈피 주장 • 중심주제: 성, 젠더, 재생산 • 성별에 기초한 모든 차별을 폐지하는 성혁명 지향 • 가사노동의 폐지 주장
사회주의적 관점	• 마르크스주의의 자본주의 분석과 여성해방론의 가부장제 이데올로기를 결합 • 여성 억압은 남성과 사회계급의 이중억압 • 가부장적 이데올로기기가 사회구조 속에 스며드는 모습을 개념적으로 규명하고자 함/여성 억압의 기원을 자본주의 발전과정에서 여성이 노동참여에서 배제된 것으로 보며 성에 따른 노동분화를 반대 • 가사노동의 사회화에 대한 요구 • 가사노동에 대한 임금 요구
문화적 관점	• 본질적으로 여성적이라고 간주되어 온 특징을 남성적인 것의 반대로 차별하기보다 존중하고 가치를 부여하는 것에 초점 • 현재 평가절하된 여성적 특성에 평등성을 부여하기 위해서는 남성과 여성의 차이를 인정해야 한다는 주장

2) 여권주의의 기본 전제

여권주의 가족이론가들은 어떻게 남성이 가족 권력을 의식적 · 무의식적으로 지배하는지를 분석하였는데, 남성의 권력이 지배적이었을 때 남성은 결혼에서 여성에 비해 더 많은 이득을 보며, 그 결과로 두 가지 형태의 결혼이 나타난다고 하였다. 즉, 남녀가 부부로 함께 결혼생활을 하지만 남성이 경험하는 결혼생활과 여성의 결혼생활은 서로 달라서, 소위 그의 결혼과 그녀의 결혼(his marriage & her marriage)으로 차별적인 경험을 한다는 것이다. 여권주의 가족이론가들은 남성 권력과 지배는 사회화의 결과라는 것을 인식하고 구조기능주의에서 주장하는 남성 권력이 자연스러우며 불가피하다는 가정에 도전했다. 여권주의 가족이론가들은 어떻게 가족이 사회제도와 정치, 광범위한 사회적 규범체계의 영향을 받는지를 검토했다. 여권주의 이론에는 강조점을 달리하는 다양한 주장들이 있으나 일반적인 기본 전제는 다음과 같다(Smith & Hamon, 2012).

(1) 여성의 경험은 가족을 이해하는 데 중심적이다

여권주의 이론가들은 젠더를 사회조직의 중심 원리이며 모든 제도의 일상생활에서 사람들이 행하는 중요한 것으로 분석한다. 이때 사회적으로 억압되고 드러나지 않은 여성의 경험을 젠더 시각에서 탐구해야 한다고 본다.

(2) 젠더는 사회적으로 구성된 개념이다

성별(性別)이 생물학적 구분이라면 젠더는 '남성'과 '여성'을 만드는 사회적 과정과 상호작용을 통해 만들어진 남성성과 여성성의 사회적인 의미의 성이라고 할 수 있다. 여권주의 이론가들은 성역할은 생물학이 아니라 사회에 의해 규정된다는 점을 지적한다.

(3) 사회적 · 역사적 맥락들이 중요하다

여성과 가족을 이해하기 위해서는 그들이 살고 있는 상황들을 이해하는 것이 중요하다. 여성의 경험에 미치는 다양한 수준의 영향력을 이해하기 위해서는 사회적 · 역사적 · 문화적으로 여성과 남성에 대해 어떻게 규정하고 있는가를 이해해야 한다.

(4) 다양한 형태의 가족이 있다

여권주의 이론에서는 핵가족에 대한 전통적인 관점은 오늘날 가족을 묘사하는 데 부적합하다고 전제한다. 맞벌이가족, 이혼가족. 동거커플, 한부모가족, 다문화가족, 이혼 및 재혼가족 등 다양한 가족들이 증가하는 현실에서 핵가족의 정의로 가족을 제한하는 것은 여성의 역할을 종속적인 지위에 한정시키며 다양한 가족 형태 속에서의 여성의 경험을 무시하는 것이다.

(5) 성 불평등을 개선하기 위해서는 사회적 변화를 실천적으로 추구해야 한다

여권주의 이론의 한 가지 목표는 현상유지에 도전하는 행동가적인 지향이다. 여권주의자들은 권리를 빼앗기거나 권리가 없는 사람들의 역량강화를 추구한다. 이들은 사람들이 차이와 다양성을 수용할 수 있도록 하기 위해 다양한 가족 형태를 인정하고 성차별주의에 도전하며 여성과 아이들의 권리를 침해하는 사회적 현상에 문제를 제기한다. 여권주의 이론가들은 단순히 젠더 편견을 밝히는 것뿐만 아니라 사회와 경제, 교육 그리고 가족에서 현존하는 젠더 관계를 변화시키기 위해 활동한다.

(6) 인간에 대한 객관적이고 편견 없는 관찰은 없다

여권주의 이론에서는 사람들이 관찰하는 것은 사회적 실재에 의해 영향을 받는다고 본다. 따라서 개인적인 것이라고 하는 것은 객관적이지 않고 주관적인 것이며 이는 개인적인 것이 곧 정치적인 것이라고 생각한다. 여권주의 이론가들은 인간에 대한 중립적인 관찰이란 없으며 만일 사회적 실재가 젠더적 관점에서 구성된다면 우리들의 현실에 대한 관점도, 즉 우리가 사실이라고 믿는 것도 사회적으로 구성된 것으로 본다. 여권주의 이론가들은 가족이 하나의 단일한 전체로 취급되어서는 안 된다고 보며 이제까지 억압받았거나 무시된 가족 내의 목소리들을 밝히는 데 주력한다.

주요 용어

☞ **성(sex)**: 태어날 때 유전적으로 정의되어 개인에게 생물학적으로 부여된 명칭

☞ **젠더(gender)**: 개인의 성별, 특히 성별에 기초하여 기대되는 역할과 행동에 대해 귀속되는 사회적 의미와 행동. 젠더화된 행동은 사회화의 결과로, 유전적 성향이 아닌 문화의 결과로 학습

☞ **범주화(categorization)**: 개인의 성에 따라 행동과 역할에 명칭을 적용하는 과정으로, 가령 어떤 행동이나 역할, 어휘 그리고 상징들은 남성적 혹은 여성적인 것으로 간주

☞ **계층화(stratification)**: 서로 다른 범주에 가치를 부여하는 것. 범주에 사회적 가치를 부여하는 것은 사회적 상황 내에서 그러한 범주들의 위계를 정함

예 친절한 것보다 공격적 특성에 더 높은 가치를 부여한다면 친절한 행동을 하도록 사회화된 여성의 경우 공격성 특성이 중시되는 조직이나 사회에서 중요한 임원이 되기 어려움

☞ **특권(privilege)**: 사회에서 더 많은 권력과 중요성을 가진 사람에게 주어지는 사회적 지위. 여권주의자들은 이전에 주변화되고 억압받은 사람들이 권리를 회복하도록 하는 데 관심

☞ **사회적 해체(social deconstruction)**: 현실에 대한 관점이 어떻게 사회적으로 구성되었는지, 특히 젠더화된 의미가 어떻게 발달되었는지를 분석하는 것을 의미. 즉, 어떻게 사회가 성별에 따라 행동과 역할을 범주화하고 가치를 부여했는지를 분석하는 것

☞ **사회적 담론(social discourse)**: 젠더화된 기대와 행동에 대해 사회적 해체로 이끄는 대화

3) 건강가정에의 적용

여권주의 관점에서 건강가정이란 가족구성원인 남성과 여성 모두 가족 내에서 성별 차이로 인한 부당한 대우나 억압, 차별을 받지 않고 양성이 평등하게 의사결정과 영향력을 행사하며 민주적인 소통을 하는 가운데 서로 일과 가정을 양립하며 협력하는 가정이라고 할 수 있다. 이는 한마디로 요약하면 양성이 평등한 가족이라고 할 수 있으며 구성원 모두가 평등한 가족이 될 때 가족원 모두 신체적 · 심리적으로 건강한 가족관계를 맺을 수 있다고 본다. 여권주의적 관점은 가족과 사회에서의 성불평등과 억압, 사회적인 성차별 문제를 지적하고 여성의 관점, 젠더적 관점과 양성평등을 추

구한다는 점에서 현재 건강가정정책이나 복지정책이 성불평등한 현실과 제도의 문제점을 개선하고 가족문화나 근로, 남녀의 일 · 가정 양립, 출산과 양육, 가사, 가족돌봄 등의 영역에서 양성평등을 지향하도록 하는 데 중요한 이론적 토대를 제공한다.

5. 가정생산론

1) 가사노동과 이론적 접근

일반적으로 집안일, 즉 가사노동은 여성이 담당해야 하는 것으로 여겨져 왔으며 전업주부에게는 '집에서 논다'라는 표현을 사용하기도 하였다. 한국 사회에서는 전업주부의 비중이 절반 가까이에 이른다. 그렇다면 집안일을 전담하는 사람은 놀고 있는 것일까? 가정 내에서 가사노동만 담당한 경우 이혼 후 재산분할이나 사망 후 보험료 산정에서 불리한 경우가 발생됨에 따라, 가사노동의 생산성이 인정되지 않을 경우 가정 내에서 무보수로 가사노동을 주로 담당하고 있는 여성에게 불리한 상황이 발생되기 때문에 가정생산론이라는 것은 건강가정 구현에 중요한 관점 중 하나다.

최근 들어서 가사노동에 대한 사회 인식이 크게 변화되고 있으며, 여러 영역에서 가사노동도 생산(production)이라는 개념이 받아들여지고 있다. 2000년 초반만 하더라도 가사와 육아를 전담하는 전업주부가 이혼할 때 재산형성 기여도는 30% 안팎을 인정받는 게 일반적이었다. 그러나 2010년 판결에서 가사노동의 경제적 가치를 인정하여 재산분할 비율을 50%로 판단했다(헤럴드신문, 2010. 4. 19.). 통계청에서는 1999년부터 5년마다 전 국민의 생활시간을 조사하고 있는데, 그 시간조사 내용을 근거로 가사노동의 가치를 평가하고 있다. 2004년 평가된 가치는 200.5조 원에 이르며 점차 증가하여 2019년에는 490.9조 원에까지 이른다고 보고 있다. 물가상승과 근로소득임금의 인상률을 감안할 때 가사노동의 가치는 더 높아진다고 할 수 있다.

참고 4-4 이혼 시 재산분할 비율의 변화

서울가정법원에 따르면, 20년간 2명의 자녀를 키우며 가사에만 전념해 온 A(47·여)씨는 건설업체를 운영하는 남편을 상대로 이혼 및 재산분할 청구소송을 제기해 지난 2월 "남편은 재산의 50%인 9억 원과 위자료 7,000만 원을 지급하라."라는 승소 판결을 받아 냈다.

법원은 30년 가까이 전업주부로 지내다 건설업체 사장인 남편과 지난 1월 이혼한 B(53·여)씨와 전기공사업체를 운영하는 남편과 17년간의 결혼생활을 지난 2월 청산한 C(50)씨의 소송에서도 재산분할 비율을 50%로 판단했다.

서울가정법원 신한미 판사가 지난달 발표한 논문에 따르면, 2008년 12월~2009년 2월 전국 1심 법원에서 선고된 227건의 이혼소송사건에서 여성의 재산분할비율을 40~50%로 인정한 것이 135건으로 전체의 60%를 차지했다. 10여 년 전 발표된 '재산분할 실태조사'(1999년 박보영 전 서울가정법원 부장판사) 논문에서 파악된 여성배우자(맞벌이주부 포함)의 재산분할비율은 21~30%가 19.6%, 31~40%는 30.8%였고 41~50%는 20.6%에 그쳤다.

출처: 경향신문(2010. 4. 20.).

2) 가사노동 관련 이론

가사노동과 관련한 이론으로는 대표적으로 가사노동의 생산적 특성을 밝힌 가정생산이론과 부부간의 가사노동 분담에 대한 이론을 들 수 있다. 가사노동분담과 관련해서는 가정의 자원이나 가치를 많이 소유한 배우자일수록 더 많은 가정 내 권력을 갖게 되고 그 결과 사회적 유용성이 낮다고 여겨지는 가사노동을 덜 담당하게 된다는 **자원이론**과, 부부가 갖고 있는 자원보다는 성역할 이데올로기가 평등주의에 가까울 때 가사노동을 더 많이 분담하게 된다는 **성역할 이론**, 가족생활주기에 따라 영향을 받는다는 **가족생활주기 이론**

[그림 4-3] 게리 베커의 저서

을 들 수 있다. 그러나 이 장에서는 가사노동의 생산성으로 가사노동의 경제적 가치를 평가받게 되는 데에 영향을 미친 **가정생산이론**[2)]을 중심으로 살펴보고자 한다.

(1) 가정생산이론

우리가 집에서 맛있는 밥을 먹기 위해서 필요한 것은 무엇일까? 기본적으로 쌀과 물, 그리고 밥솥이 있으면 가능할 것이다. 그러나 여기에 빠진 것이 하나가 있다. 쌀을 물에 씻어 적당한 양의 물을 넣고 취사버튼을 누르는 과정까지의 시간, 더 나아가서 밥을 하는 데 필요한 재료를 구매하는 시간이 빠진 것이다. 미국의 경제학자 게리 베커(Becker)는 노동시장에 투입하는 시장시간과 대비되는 개념으로서의 비시장 시간, 즉 가정시간의 생산성에 대한 이론을 발표하면서, 가정에서의 시간은 생산에 기여하는 시간이 아니라는 기존 경제학자들의 주장을 뒤집는 연구결과를 발표하였다.[3)] 즉, 가정은 시간과 시장 재화(주로 구입된)를 투입하여 가족구성원의 욕구를 충족시켜 주는 맛있는 음식과 깨끗한 방 그리고 세탁된 옷 등의 **최종 생산물(commodity)**을 생산하는 기본 단위라고 본 것이다(Becker, 1993).

가정생산이론(Theory of household production)에서 총효용(utility)은 시간을 투입하여 얻을 수 있는 것들로 세탁된 옷, 쌀로 지은 밥 등 가정 내의 수많은 최종 생산물들은 단순히 옷이나 쌀을 구입하는 데서 효용이 오는 것이 아니라 누군가의 시간이 투입되어 나온 산출물에서 효용이 온다는 것을 수식으로 설명하였다. 음식준비, 미성년자녀 돌보기, 청소 및 정리, 가정관리 돌보기, 상품 및 서비스 구입 등은 시간이 투입되어야 하며, 그 가사노동에는 생산적인 가치가 부여되어야 한다는 것의 근거가 되었다. [그림 4-4]에서 보듯이 가사노동의 구성비는 2019년 기준으로 5년 전에 비해서

2) 이 책에서는 경제학에서의 가사노동에 대한 견해인 마르크스 경제학설에 기초한 가사노동론(고전적 마르크스 경제학자, 후기 마르크스 경제학자), 근대경제학에서 바라보는 가사노동론 중 신경제학파의 견해인 가정생산모형만 설명하고자 한다. 보다 더 자세한 역사적 흐름은 이현아, 김은정, 김유경(2022)의 가사노동과 돌봄정책의 제3장 가사노동과 돌봄 관련 이론을 참고하기 바란다.

3) 가정에서 구매한 재화가 소비되기까지는 시간이 필요하다는 점을 명시함으로써 '구매가 곧 소비'이며 이를 통해 효용(utility)이 온다는 전통적인 신고전학파 소비행동이론의 모순을 지적하였다.

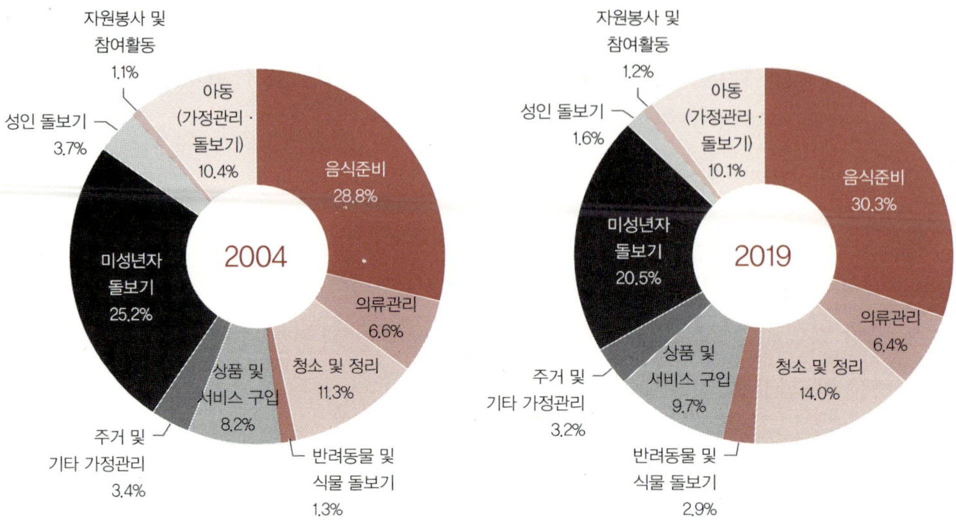

[그림 4-4] 행동분류별 가사노동 구성비(2004, 2019년)

출처: 통계청(2021. 6. 21.).

음식준비와 청소 및 정리의 시간 비중, 상품 및 서비스의 구입 비중은 증가했으며, 미성년자와 성인 돌보기의 시간 비중은 감소하였으나, 기본적인 가사노동의 주요구성은 크게 변하지 않았다.

(2) 가사노동의 경제적 가치 산정 방법

가정시간에 대한 경제적 가치의 산출방법은 객관적인 방법과 주관적인 방법으로 나눌 수 있다. 전자의 방법으로는 종합적 대체법, 전문가 대체법, 기회비용법이 있고, 후자의 방법으로는 주관적 평가방법과 요구임금법이 있다(〈표 4-2〉 참조). 일반적으로 종합적 대체비용법이 많이 사용되나 각 방법에 따른 장단점이 있어 어느 하나를 사용하기는 어려우며 국가에서는 전문가대체법, 종합대체법, 기회비용법을 통해 평가를 하고 있다. 전문가대체법은 개별 가사노동에 해당하는 직종임금으로 대체하는 방법이며, 종합대체법은 가계생산 업무와 유사한 하나의 일반적인 임금으로 대체하는 방법이다. 그리고 기회비용법은 가사노동에 기회비용(가사노동 대신 직업을 선택할 경우 얻게 될 임금)을 적용하여 노동가치를 평가하는 방법이다.

표 4-2 무급 가사노동 평가액 (단위: 10억 원, %)

			2004		2009		2014		2019	
			평가액	명목 GDP 비율	평가액	명목 GDP 비율	평가액	명목 GDP 비율	평가액	명목 GDP 비율
평가방법	시장대체 비용법	전문가* 대체법	200,538	22.1	270,348	22.4	361,502	23.1	490,919	25.5
		종합** 대체법	154,549	17.0	217,887	18.1	309,627	19.8	437,172	22.7
	기회비용법***		250,296	27.6	348,237	28.9	495,767	31.7	666,057	34.6
	명목GDP		908,439		1,205,348		1,562,929		1,924,498	

* 전문가대체법: 개별 가사노동에 해당하는 직종임금으로 대체하는 방법

** 종합대체법: 가계생산 업무와 유사한 하나의 일반적인 임금으로 대체하는 방법

*** 기회비용법: 가사노동에 기회비용(가사노동 대신 직업을 선택할 경우 얻게 될 임금)을 적용하여 노동가치를 평가하는 방법

출처: 통계청(2021. 6. 21.).

참고 4-5 가사노동 서비스는 누가 얼마나 생산했을까?

2019년 생활시간조사를 기초로 산출한 가사노동 서비스의 가치는 490.9조 원으로 GDP의 25.5%에 상당하는 것으로 나타났다. 성별로는 여성이 생산한 가사노동 서비스는 356.0조 원으로 남성이 생산한 134.9조 원보다 2.6배 많은 수준이다. 연령계층별로는 노동연령층(15~64세)이 410.0조 원(83.5%), 노년층(65세 이상)이 80.9조 원(16.5%)를 분담하였다. 시계열로 보면 남성과 노년층의 가사노동 서비스 생산 비중이 1999년 각각 20.1%, 8.4%에서 2019년 27.5%, 16.5%로 꾸준히 상승하고 있는 것으로 나타났다.

출처: 통계개발원(2023. 12. 5.).

3) 건강가정에의 적용

건강가정과 시간자원 배분의 문제는, 무엇보다 시간자원은 누구에게나 제한되어 있으며 효율적 자원 배분은 가정의 건강성과 밀접한 관련이 있다는 측면에서 중요하다. 「건강가정기본법」 제7조 가족원의 가치 추구에서는 가족구성원은 부양, 자녀양육, 가사노동 등 가정생활의 운영에 함께 참여해야 하고 서로 존중하며 신뢰해야 한다고 규정하면서 가정 내 시간 배분의 중요성을 강조하고 있다. 앞 장에서 살펴보았듯이 가정 내 사용되는 시간과 일 영역에 배분되는 시간에 대한 균형을 이루는 것은 건강가정을 이루어 가는 데에 중요한 요소이므로, 가정에서의 노동의 생산적 가치를 인정하지 않는다면 누군가 보이지 않는 노동을 담당해야 하고 그 부담은 역할과중으로 이어질 것이다.

가정생산이론에서는 집안일을 하는 시간은 소비적인 시간이 아니라 생산적인 시간이며 최종적인 만족을 얻기 위해서는 반드시 시간이 투입되어야 함을 강조하였다. 따라서 전업주부의 가정 내에서의 노동에 대한 가치 인정이 필요하며, 부부 둘 다 시장노동시간에 할애하고 있는 맞벌이 부부들이 가정 내에서의 시간을 효율적으로 배분하는 것이 건강가정을 이루어 가는 데에 중요하다고 할 수 있다.

가정생산이론은 개인적으로는 가정 내에서의 효율적인 시간자원 배분의 필요성을 강조하며, 사회적으로는 전업주부의 가사노동 가치에 대한 올바른 평가를 요구한다는 점에서 맞벌이가족의 일 · 가정 양립을 위한 여러 정책의 필요성과 지원체계 구축에 대한 이론적 배경을 제시해 준다. 이러한 관점은 임금노동시간 단축이나 유연한 근무형태를 통해 일 · 가정 양립이 병행될 수 있는 법적 제도를 마련하는 데 중요한 토대가 될 것이다.

생각해 볼 문제

1. 각각의 이론 및 모델의 주요 개념을 적용하여 건강가정을 정의해 봅시다.
2. 개인적으로 선호하는 이론이나 모델을 하나만 선택하여 주요 개념을 사용하여 본인 가정의 건강성에 대하여 설명해 봅시다.

참고문헌

「건강가정기본법」 제7조.

이현아, 김은정, 김유경(2022). **가사노동과 돌봄정책**. 한국방송통신대학교출판문화원.

정유진, 유현경, 정혜정(2021). **가족이론-기본 개념과 적용**. Allen, K. R., Henderson, A. C., 서울: 학지사.

최규련(2005). 이혼의 심리사회적 원인과 상담적 함의. **상담학 연구**, 6(3), 1025-1040.

통계개발원(2023. 12. 5.). 가사노동 서비스는 누가 생산하고 누가 소비했을까?-국민시간이전 계정 심층분석(보도자료).

통계청(2021. 6. 21.). 2019년 가계생산 위성계정(보도자료).

Allen, K. A., & Henderson, A. C. (2022). Family theorizing for social justice: A critical praxis. *Journal of Family Theory & Review, 14*(3), 364-383.

Becker, G. S. (1993). *Treatise on the Family*. Cambridge, MA: Harvard Univ. Press.

Smith, S. R., & Hamon, R. R. (2012). *Exploring Family Theories* (3rd ed.). NY: Oxford University Press.

경향신문(2010. 4. 20.). 전업주부 이혼땐 재산 50% 가져간다.

연합뉴스(2023. 6. 21.). 한국, 성평등 수준 세계 100위 밖으로 밀려났다.

제 3 부

가족주기 및 유형과 가족건강성

INTRODUCTION TO HEALTHY FAMILIES

제5장

가족주기별 가족건강성

가족주기는 가족이 형성되고 축소되는 과정을 거친다는 보편성을 가진다. 그럼에도 불구하고 다양한 이유로 인해 가족마다 다른 특수성을 보인다는 점을 감안해서 살펴보아야 할 필요가 있다. 가족주기는 건강가정정책과 사업을 수립하는 데에 상당히 도움이 되는 접근법으로, 이 장에서는 가족 형성부터 축소(혹은 쇠퇴)라는 과정을 통해 설명할 수 있는 가족의 보편성을 중심으로 설명하고자 한다. 앞서 제3장의 가족발달론에서는 이론 위주로 살펴보았다면 이 장에서는 가족건강성에 초점을 맞추어 좀 더 구체적으로 다루고자 한다.

1. 가정 형성기(신혼기)

1) 특징

결혼은 가족생활 중 가장 복잡하고 어려운 전환(transition) 중 하나다. 경제적 불황이 장기화되면서 청년의 독립은 점차 늦어지고 부모에게 의존하는 자녀가 증가하고 있다. 이에 따라 자녀의 독립과 가족 형성은 점차 사회적인 문제로 등장하여 국가가 개입해야 하는 영역이 되어 가는 추세다. 한국은 수년에 걸쳐 세계 최저 출산율을 기록하며 국가적으로도 신혼기의 중요성이 부각되고 있어 통계청에서도 2015년부터 신혼부부 통계를 별도로 보고하기 시작하였다. 통계 결과([그림 5-1] 참조)에 따르면 1년차 초혼 신혼부부는 총 1,032쌍이었으며, 5년 미만의 초혼 신혼부부의 경우 유자녀가 53.6%, 맞벌이가 57.2%, 주택소유가 40.5%였으며, 평균소득은 6,790만 원 정도였다(통계청, 2023).

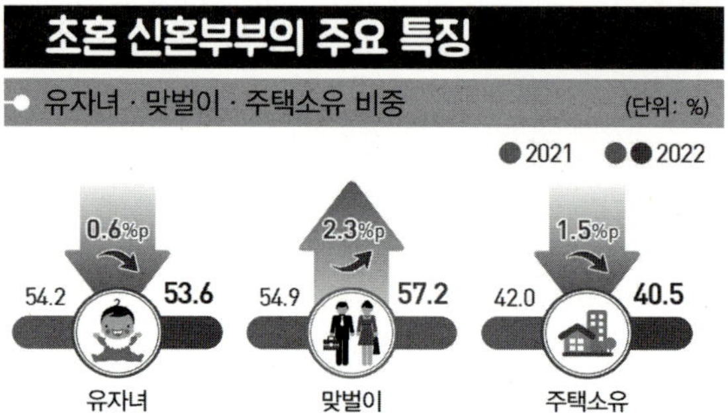

[그림 5-1] 신혼부부 통계

출처: 통계청(2023).

서로 다른 환경에서 자란 두 남녀가 한 가정을 이루고 서로에게 적응해 나가는 과정은 쉬운 것이 아니다. 신혼기는 서로 성장배경이 다른 두 사람이 만나 공동체를 형성하는 과정에서 조정과 협력이 가장 요구되는 시기인 동시에, 만족도와 기대감만큼이나 갈등이 유발될 수 있는 잠재성도 매우 높은 시기다. 통계청 조사에 의하면 2022년 전체 이혼 중 결혼 4년 내에 이혼하는 비율이 전체 이혼비율의 21.4%를 차지하고 있어 이 시기의 건강성이 전체 가족생활주기에서도 중요한 역할을 한다고 볼 수 있다.

신혼기는 결혼의 이상(理想)이나 낭만적이고 감정적인 사랑이 매우 고조된 상태일 가능성이 높아 비교적 다른 시기에 비해 결혼 및 배우자의 만족감이 높고 긍정적인 부부관계를 형성한다. 그러나 원가족과의 관계가 본격화되고 생활인으로서 경제적 문제에 당면하면서, 자녀계획이나 주택구입, 맞벌이 여부에 대한 의사결정 등에 대해 부부간 긍정적 의사소통의 필요성이 두드러진다. 특히 맞벌이가족으로 자녀 출산과 양육에 대한 의사소통은 중요하다. 국내뿐 아니라 세계적으로 주택가격이 급등하여 주거비가 높아지고 일자리 문제와 장기 불황이 이어짐에 따라 부부가 함께 일하고 함께 돌보는 가족(Dual-earner-dual-carer family)으로 전환되고 있는 추세다.

2) 신혼기의 가족건강성

이 시기의 건강성을 위한 과업으로는 부부관계 정립, 일-가정의 조화로운 양립, 경제적 계획 수립을 들 수 있다. 이 시기에 발달 과업을 달성하지 못할 경우 다음 시기에도 영향을 미칠 수 있기 때문에 각각의 문제를 해결할 수 있도록 할 필요가 있다.

(1) 부부관계 정립

결혼 후 부부에게는 두 사람의 친밀감을 높이는 것이 가장 핵심적인 과제이므로 의사소통을 통해 이를 원활하게 이루어가야 한다. 이때 배우자의 역할에 대한 기대와 경계를 명확히 설정하며 효율적 의사소통을 구축하는 것이 필요하다. 이후 가정생활 중 이루어질 자녀 출산이나 양육 문제에 대해서도 이때 충분한 의사소통을 통해 합의

참고 5-1 **영화 〈나인 먼스(Nine Months, 1995)〉**

사무엘은 33세의 핸섬한 아동 정신과 의사로서 부모들의 잘못으로 인해 아이가 삐뚤어지는 모습을 너무 많이 본 탓에 자신은 절대로 아이를 갖지 않고 자유로이 살겠다는 신조를 가지고 있다. 사무엘과 5년째 살고 있는 애인 레베카는 그의 아이를 가지고 싶어 한다. 그러던 중 레베카가 임신을 하면서 이러한 자신의 생각을 바꾸어가는 과정을 여러 에피소드로 잘 그려낸 코믹 영화로, 나인 먼스는 임신 기간인 아홉 달을 뜻하는 것이다.

를 이루는 것도 중요하다. 그리고 자신의 원가족과 맺어 왔던 관계에서 성공적으로 분리되는 과정을 부부가 협력적으로 함께하는 것도 좋을 것이다.

(2) 일-가정의 조화로운 양립

가정 형성기에 일과 가정을 어떻게 조화롭게 유지할 것인가에 대해서는 이후 단계에 영향을 미칠 수 있기에 중요할 수 있다. 한국은 아직까지 가부장적 문화가 남아 있는 상황이라 일과 가정 양립의 문제를 결정하면서 의견이 충돌되지 않도록 유의하는 것이 좋다. 특히 가사노동 분담이나 가정의례 문화는 가정마다 다를 수 있으므로 서로를 이해하고 조율할 필요가 있다.

참고 5-2 "며느라기를 위한 호칭은 없다"

며느라기는 2020년 12부작 웹툰으로, 2022년 시즌 2까지 제작될 정도로 인기가 있었다. 여기에 나오는 등장인물인 대한민국 며느리들은 사랑해서 남편과 결혼했음에도 불구하고 명절과 제사 문제에서는 시댁 문제로 갈등이 일어나게 되며 이를 풀어 가는 이야기를 다루고 있다. 위의 그림은 '민사린'이라는 주인공이 명절 속에서 겪는 내적 갈등을 잘 담고 있다.

출처: 한겨레신문(2018. 10. 8.).

(3) 경제적 계획 수립

부부간에 발생하는 상당수의 문제는 경제적 문제에 해당한다. 따라서 신혼기에 이

문제에 대해 조율하는 것은 중요한 과업 중의 하나다. 〈표 5-1〉은 부부간 경제적 의견이 얼마나 일치하는가를 판단할 수 있는 문항을 의미한다. 부부가 서로 돈 씀씀이나 저축, 부채에 대한 의견 일치는 신혼기 가족의 건강성을 이루는 데 중요한 역할을 할 수 있다.

표 5-1 부부간 경제적 의견의 일치도

문항
1. 우리 부부는 돈을 어떻게 써야 할지에 대해 생각이 일치한다.
2. 나는 배우자의 돈 씀씀이에 대해 걱정하지 않는다.
3. 우리 부부는 저축에 대한 결정에 만족한다.
4. 우리 부부는 부채로 인한 문제가 없다.
5. 우리 부부는 재정관리에 대한 결정을 쉽게 한다.

3) 실천개입 과제

신혼기 부부를 위한 실천개입으로는 신혼기 부부의 결혼 만족도에 영향을 주는 요인들이 무엇인지 파악하고, 더불어 부부 한 사람의 문제가 상대 배우자에게 미치는

참고 5-3 예비부모의 자가진단

1. 부모가 됨으로써 나의 생활에 어떤 변화가 올 것이라고 생각하는가?
2. 부모가 된다는 것이 무엇을 의미하는지를 생각해 보았는가?
3. 부모역할을 잘 할 수 있다고 생각하는가?
4. 아이를 기르는 데 필요한 경제력이 있는가?
5. 자녀를 갖기 전에 건강한 몸을 만들기 위해 노력하려고 하는가?
6. 아이를 기를 때 어떤 부모관을 가지고 기르려 하는가?

출처: 여성가족부(2017).

영향은 어떠한지 파악하여 효율적인 부부 교육과 가족상담 개입을 제공할 필요가 있다. 다른 단계에 비해 이 시기가 점점 짧아지고 있는 추세에 있어 실천개입 프로그램은 많지 않은 편이나, 무자녀 부부의 경우 이 시기가 계속 이어지므로 가족마다 차이가 있다. 앞에서 언급된 건강성에 영향을 미치는 중요한 발달과업을 중심으로 이에 대한 개입이 필요할 것이다.

2. 가정 확대기(자녀양육기)

1) 특징

가정 확대기는 첫 자녀가 태어나고 가족이 확대되면서 가족생활주기 단계가 달라지고 가족체계에 많은 변화를 가져오는 시기다. 부모로서의 자녀돌봄이 시작되고 이후 자녀수와 터울 등에 따라 다르지만 첫째 자녀 출산부터 막내 자녀 학령기 완료 시점까지를 포괄하게 되며 가족주기상 가장 긴 기간에 해당된다. 자녀가 스스로 독립하기 전까지의 기간이기 때문에 자녀의 발달단계(학령 전 영유아 · 초등학교 · 중고등학교 · 대학 진학 등)에 따라 각 가족이 달성해야 하는 발달과업은 달라지게 된다. 자녀가 태어나면서 부부 중심의 가족체계에 더하여 부모자녀 체계가 생기고 자녀를 양육하는 즐거움과 행복감과 더불어 이에 대한 책임과 의무로 인해 가족규칙이 수정되고, 부부간의 역할 분담에서부터 일-가정을 어떻게 양립할 것인가에 대한 가족 간 의사결정이 중요해진다. 최근 여성과 남성 모두 만혼(晩婚)의 경향과 가족 가치관의 변화, 자녀교육비 등의 경제적 부담으로 자녀 출산을 미루거나 무자녀 계획을 하는 경우 이 단계가 축소되거나 일부의 가족에게는 나타나지 않는 단계이기도 하다.

2) 자녀양육기의 가족건강성[1)]

자녀양육기 가족은 자녀를 기준으로 학령 전 자녀가 있는 가족, 학령기, 청소년기 자녀 가족으로 구성된다. 이 단계는 20년 이상의 긴 기간으로 자녀의 발달적 변화에 따라 각 단계의 발달과업은 크게 차이가 난다. 공통적인 발달과업으로는 자녀욕구의 충족, 일-가정 양립을 위한 부부간의 역할과 기대 조정, 부모의 상황에 따른 가정경제 계획의 재조정, 가정상황을 고려한 부부관계의 질을 유지하기 위한 노력 등이 될 것이다.

(1) 학령 전 자녀 가족

학령 전 자녀 가족은 자녀가 학교에 입학하기 전 단계의 가족을 의미한다. 이 시기의 부모는 자녀의 인지발달과 신체발달, 정서발달 등 조화로운 성장을 지원하도록 할 필요가 있다. 한국에서는 최근 들어 부모 되기를 선택하는 가정에 국가가 지원하는 제도가 증가하고 있으므로 이에 대한 정보를 탐색할 필요가 있다([그림 5-2] 참조). 또한 아동기에 해당하는 자녀가 자라면서 부부체계가 재편되고 이들의 욕구를 민감하게 파악하여 건강한 아동을 양육할 필요가 있다. 그러나 이 시기는 부부의 양육 및 가사부담이 커지는 시기이므로 부부 역할과 관계를 잘 정립해 나가야 할 필요가 있다.

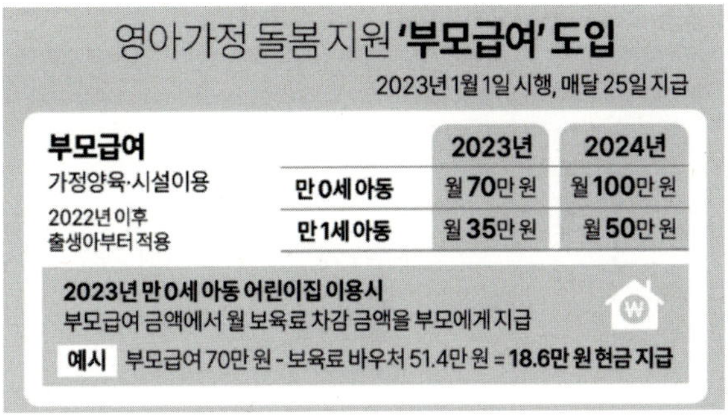

[그림 5-2] 부모급여 도입

출처: 연합뉴스(2023. 1. 3.).

(2) 학령기 자녀 가족

자녀가 학령기가 되면 자녀의 인성 교육과 학교생활적응을 위해 부모로서 역할과 책임에 비중을 두며 가족 경제나 주거상황 등의 조건에 대한 준비도 필요하다. 특히 자녀의 높은 사교육비는 부모의 노후준비와 맞물려 있으므로 합리적인 가계운영과

1) Collins 등(2012: 110)과 신은주 외(2013: 140-150)에 제시된 내용을 중심으로 수정.

재정적 대비가 필요하다.

참고로 주거계획은 가족원의 삶의 질에 절대적으로 영향을 미칠 수 있다. 예를 들어, 현재 살고 있는 집도 가족구성원에 따라 요구되는 **최소 주거 사항**이 있다([표 5-2] 참조). 「주택법」의 최저주거기준 행정규칙에 의하면 쾌적하고 살기 좋은 생활을 영위하기 위해서는 4인 가구원 수 중 부부와 자녀 2인(이성일 경우)의 최소한의 방수는 3개이며 요구되는 주거 면적은 43m^2(13.03평)이다.

표 5-2 가족에게 요구되는 최소 주거 사항*

가구원 수(인)	표준 가구 구성	실(방) 구성**	총 주거 면적(m^2)
1	1인가구	1 K	14
2	부부	1 DK	26
3	부부+자녀 1 (6세 이상 기준)	2 DK	36
4	부부+자녀 2 (8세 이상 남 1, 여 1 기준)	3 DK	43
5	부부+자녀 3 (8세 이상 남 2, 여 1 또는 남 1, 여 2 기준)	3 DK	46
6	노부모+부부+자녀 2 (8세 이상 남 1, 여 1 기준)	4 DK	55

* 방의 개수 설정을 위한 침실분리 원칙 1. 부부는 동일한 침실 사용 2. 만 6세 이상 자녀는 부모와 분리 3. 만 8세 이상의 이성자녀는 상호 분리 4. 노부모는 별도 침실 사용

** K는 부엌, DK는 식사실 겸 부엌, 숫자는 침실(거실겸용 포함) 또는 침실로 활용이 가능한 방의 수

출처: 「주택법」 제5조의2 및 동법 시행령 제7조.

(3) 청소년기 자녀 가족

청소년기 가족은 이제 자녀가 독립을 준비해 나가는 시기이므로, 성공적으로 가족이 서로의 역할을 잘 감당할 수 있도록 노력이 필요하다. 특히 이 시기의 부모는 자녀의 자아정체성 확립과 성적(性的) 변화에 대처하도록 청소년 자녀를 도와주어야 한다.

3) 실천개입 과제

이 시기는 가족 간의 다양성이 커지는 시기인 만큼 다양한 욕구를 보일 수 있다. 이에 따라 각 가족의 상황에 따라 나타나는 욕구를 반영하여 청소년기 자녀를 둔 가족을 위한 프로그램 내용과 운영시간을 다양화할 필요가 있다. 가족 규칙을 바꾸는 데 자녀를 참여시키는 것이 중요한데, 중년기에 접어드는 부모와 청소년 자녀 간에 갈등을 빚기 쉬우므로 우선적으로 부부가 친밀한 관계로 단합하는 것이 중요하다. 이 시기를 위한 자녀양육기 가족 프로그램의 예시는 〈표 5-3〉과 같다. 자녀양육기 가족을 위한 프로그램의 경우 그 내용도 다양하지만 대상 가족도 입양가족이나 한부모 가족, 학교 밖 청소년 가정 등 다양한 형태의 가족을 포함할 수 있다.

표 5-3 자녀양육기 가족을 위한 프로그램의 예시

아동기 자녀를 둔 부모를 위한 프로그램(유아기 및 학동기)	청소년기 부모-자녀를 위한 프로그램(중 · 고등학생 자녀)
• 아동의 대인관계 개선 프로그램 • 초등학생 흡연예방교육 프로그램 • 입양부모를 위한 부모교육 프로그램 • 정서 지능 향상 교육 프로그램 • 한부모가정 아동의 자아존중감 및 사회 적응력향상을 위한 또래집단 프로그램 • 아동소비자의 화폐관리교육 프로그램 • 부모교육 프로그램	-청소년 자녀와 부모관계 향상 프로그램 -청소년 자녀와 어머니를 위한 세대 간 이해증진 프로그램 -청소년 자녀의 부모교육 프로그램 -자녀와의 대화를 위한 부모교육 프로그램 -초기 청소년의 건강한 성을 위한 교육 프로그램 -청소년의 자아존중감 향상을 위한 상상적 청중 감소 프로그램 -학교밖 청소년 · 부모 집단 프로그램 -실직가정 청소년의 적응 유연성 증진 프로그램

출처: 신라대학교 가족상담센터(2007)에서 수정.

3. 가정 축소기 I(중년기)

1) 특징

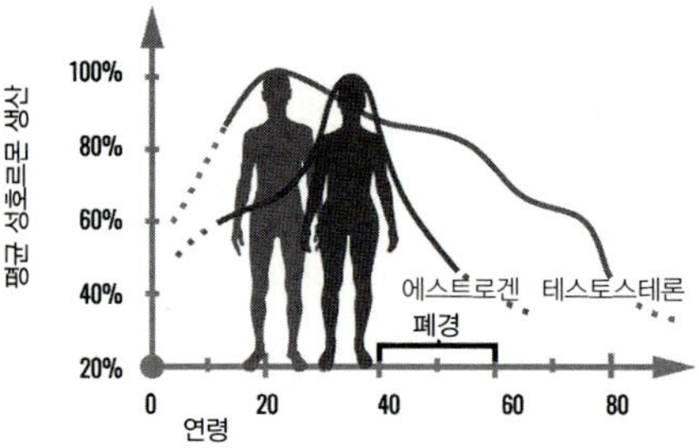

[그림 5-3] 성별에 따른 성 호르몬 차이

중년기를 부모의 연령이 아닌 가족생활 주기상의 사회적 역할 변화로 정의할 때, 자녀가 성인이 되어 사회로 진출 · 독립하기 시작하는 시기로, 막내 자녀의 학령기 완료부터 모든 자녀가 독립하는 시점까지 포함한다.

이 시기는 자녀의 독립을, 완성하여 출항할 수 있도록 물에 띄운다는 것에 비유해서 **진수기**(launching period)라고 하거나 새가 둥지를 떠나는 것을 비유하여 **빈둥지기**(empty nest)라고도 한다. 중년기 가족은 광범위한 개인 및 가족 차이를 포함한다. 최근 만혼 경향과 자녀의 늦은 독립으로 인해 이 시기가 미처 오기 전에 노년기 가족주기가 오는 경향도 많다. 심리학자인 융(Jung)은 중년기가 되면 자신의 내면으로의 에너지가 증가하면서 자신이 누구일까를 새롭게 고민하게 되는 위기의 시기라고도 하였다.

여성의 경우 신체적으로 폐경기를 겪게 되며 여성호르몬의 감소로 여러 증상들(열

주요 용어

- **폐경기**(climacteric): 보통 40대 후반과 50대 초반의 여성이 생리를 완전히 멈추게 되는 중년의 시기
- **진수기**(launching period): 첫 자녀가 출가한 후 마지막 자녀가 출가할 때까지의 시기
- **빈둥지기**(empty nest period): 결혼이나 직장 등의 이유로 자녀 모두 가정을 떠나 부부(부 또는 모)만 남아 있는 시기

감, 우울감, 신체적 건조함)을 호소하는 경우가 있다. 남성도 호르몬 감소가 일어나기는 하지만 그 감소가 완만하게 일어나 여성에게 40대 이후 찾아오는 급격한 변화가 상대적으로 적은 편이다.

2) 중년기의 가족건강성

중년기 가족은 은퇴 이후의 생활에 대한 경제적 준비를 하고 자녀의 배우자와의 관계를 정립하며 조부모로서의 역할을 준비한다. 만혼경향과 중년 이후의 이혼이 많아진 상황에서 중년기 가족에서 가족건강성을 유지하기 위해서는 많은 노력이 필요하다.

결혼만족도가 신혼기 때 높았다가 점차 낮아지고 중년기 이후 다시 높아지는 U자 곡선에서 L자 곡선, 즉 신혼기 때 가장 높았다가 점차적으로 낮아지는 형태가 되지 않기 위해서는 부부가 심리적 친밀감을 강화하고, 자녀들에게 쏟았던 애정을 부부 서로에게 향하게 할 필요가 있다. 또한 자녀독립 후 남게 되는 부부관계를 재조정하며 노화에 따른 신체적 · 심리적 변화와 관련하여 건강관리에 힘쓰는 것이 필요하다. 한국과 같이 자녀교육비와 주거비가 큰 비중을 차지하는 상황에서 노년기를 앞두고 노후 준비를 좀 더 본격적으로 해야 하는 시기이기도 하다.

또한 중년기 가족에서는 노부모 건강이 악화되기 시작하여 돌봄이 필요해지는 시기를 맞게 된다. 중년기 가족에서 부모는 청소년과 성인 자녀에 대한 부모로서의 역할과 책임을 담당하면서 또 다른 한편으로는 나이 든 부모를 돌보는 자녀로서의 역할을 수행해야 하기에 '샌드위치 세대' 혹은 '이중돌봄 세대'라 불리기도 한다. 이 시기에는 돌봄을 누가 할 것인가에 대한 문제로 가족 간의 갈등이 일어나는 경우도 있다. 자녀가 있는 경우 교육비와 졸업 후 취업까지의 기간이 길어지면서 이 기간 캥거루 상태의 자녀 의존 여부에 따라 생활의 질에 차이가 날 수 있다. 차후 이어질 자녀 결혼에 대한 대비와 의사결정도 필요하다. 자녀가 모두 독립하였을 경우 노후 대비를 위한 주거 이동이나 주택 축소 등에 대한 결정도 이루어질 수 있을 것이다.

참고 5-4 정년퇴직 중년부부, 배낭 하나 들고 유럽여행

쳇바퀴 돌 듯 반복되는 직장생활은 지친다. 매일 아침 일찍 일어나 출근하고 늦은 오후 퇴근을 이어 가다 보면 어느 순간 제대로 된 인생 대신 형식적인 시간만 보내는 것 같은 기분이 든다. 더욱 힘든 것은 이 생활을 수십 년간 지속해야 한다는 점이다.

이에 많은 사람은 은퇴 후 새로운 삶을 꿈꾼다. 그간 관심은 있었지만 시간이 부족해 하지 못한 취미나, 두려움에 도전하지 못한 낯선 활동까지, 직장에서의 긴 시간을 마무리하고 새로운 일에 뛰어드는 사람이 많다.

임규수 작가도 그중 한 명이었다. 정년퇴직 후 아내와 자유여행을 갔던 그는 여정 중 보고 느낀 점을 블로그에 기록했다. 이후 여행 중 촬영한 사진을 모아 앨범을 만들 생각이었지만, 더욱 의미 있는 결과물을 남기고 싶었다. 그렇게 '중년부부의 이탈리아, 프랑스 한 달 배낭여행'이 탄생했다.

출처: 매일경제(2024. 3. 29.).

3) 실천개입 과제

중년기 부부는 서로의 변화를 긍정적으로 받아들일 때 부부관계의 기반을 다시 찾게 되고, 새로운 역할과 생의 목표를 찾을 수 있게 된다. 그런 점에서 다음과 같은 가족관계 강화 프로그램이 필요할 수 있다. 특히 중년기에 나타나는 남성과 여성의 서로 다른 신체적 · 심리적 · 사회적 특성에 주목할 필요가 있으며 중년기 가족 대상 프로그램 기획 시 성인지적 관점이 고려되어야 한다.

표 5-4 중년기를 위한 대표적인 교육

중년기를 위한 프로그램
–퇴직자의 사회 적응을 위한 퇴직준비교육 프로그램
–은퇴준비를 위한 재무계획 프로그램
–실직자의 심리사회적 대처기능 향상을 위한 위기개입 프로그램
–부부의 갈등 해결방식 변화에 따른 의사소통 기술훈련 프로그램
–부부 갈등 해결교육 프로그램
–성인자녀를 위한 노인부양교육 프로그램
–중년 며느리를 위한 고부관계 향상 프로그램
–중년 남성 대상 가족생활교육 프로그램
–노부모 부양가족교육 프로그램
–중년기 주부 대상 가족생활 프로그램(성인 미혼자녀와의 관계)
–가족 간 상속 갈등 문제 해소 프로그램

출처: 신라대학교 가족상담센터(2007)에서 수정.

4. 가정 축소기 II(노년기)

1) 특징

한국은 2025년 65세 이상 고령인구의 비중이 20.3%로 초고령사회로 진입하였으며, 가장 긴 노년기를 보내야 하는 상황에 직면해 있다. 과거 가족주기상의 노년기는 65세 이후 자녀들이 독립하고 본인 사망시점까지의 기간을 지칭했는데, 평균수명 증가로 65세 이후의 기간이 길어지면서 이후 전 기간을 하나의 단계로 설명하기는 어려워졌다. 특히 자녀의 독립이 늦어지고 결혼 이후 노년기 부부로 살아가야 하는 시간이 길어지게 됨에 따라 가족관계가 중요해지고, 이들의 건강하고 자립적인 생활이 무척 중요해졌다. 노인이 될수록 건강이나 경제력, 교육수준, 자녀의 독립유무 등 인구·사회적 특성의 편차가 크고 이에 따른 삶의 질의 차이가 크므로 이러한 특성을 면밀히 살펴볼 필요가 있다.

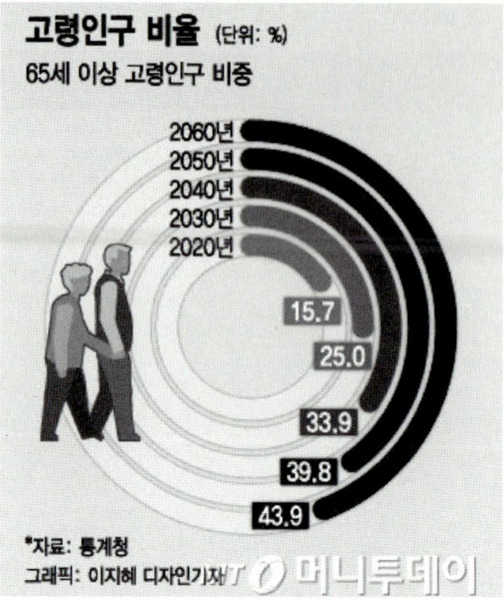

[그림 5-4] 고령인구 비율
출처: 머니투데이(2021. 3. 6.).

노년기에 진입하면 그 이전 단계에서 노동과 자녀양육에 많은 시간을 보내야 했던 것에 반해 은퇴로 인해 가정에서 보내는 시간이 많아짐에 따라 시간부족에 쫓기지 않아도 되는, 비교적 여유로운 시간을 보내게 된다. 노부부가 함께 지내는 시간이 증가함에 따라 이들의 관계도 새로운 국면을 맞이하게 된다. 후기 노년기에 접어들면 건강문제로 인한 자기돌봄의 문제가 본격적으로 등장하게 되는 시기이기도 하다. 노인 부부 중 치매나 중풍 등 신체적 어려움이 왔을 때 돌봄의 문제는 가족원을 돌볼 가족원의 유무나 경제적 상태, 가족원의 대처 방식 등에 따라 해결 방식이 다르다. 이전 단계 노후준비의 정도에 따라 다른 삶의 질을 보낼 수 있게 된다.

2) 노년기의 가족건강성[2)]

(1) 노년 전기/은퇴기(65~74세)

사회 · 경제적 은퇴는 대체로 65세를 기점으로 일어나기 때문에 은퇴 이후의 경제적 생활과 늘어난 시간, 장기적 주거에 대한 계획을 세우고 이를 실행해야 할 것이다. 특히 한국은 자녀양육기 때 교육비 지출과 최근 주택가격 상승으로 인한 주거비 지출이 늘어나면서 노후의 경제적 준비를 일찍부터 해야 할 필요가 있다. 가족관계적 측면에서 이 시기는 자녀가 독립하면서 노부부가 가졌던 계획을 각자 혹은 같이 실행하려는 경향이 생긴다. 그동안 자식 문제로 함께 거주하며 지냈던 것이 각자의 선호에

2) 노인의 본질적 어려움인 4고(무위, 고독, 질병, 빈곤)를 반영하는 건강과 생활시간 사용의 양상을 볼 때 75세를 기점으로 달라지므로 75세 이전을 노년 전기, 이후를 노년 후기로 보고자 한다.

따라 전원생활이나 도시생활 등의 이주도 가능하고 건강과 여가를 위한 시간을 할애하기도 한다. 시간을 함께한다는 것이 부부관계에 따라서는 더 좋은 결과를 가져오기도 하고 때로는 더 안 좋은 상황에 이르게 되기도 한다. 이에 따라 때로는 이 시기에 졸혼이나 황혼 이혼의 선택이 이루어질 수 있다. 예상과 달리 자녀의 취업이 늦어진다거나 손자녀 양육을 위해 함께 거주하게 되는 등 자녀의 의존기간이 길어질 수도 있는 등 상황을 정비해야 하는 시기이기도 하다.

(2) 노년 후기(75세 이상)

노년 후기는 생애주기상 노부부 혹은 노인이 혼자 살게 되는 시기로, 본격적인 축소기에 해당한다. 신체적 노화가 본격화됨에 따라 일상생활을 독립적으로 영위할 수

참고 5-5 매일 아침 아내를 위해 커피와 빵을 준비하는 할아버지

매일 손수 아침상을 차리는 남자가 있다. 호밀빵에 햄과 치즈를 얹고, 직접 커피까지 내리더니 똑똑- 아내의 방문을 두드리는 로맨티시스트! 어느 신혼부부의 아침 풍경인가 싶은데… 주인공은 다름 아닌, 백발의 할아버지 할머니다!? 안일웅(75) 한소자(75) 부부는 하루 24시간을 꼭 붙어 다니는 소문난 닭살 커플! 작곡가와 시인으로, 함께 곡을 만드는 파트너기도 하다. 그런데 어쩐지 허전함이 느껴지는 부부의 집- 방에는 자식 손자가 아닌 애완동물 사진만 가득한데… 사실 두 사람의 슬하엔 자식이 없다. 아이를 제대로 키울 자신이 없다면 갖지 않는 게 옳다 생각했고, 그런 일웅 씨의 결심을 아내도 지지해 준 것- 대신 부부는 매년 새로운 음악을 세상에 내놓기로 했다. 스무 살에 만나 어느덧 백발이 성한 노인이 되었지만, 여전히 매일 설레고, 내일이 기다려진다는 두 사람!

출처: 메디컬월드뉴스(2014. 9. 6.), 사진 출처: KBS Human(2021. 10. 11.)에서 갈무리.

있도록 하는 노력들이 필요하다. 이 시기에는 이동성(mobility)이 감소되면서 혼자서 장을 보고 복지관이나 병원 가는 등의 일들도 어려워질 수 있다. 이에 따라 고령친화 제품들(예: 미끄럼방지매트, 지팡이 등)을 준비해 두는 것도 좋다. 또한 자신이 살던 곳에 계속 살고 싶은 것이 일반적이나 연령이 높아질수록 치매 유병률이 높아지기 때문에 시설 입소 등의 결정이 필요해질 수도 있다. 성공적 노화로 인생을 마무리하기 위한 웰다잉(유산 상속이나 사전연명의료의향서, 장례 대비) 준비나 교육도 필요할 수 있다. 대체로 가까운 친척이나 친지, 배우자 등 죽음을 빈번하게 경험하게 되면서 심리적 정서에 부정적 영향을 받게 된다. 그러므로 배우자 사망에 따른 독신생활을 예상하며 자신의 죽음에 대해서도 생각해 보고 준비해야 한다.

참고 5-6 영화 〈더 파더(The Father), 2021〉

2021년 개봉한 이 영화는 치매를 앓고 있는 당사자의 시각으로 그려진 영화로 초고령사회를 살고 있는 한국 가족에게 시사하는 바가 있을 것이다. 유명 배우인 앤소니 홉킨스가 치매인 80대 아버지 역할을 열연하였고, 가까이에서 돌보는 딸 '앤'과 간병인과의 에피소드들이 등장하지만 어느 것이 현실이고 어느 것이 망상인지 알 수 있는 상황을 접하게 된다. 이와 같이 앤이 아버지를 바라보는 시각으로 우리가 치매 환자가 가족으로 있는 경우 기억이 섞임으로 인해 일상적으로 겪을 수 있는 문제들을 세심한 관점에서 바라보고 있다. 이 영화는 노년기 가족의 모습을 생각해 보게 한다.

3) 실천개입 과제

가족주기상 마지막 단계인 노년기는 인생을 어떻게 마무리하는가가 자신뿐 아니라 여타 가족원들에게도 영향을 미칠 수 있는 부분이기 때문에 중요할 수 있다. 어느 연령대에서도 신체와 정신이 상호 영향을 주고받는 것은 마찬가지이지만, 특히 노년기에는 신체적 건강이 정신적 건강(우울증, 전반적 활력 저하)에 영향을 미치게 되고 이

것이 다시 신체적 건강을 악화시킬 수 있다. 최근『실험노년학』학회지에서는 노화를 설명하기 위해 **내재 역량**(intrinsic capacity)이라는 개념을 소개하였다. 내재 역량이란 WHO에서 언급한 개념으로 개인 기능의 총합을 의미한다. 신체기능, 인지기능, 정서기능, 감각기능, 활력, 영양상태, 사회자원으로 스트레스를 견뎌 낼 수 있는 회복탄력성을 의미하며 건강과 관련된 자본이다. 한편, 인지(cognitive) 역량, 운동(locomotor) 역량, 활력(vitality), 감각(sensory), 심리사회적(psychological) 역량이 높은 사람들이 더 오래 산다는 결과도 보고되었다(정희원, 2023).

노년기 관련 건강가정사업의 경우, 지역사회의 노인복지관에서 많은 부분이 이루어지고 있다는 점을 감안하여 전통적인 노인의 가족관계나 내재 역량 증진, 자기돌봄 프로그램을 고려하되 인근 기관과의 연계를 통한 진행도 고려해 볼 수 있다. 또한 노년기에는 배우자 사별로 재혼가족을 형성하지 않더라도 동거, 공동체 가족 형성으로 새로운 라이프스타일을 이루어 갈 가능성도 있으므로 가족관계와 균형 있는 노년기 삶을 누릴 수 있도록 준비 차원에서의 보다 전문적이면서도 체계적인 노년기 프로그램의 개발과 보급이 필요하다.

생각해 볼 문제

1. 본인 가족의 가족생활주기 단계를 규정해 보고, 이들의 특성과 주요 발달과업을 기술해 봅시다.
2. 가장 관심 있는 가족생활주기의 단계를 선정하여 이들의 건강성을 높일 수 있는 개입전략을 조사해 봅시다.

참고문헌

「주택법」 제5조2, 동법 시행령 제 7조 최저주거기준 행정규칙.

신라대학교 가족상담센터(2007). **행복가족 레시피-가족생활교육 프로그램 매뉴얼**. 신라대학교 가족상담센터 총서 7. 서울: 창지사.

신은주, 김연희, 김혜래, 변귀연, 신영화, 윤혜미, 이혜경, 홍순혜(2013). **가족복지론**. 서울: 청목출판사.

여성가족부(2017). **부모교육 매뉴얼** 4권(성인예비부모).

정현숙(2021). **가족생활 교육**(2판). 서울: 신정.

정희원(2023). **당신도 느리게 나이 들 수 있습니다-나이가 들어도 몸의 시간은 젊게**. 서울: 더퀘스트.

통계청(2023). 신혼부부 통계.

Collins, D. Coleman, H., Jordan, C. (2012). *Introduction to Family Social Work*. Wadsworth Publishing.

매일경제(2024. 03. 29.). 정년퇴직 중년부부, 배낭 하나 들고 유럽여행.

머니투데이(2021. 03. 06.). “노인정에선 70세가 막내” …… 80세 이상 ‘200만 명 시대’.

메디컬월드뉴스(2014. 9. 6.). [인간극장] 그대 그리고 나.

연합뉴스(2023. 01. 03.). [그래픽] 영아가정 돌봄 지원 ‘부모급여’ 도입.

한겨레신문(2018. 10. 08.). “며느라기를 위한 호칭은 없다.”

KBS Human(2021. 10. 11.). 매일 아침 아내를 위해 커피와 빵을 준비하는 할아버지.

제6장

다양한 유형의 가족과 가족건강성

이 장에서는 다양한 가족 유형 중 건강가정사업 현장에서 많은 비중을 차지하는 가족 유형인 1인가구, 한부모가족, 맞벌이가족, 다문화가족 그리고 건강가정사업의 대상으로 주목해야 할 입양가족, 재혼가족을 중심으로 가족의 현황과 특성, 가족의 건강성에 대한 내용을 다루고자 한다.

1. 1인가구의 가족건강성

1) 1인가구[1]의 현황

전통적으로 1인가구는 1인이 독립적으로 생계를 유지하는 가구로 정의할 수 있다. 과거에는 배우자 이혼이나 사별 등으로 형성된 노인 1인가구(독거노인)가 이들의 증가를 주도했던 반면, 최근에는 학업이나 직장으로 인해 분거한 20~30대 1인가구, 이혼이나 실직으로 가족관계가 단절된 40~50대 중장년 남성 등 전체 연령대가 골고루 분포되어 있어 이들의 삶을 포괄적으로 설명하기 어렵게 되었다.

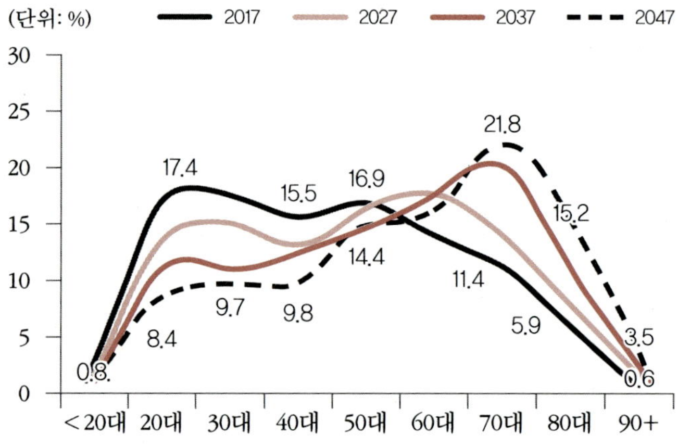

[그림 6-1] 1인가구 연령별 구성비(예측)

출처: 통계청(2023).

통계청에 따르면, 2000년 기준 1인가구의 비중이 전체 가구의 15.5%에서 2022년

1) 「건강가정기본법」에서는 2018년 법 개정으로 1인가구를 서비스 대상자로 명시함에 따라 건강가정사업 전달체계에서 1인가구 대상으로 서비스를 제공하게 되었다. 동법 제3조 2항의 2에서 "1인가구"는 1명이 단독으로 생계를 유지하고 있는 생활단위를 말한다고 정의하고 있다.

약 34.5%로 두 배 가까이 증가했으며 가구 수로는 750만 2천 가구에 이른다(통계청, 2023). 누구나 일생에 한 번쯤은 혼자 사는 시대가 됨에 따라 가족 정책의 주요 대상이라고 할 수 있다. 그러나 이들의 삶을 포괄적으로 이야기하기에는 그 범위가 넓고 그 안의 욕구는 매우 다양하다고 볼 수 있다. 그러므로 1인가구라고 해도 연령대별로 20~30대의 청년기와 40~50대의 중 · 장년기, 60대 이상의 노년기로 나누어 특징을 살펴보면 다음과 같다(〈표 6-1〉 참조).

표 6-1 생애주기별 1인가구의 특징

구분	청년기	중 · 장년기	노년기
주요 특징	• 자발적인 1인가구로 전반적으로 높은 만족감 • 안전한 주거공간에 대한 욕구 • 청년 1인가구에 맞는 환경 조성 및 인식 개선에 대한 요구	• 경제력, 건강이 삶의 질의 핵심요소(다인가구에 비해 낮은 취업률) • 노후생활이나 건강에 대한 불안감 • 사회적 관계망 및 안전망에 대한 욕구 • 사회적 편견에 대한 스트레스 • 성별에 따라 1인가구 형성 사유에 따른 인식 및 삶의 격차가 명확히 존재 • 고독사 문제	• 건강과 경제력이 삶의 질에 주요한 요인 • 여성은 자녀의 행복, 남성은 일(소속감)이 삶의 만족도에 영향 • 일상생활 유지, 외로움 문제 • 고독사 문제

2) 1인가구의 발달과업

1인가구는 가족생활주기상 원가족을 떠나는 사건(event, 특정 시점에서 발생하는 질적 변화) 하나만이 존재하며, 임시적이거나 과도기적 형태를 띠는 경우를 예외로 하면 결혼이나 자녀출산 및 진수기 등의 가족생활주기를 갖지 않는 대표적인 가구 형태다. 그러나 이들도 가계를 꾸려 나가고 가구원으로서 경제생활, 주거마련, 생활비 걱정 등의 생활에 대한 과업들이 존재한다. 자녀와 관련한 발달과업은 없으나 주거를 함께하지 않는다 하더라도 부모가 나이 들어 감에 따라 부양에 대한 의사결정이 있을 수도 있고, 1인가구가 키우는 반려동물과의 관계를 이루어 가는 발달과업이 있을 수도 있다. 또한 현재에는 1인가구이나 미래에는 연애나 동거의 문제가 생길 수도 있기 때문에 이들의 삶 속에도 다차원적인 문제가 고려될 필요가 있다. 더불어 나이가 들면서 경제적 노후대비를 하고 지역사회 계속거주(Aging-in-Place)를 위한 유니버설 디자인을 고려한 주택을 준비하거나 노후건강관리 자기돌봄을 위한 대비 등이 필요할 수 있다.

1인가구의 발달과업은 연령대별로 우선순위가 상이한데, 매슬로 욕구의 하위단계인 신체적 욕구와 안전의 욕구와 관련된 경제적 문제와 주거, 안전, 건강의 문제와, 상위욕구인 사회적 욕구, 자기존중 욕구, 자아실현과 같은 심리 · 정서적인 욕구가 공통적으로 존재하며 그 밖에 연령대에 따라 다른 우선순위를 갖는다(〈표 6-2〉 참조). 청년층의 경우 결혼을 미루거나 하지 않는 가장 큰 이유는 주거와 일자리 불안정을 꼽고 있는데(어울림경제연구소, 2020), 이들이 1인가구를 형성한 데에는 자발적/비자발적 이유가 혼재되어 있음을 엿볼 수 있다. 이에 따라 이들은 일자리와 주거문제에 대한 부분이 가장 주요한 이슈이고 그리고 특히 여성의 경우 안전문제가 대두될 수 있다. 또한 이들의 정서적 문제에 대한 해소가 필요하다. 50~60대의 경우에도 경제적 문제와 주거안정이 1순위인 것은 동일하지만 노후가 다가옴에 따라 노후 경제적 준비와 건강문제, 정서문제 등이 상존하고 있는 상황이다. 70대 이상은 생물학적 노화로 인해 일상적 생활에 대한 대비와 앞으로 혼자 삶을 잘 마무리하는 방법에 대한 준비를 하는 것이 중요한 과제가 된다.

표 6-2 1인가구의 발달과업

연령대	주요 발달과업			
20~40대	경제적 안정	주거선택	안전문제	정서적 문제
50~60대	주거 안정	노후준비	정서적 문제	건강 문제
70대 이상	경제적 안정	자기 돌봄문제 (건강)	일상적 생활 (가사관리,식사 등)	웰다잉 문제 (고독사 대비)

출처: KB경영연구소(2019), 여성가족부(2023)에서 수정됨.

3) 1인가구의 가족건강성

1인가구의 경우 독립적인 생활방식과 자신의 의사결정에 따라 생활할 수 있으며 이에 따라 자유롭고 시간적으로 여유로운 생활이 가능하다는 장점이 있다. 그러나 1인가구에는 명암이 존재하는데, 경제적 · 신체적 혹은 정서적 어려움이 왔을 때 혹은 위급한 상황에 대한 대처에 어려움이 있다는 것이다. 반면, 직업적 성취에 있어서는 우위에 있을 수 있으나 자신이 모든 것을 책임져야 하기에 경제적으로 불안정할 수 있으며, 소득이 끊겼을 때 가계 관리에 어려움을 겪을 수도 있다. 또한 자유로운

참고 6-1 1인가구의 가족건강성 문항의 예

중분류	소분류(문항수)	문항
기본토대 (13)	장기적 계획(4)	'나는 장기적인 인생 계획을 갖고 산다.' 외 3문항
	경제적 여건(5)	'나는 저축이나 투자의 여력이 거의 없다.' 외 4문항
	주거(2)	'나는 앞으로 몇 년간 안정적으로 기주할 곳이 있다.' 외 1문항
	합리적 소비(2)	'나는 일상생활(식사준비, 청소, 소비 등)에 필요한 정보를 적극적으로 검색하고 활용한다.' 외 1문항
일-생활 균형 (9)	생활시간(4)	'나는 평소 휴식을 위한 시간이 부족하다고 느낀다.' 외 3문항
	건강(2)	'나는 규칙적으로 운동을 한다.' 외 1문항
	스트레스(3)	'나는 화가 나거나 우울할 때 감정을 조절하기가 힘들다.' 외 2문항
가족관계 (12)	가족관계(12)	'가족들의 대소사가 있으면 서로 연락하고 나는 참여한다.' 외 11문항
사회 참여 (10)	사회적 관계망(4)	'나는 친구 · 동료 · 이웃과 함께 산책, 운동, 여행 등을 할 기회가 충분하다.' 외 3문항
	공동체 참여(3)	'나는 자원봉사활동을 내가 하고 싶은 만큼 충분히 하고 있다.' 외 2문항
	사회적 관심(3)	'나는 사회문제(환경,폭력, 양성평등, 다문화 등)에 관심을 갖고 있다.' 외 2문항

출처: 송혜림, 박정윤, 진미정, 고선강(2021)에서 일부 발췌. 전체 문항은 [부록 7] 참조.

이성관계가 가능하나 친밀한 관계 유지가 어려울 경우에는 외로움도 겪게 된다.

이에 따라 송혜림 외(2021)의 연구에서는 20~50대 1인가구 317명을 분석하여 건강성 척도를 개발하였는데, 전체적 건강성은 5개의 중분류, 즉 기본토대와 일-생활 균형, 가족관계, 사회참여로 나누어졌으며, 각각에 소분류가 존재하여 총 44개의 문항으로 구성되어 있다. 1인가구의 경우에도 가족건강성에 대한 체크를 해 보는 것이 필요할 수 있다([참고 6-1] 참조). 다양한 영역에 있어서의 건강성이 골고루 균형 잡혀 있을 때 건강한 가정을 이룰 수 있을 것이다.

2. 한부모가족의 가족건강성

1) 한부모가족의 정의 및 현황

일반적으로 한부모가족이란 이혼이나 사별로 인해 한 명의 부 혹은 모가 자녀와 함께 생활하는 가족을 말한다. 그러나 법적인 정의에 의하면, 한부모가족이란 '모자가족 혹은 부자가족으로 부모 중 어느 한쪽 부모가 사별이나 이혼, 유기, 장기간 노동능력 상실, 교정시설이나 치료감호시설 입소, 또는 병역복무 혹은 미혼자임으로 인해 모자가족이나 부자가족이 된 가족으로 18세 미만(취학 중인 경우 22세 미만)의 자녀를 양육하고 있는 가족(「한부모가족지원법」 제4조)'을 말하며 24세 이하의 청소년 한부모도 포함한다. 참고로 한부모가 아니라 하더라도 아동의 양육을 실제로 맡고 있는 조부 또는 조모의 경우, 즉 조손가정의 경우는 동법에 의해 지원대상자가 된다. 건강가정기본계획이나 한부모가족정책 기본계획과 같은 정책에서는 한부모 가족의 자립역량 강화나 자녀양육비 지급액과 연령의 확대,

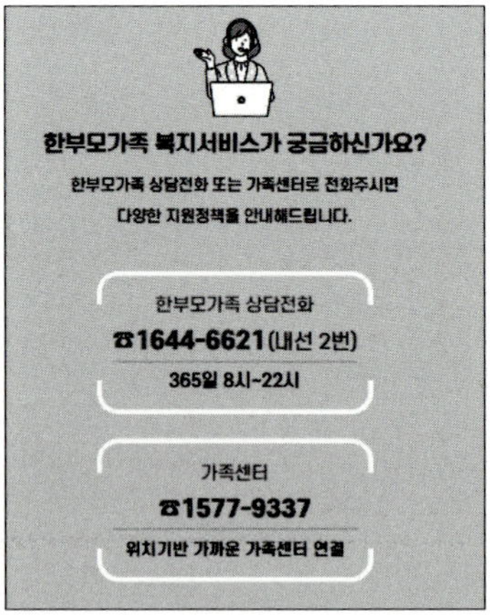

[그림 6-2] 한부모가족 복지서비스
출처: 여성가족부(2024).

저소득 한부모가족을 위한 주거안정 지원, 이혼 후 비양육 부 · 모와 자녀 간 교류 지원, 청소년 한부모를 위한 지원이 강화될 것으로 예상된다.

한부모가족에 대한 정책적 지원이 확대되고 있는 것은 무엇보다 우리 사회에서 한부모가족이 겪는 어려움이 많으며 이혼 증가와 함께 한부모가족의 수가 계속해서 증가하고 있기 때문이다. 2023년 인구주택총조사결과(통계청, 2024)에 의하면 한부모가구는 한부모의 법적인 혼인상태가 미혼, 이혼 및 사별로 인해 미혼자녀와 함께 거주하고 있는 일반가구로 전체 가구 중 6.8%(1,493천 가구)이며 한부모가구 내에서 모자가구의 비율은 약 75.8%(1,132천 가구)이며 부자가구가 약 24.2%이다. 참고로 한부모에 해당하는 미혼모 · 부(18세 이하 자녀의 친모나 친부의 혼인상태가 법적으로 미혼인 부모)는 약 2만 5천 명이며 이중 미혼모는 78%이고 미혼부는 24%이다.

한부모가족이라고 해도 이혼한 여성 한부모가족의 경우 경험하는 주요 위험요인은 이혼에 따른 경제수준의 하락으로 인한 경제적 어려움이라 할 수 있다. 또한 한부

참고 6-2 2024년 한부모가족 실태조사 주요결과

- 월평균소득 294.6만 원, 전체 가구소득(488.7만 원) 대비 60.3% 수준
  - 전체 평균 가구가처분 소득 대비 한부모가구 소득 비율은 높아지는 추세
- 모든 자녀 연령대에서 가장 큰 어려움은 '양육비·교육비 부담'
  - 미취학 자녀 78.0%, 초등생 자녀 81.4%, 중등 이상 자녀 82.1%
- 월평균 양육비*는 58.25만 원 * 주거·식비 등 가족 공통지출액 제외
  - 미취학 자녀 46.1만 원, 초등생 자녀 50.5만 원, 중등 이상 자녀 66.1만 원
- '양육비 채권' 확보(33.3%) 증가 …… 채권 있는 경우 양육비 받는 비율은 80.1%
  - 전체 한부모 10명 중 7명은 양육비 한 번도 받지 못해
- 가장 바라는 양육비 정책은 '양육비 긴급지원 확대/양육비 선지급제 도입'(71.0%)
  - 이어서 '제재조치 강화'(17.5%), '면접교섭지원서비스 강화'(10.6%) 순
- 한부모와 자녀 모두 동네·이웃주민, 학교·보육 시설, 직장·일터, 공공기관, 가족·친척 등 주위로부터 차별을 경험한 비율은 크게 감소

출처: 여성가족부(2025. 3. 30.).

모가족이 증가하고 있다고 해도 여전히 사회적 인식이 긍정적이지는 않기에 사회적 배제를 경험하며 이로 인해 한부모의 우울감이 높으므로(오성은, 김한성, 2020), 한부모가족을 위한 사회적 지지가 필요하다. 한부모는 경제적 부양과 자녀양육과 가사의 책임, 정서적 외로움 등을 혼자서 모두 감당하는 가운데 많은 스트레스를 받으면서 자녀와의 관계와 자녀의 성장을 통해 개인적인 만족과 보람을 느끼지만 정작 자녀와 함께하는 가족시간과 여가는 부족하다(임춘희, 고현, 2021).

2) 한부모가족의 유형과 발달단계

한부모가족이라고 해도 한부모의 특성과 가족생활주기에 따라 매우 다양한 유형으로 구분할 수 있다. 가령, 한부모의 성별에 따라 모자가족, 부자가족으로 혼인지위에 따라 이혼 한부모, 사별 한부모, 미혼 한부모로 구분되며, 국적에 따라 내국인 한부모와 다문화 한부모로 그리고 자녀의 발달시기에 따라 유아기 자녀, 아동기 자녀, 청소년기 자녀를 둔 한부모 가족 등등으로 구분할 수 있으며 몇 가지 기준을 동시에 적용하여 가령 이혼한 여성 한부모가족 등 세분화된 유형으로 구분할 수 있다.

한부모가족의 유형은 다양하므로 특정의 발달단계를 제시할 수는 없다. 다만 이혼한 한부모가족의 경우, 이혼이라는 가족위기를 극복하고 이혼 후 가족을 다시 재조직하고 적응하는 과정으로 볼 때 이혼한 한부모의 입장에서 다음과 같은 연속적인 여섯 단계를 거친다(Gasse & Mortelmans, 2020). ① 이혼 전부터 결혼만족도가 낮아지면서 부부로서의 관계를 재고하는 단계, ② 관계를 끝내기 위한 단계, ③ 한부모가 되면서 겪는 혼란의 단계, ④ 이후 일시적인 가족생활의 재조직 단계를 거쳐, ⑤ 지속가능한 일과 돌봄의 재조직 단계, 마지막으로 ⑥ 한부모가족으로 재조직되고 수용하면서 일과 생활에서 새로운 만족을 얻는 단계로 나아간다. 그러나 이러한 과정은 단선적이 아니라 진퇴의 과정을 거치면서 각 단계마다 특별한 요구와 도전을 갖는다. 사실상 한부모가족도 다른 가족처럼 인생의 여러 단계에서 많은 위기와 도전을 겪지만 궁극적으로 새로운 균형상태로 나아갈 수 있음을 시사한다. 단, 한부모가족은 계속해서 그 형태를 유지할 수 있으나 어느 시점에서 사실혼인 동거나 법률혼으로서의 재혼가족으로 변할 수 있는 잠재적 가능성이 많은 가족이다.

3) 한부모가족의 가족건강성

한부모가족이라고 해도 한부모의 특성을 기준으로 구분할 때 매우 다양한 유형이 있으므로 한부모가족의 가족건강성에 대한 구체적인 요인들을 제시하기란 어렵다. 그러므로 한부모가족의 건강성 및 강점과 관련된 연구결과들을 중심으로 살펴보면 다음과 같다.

먼저, 여성한부모는 이혼이나 사별 혹은 미혼, 그 어떤 경우든 경제적 자립 외에 자신의 삶을 수용하고 통제감을 가지려고 하며 자기 개발을 통해 역량을 강화하여 심리사회적인 힘을 갖추고자 고군분투하며(김지혜, 김희주, 2018), 이혼 후 경제적인 것뿐 아니라 다양한 어려움 속에서도 자녀와의 유대와 지지, 결속을 강화하며 의미 있는 역할을 한다(유순희, 정민자, 2013). 이혼한 부자가족의 아버지도 갑작스럽게 자녀 양육을 맡게 되면서 심리적 혼란과 위기를 겪지만 부모의 가족적 지원과 직장이나 정부기관, 지인들의 사회적 지원을 받으면서 한부모로서 책임감과 만족감, 자녀의 존재로 힘을 얻는 경험(이만수, 박정윤, 2022)을 하게 된다.

한부모가족으로서의 강점과 관련한 연구결과들을 종합해 볼 때 한부모는 한부모가족이 된 후 모든 결정을 배우자와의 갈등이나 다툼 없이 스스로 혼자 할 수 있어서 오히려 심리적으로 안정되고 가족 내 여러 역할을 수행하면서 가정경영 능력이 향상되어 자신감과 자부심을 갖게 된다. 그리고 이전의 가족 내 갈등관계가 해소되고 부모자녀 간에 개방적인 의사소통이 이루어져 정서적으로 가까워지는 등 한부모 가족이라도 양부모 가족과 비슷하며 건강하다고 할 수 있다(장혜경, 민가영, 2002; 박주연, 김경신, 2012; 김지혜, 김희주, 2018). 최근 한부모가족의 건강성을 측정하는 지표로 안정적인 의식주 생활인 기본적 토대, 부모역할, 일–생활 균형, 사회적 네트워크, 라이프스타일, 가정경영과 생애설계의 5개 영역이 제시되었는데(송혜림, 고선강, 강은주, 2022), 이러한 영역에서 만족스럽다면 한부모가족의 건강성이 높다고 할 수 있다.

성장기 자녀를 둔 한부모가족의 경우 경제적, 심리 · 정서적, 사회적 그리고 자녀

양육의 측면에서 많은 어려움을 겪지만 건강가족적 관점에서 가족의 기능을 잘 수행하는 한부모가족이 갖는 강점으로 [참고 6-3]에서 보는 바와 같은 점들을 생각해 볼 수 있다. 한부모가족이 된다는 것은 가족의 위기일 수 있으나 그러한 위기에 잘 대처하고 적응해 가는 한부모와 자녀들의 노력과 주위 사람들의 사회적 지지와 정부나 지자체의 다양한 지원과 정책이 수반된다면 건강성과 강점을 가진 가족으로 성장할 수 있다.

참고 6-3 한부모가족의 강점

- 한부모가족의 긍정적인 측면
  - 한부모와 자녀 간의 애정과 친밀감 강화
  - 부모로서의 역량과 역할기술 향상
  - 한부모와 자녀의 심리적 성숙과 책임감과 독립심이 강해짐
  - 부모자녀 간의 의사소통 증가
  - 가족으로서 응집력과 적응력 향상
  - 한부모와 자녀 간 협력하여 가정에 대한 책임감 공유
  - 한부모의 위기 상황 대처와 문제해결능력과 자신감 증대
  - 이혼 부부간의 갈등 탈피, 한부모와 자녀들의 정서적 안정감
  - 한부모가 부와 모 역할을 함으로써 양성적으로 유능한 역할모델
  - 여성 한부모는 경제적인 자립능력이, 남성 한부모는 가사와 자녀 양육능력 개발

출처: 임춘희 외(2013).

참고 6-4 한부모가족의 건강한 자녀양육을 위한 조언

한부모로서 아이들을 잘 키우기 위해서는 다음과 같이 실천해 보는 것이 좋다.

- 아이들과 함께 가정의 규칙을 정한다.
- 매일 10분씩 아이들 한 명 한 명에게 집중하며 1대 1 대화를 한다.

–한부모와 자녀 간에 경계를 설정한다.
–자녀를 항상 일관되고 공정하게 대한다.
–아이들이 정해진 일과와 규칙을 지키도록 한다.
–자녀에 대한 기대치를 낮추고 완벽한 부모가 되려고 하지 않는다.
–죄책감이나, 희생자 느낌, 순교자가 된 느낌을 버린다.
–판단적인 사람들은 무시한다.
–좋은 육아 지원과 친구, 가족, 이웃을 통한 지원을 받는다.
–가능하다면 전배우자와 사이좋게 지낸다(그러려면 자신을 극복해야 한다).
–매일 자기돌봄을 하고 바른 식사와 운동, 숙면을 취하며 건강을 관리한다.
–도움이 필요하면 좋은 치료자에게 상담을 받는다.

출처: https://www.psychologytoday.com/intl/basics/family-dynamics/single-parent-family

참고 6-5 **소외받는 '싱글대디'… 한부모시설조차 싱글맘만 챙긴다.**

'싱글대디'를 위한 경기도 내 지원 시설이 전무한 것으로 나타났다.

경기도 차원에서 지원하고 있는 한부모가족 복지시설은 오직 '싱글맘'을 대상으로만 운영되는 등 '한부모부자(父子)가정'에 대한 또 다른 차별을 낳고 있다는 목소리가 나온다. 경기도에 따르면, '한부모가족 복지시설'은 만 18세 미만의 자녀를 돌보는 무주택·저소득 한부모가족에 일정 기간 동안 주거시설과, 양육·자립 지원 등을 제공하는 곳이다. 해당 시설에 입주한 한부모가족은 최대 5년까지 지내며 심리치료 및 의료지원과 자녀 돌봄 서비스를 받을 수 있다. 일정 기준 충족 시 퇴소 후 1천 500만 원의 자립지원금도 지급된다.

현재 경기도에서 관리 및 위탁운영하는 한부모가족 복지시설은 모두 10곳이다. 그러나 이들 모두 미혼모나, 사별·이혼 등을 이유로 혼자 자녀를 돌보는 싱글맘에 한해서만 지원되고 있다.

통계청에 따르면, 지난 5년간 도내 한부모가족은 지속적으로 늘어 2021년 기준 38만 3천 632가구에 달한다. 이 중 싱글대디는 9만 7천 173가구로, 25.3%의 비중을 차지한다. 한부모가족 4가구 중 1가구는 싱글대디인 셈이지만, 이들을 위한 시설이 전무한 탓에 싱글맘과의 차별문제가 심화한다는 우려도 제기된다.

이와 대조적으로 서울 · 인천 등 수도권 타 지자체에선 싱글대디를 위한 복지시설을 운영하고 있다. 서울은 2곳, 인천은 1곳인데, 이들 시설은 주민등록상 주소지와 상관없이 조건 충족 시 누구나 이용이 가능하다.

출처: 중부일보(2025. 1. 12.).

3. 맞벌이가족의 가족건강성

1) 맞벌이가족의 특징

맞벌이가족은 결혼한 부부가 모두 직업을 가진 가족을 말하며, 홑벌이(외벌이) 가족과 대비되어 사용되고 있다. 남편은 가계부양자인 도구적 역할을 하고 아내는 주부로서 표현적 역할을 하는 성별 분업적인 홑벌이 가족은 여성의 사회진출과 노동력 참여가 많아지면서 더 이상 일반적인 가족형태로 여겨지지 않고 있다. 이에 따라 부부가 함께 일하는 맞벌이가족은 가족 역할과 책임을 공유하며 동등한 의사결정으로 민주적이며 동반자적 관계를 추구함에 따라 오늘날 선호되는 가족이라고 볼 수 있다. 맞벌이가족 구성은 딩크족(Double Income No Kids: DINK)이라 대표되는 자녀가 없는 부부의 형태와 자녀가 있는 부부 등이 포함될 수 있다.

현재 맞벌이 가구 비율은 50%를 약간 상회하고 있으며(2022년 기준 52.6%), 연령대별 노동 곡선은 M자형(20대 여성의 노동력 참여가 높다가 결혼, 자녀출산, 양육으로 30대에 낮아지다가 50대에 다시 노동력 참여가 높아지는 현상)을 보이고 있다. 최근 노동시장에서 퇴장하기를 원치 않는 맞벌이가족의 여성들은 출산과 양육의 부담을 크게 느낀

참고 6-6 '남성 생계부양자 모델'이 퇴색하고 있다

가정에서의 전통적인 남녀 역할에 대한 국민 인식이 변하고 있다. 남자가 경제적으로 가족을 전적으로 책임져야 한다는 '남성 생계부양자 모델'이 퇴색하고 있다.

9일 한국보건사회연구원과 서울대 사회복지연구소의 '2019년 한국복지패널 기초분석 보고서'를 보면, 조사 대상 가구의 75%는 "남녀 구분 없이 모두 가계소득을 올리기 위해 노력해야 한다."라고 답했다. 또한 "남성의 임무는 밖에서 돈을 버는 것, 여성의 임무는 가정과 가족을 돌보는 것"이라는 견해에 대해서는 85.38%가 '그렇지 않다'고 답했다.

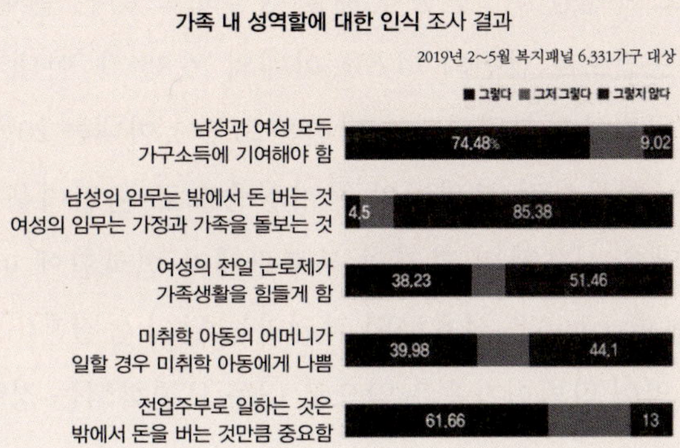

출처: 연합뉴스a(2020. 4. 9.), 그림 출처: 연합뉴스b(2020. 4. 9.).

다. 더군다나 전국 단위 실태조사에서 일관적으로 맞벌이가족은 여성에게 가사부담이 크며 공평하게 분담한다는 비율이 연령대가 높아질수록 감소하는 현상을 보이고 있어 맞벌이 가정에서는 여성의 이중노동 부담이 여전하다(여성가족부, 2020; 통계청 2019, 2023). 남성은 생계 부양에 대한 책임이 있고 여성에게 가사노동의 부담이 지워지는 것이 암묵적 사회분위기로 존재하는 상황에서 맞벌이 가정 내에서의 노동부담이 가정생활에 큰 부담이 되고 있는 것이 현실이다.

또한 한국은 OECD 국가 중에서도 장시간 노동을 하는 것으로 알려져 있다. 한국 전체 취업자의 연간 실노동시간은 2021년 기준 1천 915시간으로 경제협력개발기구(OECD) 평균(1천 716시간)보다 199시간 길다(연합뉴스, 2023. 3. 15.). 장시간노동은 가사노동 분담을 하고자 역할을 인지하고 있더라도 이것이 실제 가사노동 역할수행으로 이어지기 어려운 상황임을 의미한다. 이러한 가사분담의 불평등의 문제는 자녀가 태어난 이후 역할과중 문제가 다가올 때 아내 쪽에서 훨씬 시간 부족을 많이 느끼고 역할갈등이 나타나게 된다. 맞벌이가족의 역할갈등 과정은 [그림 6-3]에서 보는 바와 같이 역할기대와 인지가 수행 및 평가에 이르고 이것이 역할과중과 갈등을 초래한다고 할 수 있다. 맞벌이가족 부부의 역할갈등은 당사자들의 삶의 만족도나 삶의 질을 낮출 수 있다. 일과 가정에 대한 역할분담에 대한 의식은 많이 변화되어 온 것 같으나, 실제 역할수행은 부족하다 보니 아직까지 맞벌이가족은 역할수행과 평가, 역할과중으로 인한 역할갈등 문제를 경험하고 있다. 실제로 통계청 조사에서 가사분담에 대한 응답으로 남편의 74.6%, 아내의 76.1%가 "아내가 가사를 주도한다."라고 응답하였고 공평하게 분담한다는 남편은 21.3%, 아내는 20.5%에 불과하였다(통계청, 2023).

사회문화적 분위기와 물가상승으로 혼인비용이 상승하고, 남편과 아내의 역할분담을 선호하던 과거의 부부관계가 변화함에 따라 학력이나 나이 등에서 이질혼(heterogamy)을 선호하던 과거와는 달리 동질혼(homogamy)을 선호하는 경향을 보이고 있어 맞벌이가족은 앞으로 더욱 보편화되는 경향을 보일 것으로 보인다.

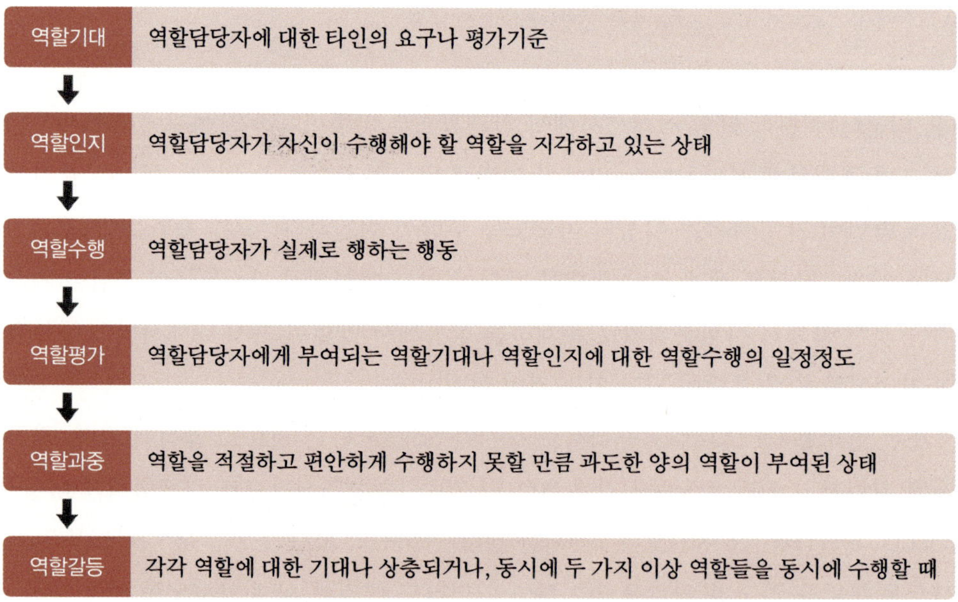

[그림 6-3] 맞벌이가족의 역할갈등 과정

2) 맞벌이가족의 건강성

결혼이나 출산의 비율이 남성의 임금 수준(정규직일 경우)에 따라 높아지는 것을 볼 때(김유선, 2016) 부부가 안정적인 경제생활을 할 수 있도록 하고 자녀양육 지원을 강화하는 것은 가정생활에 중요한 요소로 볼 수 있다. 여성의 교육수준이 증가하고 듀얼 커리어 모델(dual-career model)이 보편화되면서 맞벌이가족을 형성할 가능성은 높아지고 있지만 아직까지 이들에 대한 지원은 충분하지 못한 상황이다. 그동안 맞벌이가족에 대해서는 각 개별 가족의 문제라고 해서 국가가 개입하지 않는 경향이 있었으나 3차 건강가정기본계획에서 처음으로 명시적 건강가정정책의 대상이 되었다. 기존에는 생산적인 노동(즉, 화폐가치로 환산할 수 있는 일)중심의 가치가 보편적이었다. 그러나 저출생 문제의 원인 중의 하나로 워킹맘이라고 하는 유자녀 맞벌이 여성들의 장시간 노동의 문제가 제기됨에 따라, 이들 가족이 어떻게 '일-가정 생활 균형'을 해 나갈 것인가에 대한 이슈가 대두되었다고 볼 수 있다.

맞벌이 가족의 건강성을 위해서는 장기적으로 시장노동시간의 감소를 통해 '일-가정 생활 양립'이 가능하도록 하는 제도를 만들어 나갈 뿐만 아니라, 단기적으로도 이들의 건강성을 높여 줄 수 있는 방안을 모색하는 것이 필요하다. 가족의 건강성이라는 차원에서 볼 때 맞벌이가족은 장점과 단점이 공존할 수 있다(〈표 6-3〉 참조). 각 가정에서는 이러한 장단점을 적절하게 활용하여 각 가정에 맞는 계획을 수립할 필요가 있다.

표 6-3 맞벌이가족의 장단점

	장점	단점
맞벌이가족	• 부부가 각자의 자아실현의 욕구를 충족 • 각자의 사회적 지위를 갖게 됨 • 부부가 경제적으로 의존되지 않음 • 가정경제에 기여함으로 안정적 생활의 영위	• 과중한 역할기대와 수행으로 육체적 피로와 생활의 질 감소 • 여성에 대한 부당한 역할기대로 인한 부담과 역할갈등 • 자녀가 있을 경우 돌봄에 대한 공백이 발생될 가능성

맞벌이가족의 건강성 척도 개발과 관련하여 1인가구(자기돌봄의 역량과 사회적 관계망 강조)나 한부모가족 등(혼자서 부모역할을 하는 한부모의 특성을 고려하여 부모자녀관계, 자녀돌봄의 사회적 지원 강조 등)의 건강성 척도 개발 시 대상별로 강조점이 달랐던 것처럼 맞벌이가족 유형에 대해서도 가족 특성을 분석 반영한 척도의 개발이 필요하다(송혜림, 고선강, 강은주, 2023). 참고로 맞벌이가족의 특성을 고려하여 9가지 영역, 즉 경제적 안정, 안정적 기본생활, 가족역할 및 평등한 가족관계, 열린 대화, 휴식여가

참고 6-7 유럽 각국, 출산율 반등 성공

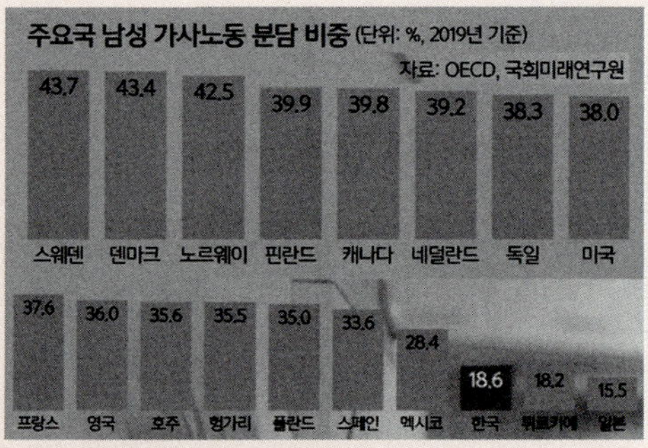

북유럽의 아동·가족·사회복지를 통한 출산에 따른 경제적 부담 경감은 가장 중요한 출산정책 수단으로 꼽힌다. 스웨덴의 경우, 여성의 노동시장 참여를 적극적으로 장려함과 동시에 일·가정 양립과 육아에 대한 국가적 차원의 지원체계를 확립했다. 스웨덴은 양육의 사회화와 함께 남성의 돌봄 책임 강화를 위한 노동시간 단축을 추진했다. 이미 1974년 유럽 최초로 남녀가 모두 육아휴직을 사용할 수 있는 제도를 도입한 뒤 남성의 육아참여를 강화하기 위한 조치로 '아빠의 달' 의무사용 기간 90일을 만들고 이를 사용하지 않으면 자동 소멸되게 하기도 했다.

2010년 합계출산율 2.03명을 찍은 프랑스도 최근 들어서는 출산율이 조금씩 하락세를 보이지만 여전히 유럽연합(EU) 내 인구증가율과 합계출산율 최상위다. 전통적인 혼인관습에 얽매이지 않는 개방적인 가족규범, 동성·동거 부부, 미혼 가정 등 다양한 가족 형태에 대한 사회적 거부감이 낮기 때문에 높은 출산율을 유지하는 것으로 분석된다. 2020년 기준 프랑스 15~64세 여성 취업률이 67.6%이고, 상장기업 이사회의 여성 비율이 45.3%에 달할 정도로 여성의 사회적 지위가 높은 것도 높은 출산율에 한몫했다는 평가다.

출처: 세계일보(2024. 10. 8.).

공유, 자녀의 성장발달 지원, 합리적인 자원관리, 일/가정조화, 시민의식과 자원봉사로 구성된 질문지로 맞벌이가족의 가족건강성을 측정해 볼 수 있다(〈부록 7〉 참조).

4. 다문화가족의 가족건강성

1) 다문화가족의 정의 및 현황

한국에서 다문화가족에 대한 사회적 · 정책적 관심은 농촌인구의 감소로, 특히 농촌의 결혼연령층인 여성인구의 유출로 인해 농촌의 미혼 남성들의 결혼난을 해소하기 위한 방법으로 지방자치단체에서 동남아시아권의 여성들과 결혼을 추진하면서 다문화가족이 증가한 현상에서 비롯되었다. 동남아시아권 여성들과 한국 남성들과의 결혼 증가에는 영리를 추구하는 국제결혼중개업체들의 무분별한 난립 또한 부분적인 원인이 있다. 결혼이주여성들은 경제적 동기에서, 한국남성들은 배우자와 자녀를 얻기 위한 수단으로 결혼을 하게 되면서 가정적 · 사회적으로 문제가 야기되면서 「다문화가족지원법」을 제정하였기에 다문화가족에 대한 정의와 인식도 매우 제한적이 되는 원인이 되었다.

다문화가족은 우리 사회에 남성들의 결혼난 해소와 농촌사회에 활력을 주며, 우리 사회에 다문화에 대한 개방성과 수용성, 감수성을 높이고 문화적 교량 역할을 하는 가족을 구성한다는 점에서 긍정적인 관심과 주목을 받고 있으며 다문화가족에 대해 정부 각처에서 시혜적인 지원을 제공하고 있다. 그러나 최근 들어 한국인과의 국제결혼을 '국적 빌리기' 결혼으로 이용하며 의도적으로 결혼해서 다문화가정을 이루었다가 국적취득 후 이혼하고 자국민과 다시 결혼하는 사회적 문제 상황을 야기하는 다문화 배경의 이주여성들이 증가하는 문제가 발생하기도 하였다. 다문화가정 상담 통계(한국가정법률상담소, 2024)에 의하면, 이혼문제로 상담한 다문화가정의 경우 재혼비율이 35.2%이며 혼인신고 후 30.5%가 별거 중으로 나타나 재혼이 많은 다문화가정의 안정성이 취약한 것으로 추측된다.

2023년 기준 다문화가구는 전체 가구(2,273가구)의 1.8%인 41.6만이나 매년 증가추세다(통계청, 2024). 다문화가족의 실태는 2023년 기준(통계청, 2024. 11. 7.)으로 볼 때 다문화 혼인 비중은 전체 혼인의 10.6%를 차지한다.

참고 6-8 청소년 인구 · 다문화 학생 추이

출처: 연합뉴스(2021. 5. 21.).

이는 코로나19 시기에 감소하였다가 코로나19 종식 후 다시 증가하고 있는 추세이며, 외국 여자와의 혼인 비중이 69.8%로 가장 많다. 다문화 혼인을 한 외국인 및 귀화자 아내의 출신 국적 비중은 베트남(27.9%), 중국(17.4%), 태국(9.9%) 순이다. 한편, 전체 이혼 중 외국인과의 이혼은 전체 이혼의 8.8%로 증가추세이며 이혼하는 외국인 및 귀화자 아내 국적은 중국, 베트남, 태국 순이다. 그리고 전체 출생 중 다문화 출생의 비중은 5.3%로 출생아 수는 감소추세를 보인다.

혼인의 유형으로 볼 때, 다문화 혼인의 경우 남편과 아내 모두 초혼인 경우는 56.4%이고 나머지는 재혼이며 재혼 가운데서도 남편과 아내 모두가 재혼인 유형이 가장 많다. 이는 한국인끼리의 결혼에 비해 재혼의 비율이 매우 높은 편이며 다문화 혼인은 남편이 10세 이상인 연상 부부의 비중이 특히 높은 특징이 있다. 다문화 이혼 중 협의이혼 비중은 58.1% 재판이혼은 41.9%로 한국인 간의 이혼보다 협의이혼 비중(약 80%)은 더 낮고 재판이혼(한국인간은 20%)은 더 많다고 할 수 있다. 부부간의 문화적 차이를 느끼는 경우는 식습관이 가장 많으며 의사소통 방식, 자녀양육과 교육방식, 가족 행사 등 가족의례에서 차이를 많이 경험하는 것으로 나타났다. 부부갈등으로 다툰 이유로는 사고방식과 가치관 차이가 가장 많으며 자녀양육/교육 문제, 생활비 등 경제문제, 언어소통의 어려움 순이었다.

전국다문화가족실태조사(여성가족부, 2022)에 의하면, 다문화가구는 평균 가구원수가 2.82명으로 가구 구성은 부부+자녀가 35.5%, 부부가구가 30.0%로 이전에 비해 부부가구가 증가하였으며, 다문화가구의 평균 자녀수는 0.88명으로 무자녀 비중은 42%로 지속적으로 상승하고 있다. 결혼이민자 및 귀화자들을 대상으로 조사한 결과, 체류기간별로 15년 이상이 가장 많으며 그 비율 또한 증가추세다. 이는 결혼이주여성으로 구성된 다문화가족의 시작이 이십여 년이 지났으며 다문화가족도 우리 사회의 고령화의 영향을 받기 때문이다. 배우자와의 결혼만족도는 연령이 낮고 결혼기간이 짧을수록, 가구소득이 높을수록 만족도도 높아지는 경향이다. 가정 내 역할 분담은 여성이 가사 활동과 돌봄을, 남성이 재산관리하는 성역할 분리가 확연한 경향을 보인다.

자녀양육에서는 5세 이하 자녀를 둔 경우 한글을 가르치는 데 어려움이 가장 컸으며, 6세 이상 자녀를 양육하는 경우 자녀의 학습지도, 학업관리의 어려움, 자녀의 학업, 진학, 진로에 대한 정보부족의 어려움이 많은 것으로 나타났다. 결혼이민자 및 귀화자들이 원하는 지원서비스로는 일자리 소개 및 알선이 가장 높고 한

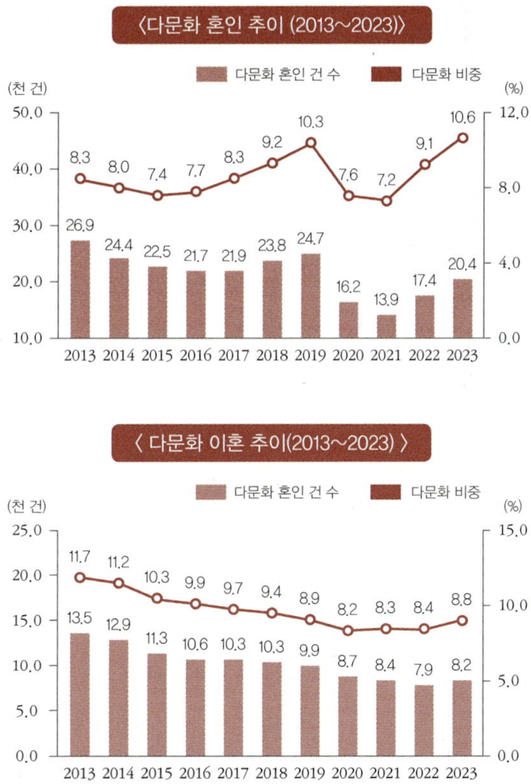

[그림 6-4] 다문화 혼인과 이혼 추이(2013~2023)
출처: 통계청(2024. 11. 7.).

국사회 적응 교육, 입국 전 한국생활 준비교육 등이었다.

실태조사에서 다문화가족 자녀(9~24세)들이 아버지와 보내는 시간은 하루 평균 30분 미만인 경우가 가장 많았으며 어머니와는 30분~1시간 미만이 가장 많은 것으로 나타났고 어머니와의 관계만족도가 아버지보다 더 높은 것으로 나타났다. 내국인 일반의 초 중등학생과 비교할 때 다문화가족 자녀의 부모 관계 만족도는 더 낮은 것으로 나타났다. 그리고 가장 요구가 높은 서비스는 학습지원이었다.

2024년 교육기본통계(교육부, 2024. 8. 29.)에 의하면, 저출생의 영향으로 전체 유치원과 초등, 중고등학교의 학생 수는 전체적으로 감소추세이나 다문화 학생 수는 19만 3,814명으로 전체 학생 수 대비 3.8%에 불과하나 매년 꾸준히 상승하여 역대 최고치를 기록했다. 다문화 학생은 크게 국제결혼가정 자녀와 외국인가정 자녀로 나누며, 국제결혼가정은 국내에서 출생한 자녀(국내출생 자녀)와 외국에서 태어나 부모와 함께 중도에 국내로 입국한 자녀(중도입국 자녀)로 구분하고 있는데 국제결혼가정 중에서 국내출생이 전체 다문화 학생의 69.6%(13만 4,817명)를 차지한다. 여성가족부와 한국건강가정진흥원에서는 다문화가족이 한국생활에 적응에 필요한 정보를 13개국 언어로 지원하는 '다누리' 다문화가족지원포탈(https://www.liveinkorea.kr/portal)을 운영하고 있다.

2) 다문화가족의 가족건강성

다문화가족에 관한 대부분의 연구들은 본국을 떠나 결혼해서 한국문화에 적응하는 데 어려움을 겪는 다문화가족 여성을 대상으로 문화적응 스트레스와 부적응에 초점을 둔 경향이 있다. 이는 실제로 다문화가족의 경우 문화가 다른 부부간의 언어적 의사소통, 가족문화에서의 차이, 남편의 폭력과 학대, 불평등과 사회적 편견 등 다문화여성들의 처한 상황과 어려움이 크기 때문이다. 그러나 국제결혼으로 인한 사기피해나 결혼을 악의적으로 이용하려고 계획한 외국인 아내의 가출이나 외도 문제로 어려움을 겪는 한국인 남성과 그 가족들이 많아지고 있으며(한국가정법률상담소, 2024; 매일경제, 2024. 6. 7.), 그로 인해 원치 않는 이혼을 하는 한국인 남성과 가족들이 피해를 보고 이혼하는 경우도 적지 않다. 이러한 현실은 다문화가정을 성공적으로 유지하기가 쉽지 않음을 보여 준다. 그러나 문화적 차이에도 불구하고 잘 적응하고 부부 간에 화합하여 성공적인 가족생활을 하는 다문화가족도 많이 있으므로 다문화가족에 대한 부정적으로 편향된 시각에서 벗어나 안정적이고 만족스럽게 생활하는 다문화가족의 강점과 건강성, 성공적인 다문화가족에 보다 관심을 기울일 필요가 있다.

다문화가족의 가족건강성은 특히 다문화부부 간의 인식차이가 중요한데, 다문화가족의 대부분을 구성하는 결혼이주여성과 한국인 남성으로 이루어진 다문화부부인 경우, 다문화가족 아내의 결혼만족도가 다문화가족의 안정과 유지에 중요하다고 할 수 있다. 다문화 가족 아내의 결혼만족도에는 아내 자신과 관련된 변인보다 한국인 남편 관련 변인이 더 영향을 미치는 것으로 나타나 남편의 우울이 낮을수록, 다문화에 대한 수용적 태도가 높을수록, 남편의 결혼만족도가 높을수록 다문화가족 아내의 결혼만족도가 높은 것으로 나타났다. 또한 결혼이주여성의 한국사회에의 적응은 배우자와의 관계만족도와 경제활동 여부가 중요한 것으로, 배우자와의 관계에 매우 만족하는 경우, 경제활동을 하는 경우에 결혼이주여성이 한국 사회에 더 잘 적응하는 것으로 나타났다(박이분, 계봉오, 2018). 다문화가족에서 이주여성 아내의 경제활동 여부가 중요한 이유는 결혼중개를 통하거나 결혼이주여성의 대부분 결혼 동기가 경제적 요인에 기인하기 때문이기도 하다.

다문화가족 여성의 가족건강성은 다른 사회적 지지보다 남편의 지지가 가장 중요한 영향을 미치는 것으로 나타났으며(이재화, 이재모, 2020), 다문화여성의 가족건강성은 다문화여성의 임파워먼트(empowerment)와 사회적응력에 긍정적인 영향을 주는 것으로 보고되었다(곽미정, 2016).

초등학생 자녀를 둔 다문화가족 어머니에 대한 연구(강해순, 김현옥, 2021)에 의하면, 다문화어머니들의 강점은 자녀들에게 모국어를 가르치는 이중 언어 체계를 능력으로 활용하는 것과 자녀에 대한 높은 교육열과 책임감, 자녀에게 인정받고 존중받는 엄마로서 억척스럽게 사는 것과 자신을 이방인으로 규정하지 않고 다문화의 장점을 내세우며 계속해서 자기개발을 하는 것으로 나타났다.

다문화가족은 한국인 간의 결혼에 비해 재혼인 비율이 많은데, 외국인 이주여성과 재혼한 한국인 남편들의 경우 다문화가족의 안정과 유지를 위해 다양한 노력을 하는 것으로 나타났다. 결혼이주여성과 결혼한 재혼한 한국인 남편들의 경우, 전혼에서 자녀가 있어도 이주여성인 아내를 위해 다시 자녀를 갖는다거나 생활비를 책임지고 가사 및 양육을 분담하며 아내의 학업이나 취업을 지원해 주고 젊게 보이기 위한 노력을 하며, 다문화 배우자인 아내의 출신국가에 대해 호의적으로 인식하고 가족중심적인 생활을 하면서 다문화가족으로서 적응하기 위해 노력하였다(임춘희, 2014). 또한 이주여성과 결혼한 한국남성들은 결혼생활에서 문화/식생활 차이, 언어소통 문제, 자녀교육 문제, 성격차이/부부관계 문제, 경제적 문제, 확대가족과의 문제 등의 어려움을 겪고 있다. 그러한 어려움에 대해 문화차이를 이해하고 타협하며, 아내의 한국어 습득을 지원하고 가장으로서의 책임감과 아내를 배려하며, 확대가족과의 관계에서 지지해 주고 중재해 주며, 아내에게 감사와 애정을 표현하며, 자녀에 대한 책임감과 열성을 가지는 등의 전략으로 적응하는 것으로 나타났다(김유순, 오영숙, 안현화, 2012).

다문화가족을 이룬 결혼이주여성의 적응에는 특히 이주여성 자신의 모국과의 사회적 연결망이 중요하다고 할 수 있는데, 사회적 연결망은 이주 이전부터 결혼이주를 촉진시키는 데 중요하였다. 결혼이주를 한 이후에는 모국과 경제적 · 사회문화적 연결망을 유지하며 모국의 친정 가족을 데려와 사는 식으로 사회연결망을 확장시키는 것이 결혼이주여성이 한국생활에서의 자신감과 적응을 높이며 초국가적 정체성을 갖는 데 큰 영향을 미치는 것으로 보고되었다(설진배, 김소희, 송은희, 2013).

[그림 6-5] 이중 언어를 구사하는 딸로 인해 행복한 이주여성

출처: 지식채널e(2015. 8. 19.).

다문화가족은 기본적으로 부부간의 문화적 배경 차이와 언어적 의사소통의 한계, 송금 문제를 비롯한 경제적인 부분에서 파생되는 여러 가지 문제로 어느 유형의 가족보다도 어려움이 많은 가족이지만, 그래도 부부가 함께 어려움에 대처하며 결혼을 유지하고 적응하기 위해 고군분투하며 안정적으로 생활하는 가족도 많다고 할 수 있다. 다문화가족의 건강성을 위해서는 무엇보다 부부가 배우자의 모국 문화와 언어에 대한 상호이해와 존중, 배우자에 대한 사랑과 지지, 언어적 소통능력, 배우자의 문화에 적응하려는 노력과 갈등상황에서 타협하는 노력, 이중언어 사용의 권장 등([그림 6-5] 참조)이 필요하다. 다문화가족의 안정과 행복을 위해서는 사회적으로나 정책적으로 무조건적으로 온정적이고 시혜적인 시각에서 벗어나 사회경제적 수준과 욕구 수준에 맞춰 역량을 키워 주는 지원과 아울러 다문화가족 구성원들의 자발적인 노력이 필요하다.

5. 입양가족의 가족건강성

1) 입양가족의 특징

「건강가정기본법」에서는 가족을 구성하는 방법으로 '혼인'과 '혈연', '입양'을 규정하고 있다(제3조 1항). 입양가족은 입양(adoption)이라는 방법으로 구성된 가족을 의미하는 것으로, 입양은 「민법」에 의한 친양자 입양과 「입양특례법」에 의한 일반양자로 나누어서 이루어질 수 있다. 과거의 경우 비밀입양이 주를 이루었으나 입양특례법의 개정(2012)으로 공개입양이 많아짐에 따라 입양가족을 위한 가족 지원도 관심을 받고 있다.

국내 입양아동은 2000년부터 2020년까지 2만 1,747명에 이르는데(통계청, 2022), 입양 가족에 대해서는 전국단위의 실태조사가 이루어진 바가 없다. 공개입양이 많아지면서 입양 형태의 변화가 있는 것으로 보이지만 2012년 「입양특례법」이 전면 개정되면서 양부모자격 강화, 법원허가제 등으로 공개입양이 많아지고 입양에 대한 사회적 환경은 크게 달라지고 있으나 일반인들에게 입양가족은 여전히 낯선 편이다. 현재 추정하기로는 입양자녀 연령대가 1세 미만인 여아가 주를 이루고, 입양가족의 평균 가구원 수는 4.2명 정도인 것으로 알려져 있다.

참고 6-9 자녀입양은 축하할 일(85%)이지만, 우리 사회에서 살기 힘들어(59%)

'자녀를 입양해서 한 가족이 되기까지 부모를 포함한 모든 가족원의 노력이 필요하다(93%)'는 데 대부분이 공감한다. 가족을 구성하는 여러 방법 중 하나가 입양이고, 혈연관계가 아니기에 부부만의 노력으로는 진정한 가족을 이루는 데 한계가 있기 때문이다. …

자녀입양을 환영하는 분위기이지만, 입양자녀가 우리 사회에서 살아가기란 쉽지 않다는 인식이다. '우리 사회는 입양자녀에 대한 부정적인 시선과 편견이 많고(71%)' '입양자녀가 살기 힘든 사회(59%)'라는 데 다수가 동의한다. 우리 사회는 입양에 상대적으로 부정적이라는 인식이 반영된 것으로 보인다.

그렇다면 해외로 입양을 가는 편이 아이에게 더 좋을까? '그렇지 않다'는 인식이 53%로 과반을 넘는다(그렇다 36%). 입양자녀에 대한 사회적 편견이 있지만 해외입양을 보내는 것에는 부정적이다. 이는 매우 상충적이다. 해외로 입양을 가게 되면 향후 친생부모를 찾거나 새로운 환경에 적응하는 데 어려움이 있을 것으로 예상해 해외입양에 호의적이지 않은 것으로 보인다.

출처: 한국리서치 여론 속의 여론(2023. 8. 23.).

2) 입양가족의 발달과업

입양은 가족을 이루는 다양한 방법의 하나로 일상적 가족의 한 형태다. 그러므로 입양가족은 모든 가족이 갖는 보편적인 욕구를 갖고 있을 뿐 아니라 입양에 의한 가족형성이라는 특수성으로 인해 나타나는 특수한 욕구들이 존재한다. 입양부모만의 특성으로는 부모 자격을 검정받음, 부모기에 늦게 진입함, 부모의 입양동기가 사회적 편견과 맞물림, 소수집단에 속함, 덧붙여진 부모과업 있음(입양사실 알려 주기, 편견 대처하기 등)을 들 수 있다(김외선, 2016).

이러한 입양부모의 특성은 이들 가족에게는 달성해야 할 발달과업의 독특성이 있음을 의미한다. 입양이라는 가족형성의 독특성은 아동의 관점에서 접근되어야 하기도 하지만 가족의 관점에서도 접근되어야 할 필요가 있다. 브로진스키와 그의 동료들(Brodzinsky, Smith, & Brodzinsky, 1998)은 입양가족의 발달과업을 부모와 자녀의 차원에서 각각 설명하였으며, 이는 비입양가족의 발달과업과는 다르다고 언급하였다

표 6-4 생애주기에 따른 입양가족의 발달과업 비교

기간	입양가정의 발달과업	
	입양부모	입양아동
입양전	–불임의 문제에 대처 –입양에 대해 결정 –결연과정과 관련된 걱정과 불확실성에 대처 –입양과 관련된 사회적 낙인에 대처 –입양결정을 위해 가족과 사회적 지지 개발	
유아기	–입양부모로서의 인식에 착수 –입양에 관한 적절한 역할모델과 현실적인 기대 찾기 –아동과 적응하고 애착 형성 –아동의 친가족에 대한 감정과 생각 시작	–자신의 입양이야기 알기
학령전	–입양에 대해서 말하는 과정 시작 –입양에 대해서 말하는 것에 대한 걱정과 불확실성에 대해 대처 –개방적 의사소통을 위한 가족분위기 만들기	–자신의 입양이야기 알기 –입양에 대해 부모에게 묻기
아동중기	–아동이 입양의 의미를 알게 도움 –아동이 상실에 대처하도록 도움 –아동의 두 부모에 대한 합법성 설명 –아동의 친가족에 대한 긍정적 사고 키움 –입양에 대해 개방적 의사소통 유지	–입양의미 알기 –상실에 대처 –친생부모와 친권포기에 대한 감정과 생각 탐색 –입양과 관련된 낙인 다룸 –입양에 대해 부모와 개방적 의사소통 유지 –자신의 두 부모의 관계에 대한 이해
청소년기	–계속되는 상실의 문제에 대처하도록 도움 –친가족에 대한 긍정적 관점 키움 –10대의 관심과 계획을 지지 –부모 찾기에 대한 현실적인 기대를 개발하도록 도움 –입양에 대해 개방적 의사소통을 유지	–입양에 대한 안정적 정체성 조정 –입양의 상실 대처 –친생부모에 대한 감정과 생각을 다룸 –부모찾기의 과정에 대해 탐색 –부모와 입양에 대해 개방적 의사소통 유지

출처: Brodzinsky 등(1998)에서 재구성.

(〈표 6-4〉 참조).

대표적으로 비입양가족에게 존재하지 않는 발달과업 중 하나는 '입양에 대해 말하기'이다. 입양부모는 공개입양이라 할지라도 입양에 대해 적절한 상황에서, 입양아동이 이해할 수 있는 수준으로 이야기해야 한다. 입양아동이 가정에 잘 적응하고 한 가족원이 되도록 하기 위해서는 부모의 역할이 중요할 수 있기 때문에 아동복지와 가족복지 차원의 접근이 병행되어야 할 것이다.

3) 입양가족의 가족건강성

입양가족은 입양에 의해 법적·사회적 관계에 의해 부모-자녀 관계를 맺은 가족의 형태로, 아동의 복리적 차원에서는 대안적 가정에서 안전하게 양육될 수 있다는 점에서 큰 장점이 있다. 다시 말해, 아동은 가정을 통해 안전하게 보호받을 수 있으며, 가족이라는 울타리 안에 소속감과 가족관계를 통한 정서적 안정감을 느낄 수 있다는 점에서 입양가족은 중요한 의미를 갖는다.

현재 개정된 「입양특례법」하에서는 출생 이후 입양까지 상당시간이 소요되어 친부모와 입양부모 사이의 애착문제 해결의 과제를 안고 있다. 또한 동법상 입양 전 예비교육은 규정되어 있으나 입양 후 사후 서비스 의무기간이 짧아 이 기간이 지났을 때 이들을 도울 공식 채널이 매우 적다. 입양 이후 서비스는 지역별, 입양기관별로 편차가 존재하며, 제공하는 입양부모교육이나 입양가족 캠프 등은 제공되는 횟수나 기간이 짧아 아쉬워하는 가족이 많으므로 이를 추가로 제공할 필요가 있다(권지성 외, 2016). 또한 입양가족들은 자조모임의 도움을 많이 받는 편으로, 비슷한 경험을 하는 가족들이 생각과 경험, 정보를 나눌 수 있는 기회를 많이 갖는 것이 필요하다(이선형·임춘희·배지연, 2021). 이러한 점에서 가족센터는 입양가족 교육이나 자조모임, 심리·정서지원 등이 일반 가정에게 제공되고 있는 프로그램을 보다 적극적으로 제공할 필요가 있다.

입양가족의 건강성 증진을 위한 노력은 사회적 차원에서도 접근되어야 한다. 입양부모의 경험을 담은 책 『그렇게 가족이 된다』에서는 '버려진'이라는 단어보다 '지켜진'

아동으로 사용하기를 제안하였는데(정은주, 2021), 입양부모가 아이를 키우면서 맞닥트리는 사회적 편견이 오히려 양육에 걸림돌이 되고 있으므로 일반인들의 입양가족에 대한 이해교육이 보다 확산될 필요가 있다.

참고 6-10 동화책 〈우리는 가족〉

가족은 사회를 구성하는 기본 단위로, 초등 1학년에서부터 4학년까지 교과목에서 꾸준히 다뤄진다. 다양한 가족 형태를 이해하는 것은 어린이들이 건강한 자아상을 형성하게 하고, 나와 다른 사람을 편견 없이 바라볼 수 있게 해 주며, 교과목 학습에도 도움이 된다.

이 책은 흔히 생각하는 가족의 개념에 매이지 않고, 다양한 형태의 가족이 있음을 보여 준다. 구성원의 수로 가족의 특징을 살펴보는 것을 시작으로, 반려동물과 함께 사는 가족, 한부모 가족, 기러기 가족, 입양 가족, 이혼 가족, 재혼 가족 등이 저마다의 특징을 가지고 있음을 보여 준다. 나아가 취향의 가족, 지구의 가족 등의 개념을 통해 가족이란 혈연 여부와 관계없이 "안아 주고, 지지하고, 함께하는 사람들"임을 알게 한다.

출처: 키다리 출판사 홈페이지.

6. 재혼가족의 가족건강성

1) 재혼가족의 특징과 현황

재혼가족은 이혼이나 사별 후 새로운 배우자를 만나 이룬 가족으로, 전혼자녀의 유무와 재혼 후 출산 자녀의 유무 등으로 그 구조와 유형에서 매우 복잡하고 다양한 형태를 갖는다. 오늘날 이혼의 증가로 인해 재혼 또한 증가하고 있으며, 대부분의 재혼가족은 이혼 후 형성된 가족이다. 재혼은 최근에 새혼이라고도 불린다. 재혼가족은 전혼자녀를 포함하는 경우가 대부분으로, 그 경우 계부모가족(새부모가족)이 된

표 6-5 혼인종류별 구성비

		혼인종류별 구성비(%)
초혼	남성(초혼) + 여성(초혼)	77.4
재혼	남성(재혼) + 여성(초혼)	3.9
	남성(초혼) + 여성(재혼)	5.9
	남성(재혼) + 여성(재혼)	12.3

출처: 통계청(2023).

다. 2022년 기준(통계청, 2023) 남녀 모두 초혼인 부부는 전체 혼인의 77.4%이며, 나머지 22.6%가 재혼이고, 그 가운데 남녀 모두 재혼인 경우가 12.3%로 가장 많아서 한 해 결혼하는 부부 다섯 쌍 중의 한 쌍은 재혼 커플이라고 할 수 있다. 재혼 평균의 연령은 남자 51.0세, 여자 46.8세로 평균적으로 재혼가정은 중년기에 해당하여 부부 중 적어도 한쪽은 전혼에서의 자녀가 있는 계부모가족을 형성할 가능성이 크다.

결혼을 법률혼과 실제혼(동거)으로 구분할 때 초혼에 비해 재혼은 동거하는 실제혼이 현실적으로 더 많을 수 있다. 그것은 이혼한 경우 선불리 법적인 결혼으로 진행하는 것을 원치 않으며 재이혼의 위험을 방지하기 위한 예방적 수단으로 동거가 더 나은 선택이기 때문이다.

전혼자녀가 있는 재혼가족은 다음과 같은 점에서 초혼가족과 다른 특징이 있다. 재혼가족이 된 부모와 자녀는 재혼 전 이미 많은 상실과 변화를 겪었다. 그리고 재혼가족은 때로 '급조된 가족(instant family)'이라고도 불리는데 새로운 가족원이 갑자기 충원되어 계부모 자녀 간의 애정이나 친밀감 형성이 어렵다. 또한 초혼가족과 달리 재혼가족은 가족원들이 서로의 역할에 대한 기대를 알기 어렵다는 점에서 역할혼란이 있다. 친부모자녀관계와 달리 계부모자녀관계는 노력과 수행에 따라 애정과 충성심이 획득되고 유대가 강화되는 성취적인 역할이다. 계부모자녀관계는 재혼가족의 안정에 매우 중요한데, 재혼가족에서의 의붓관계들은 적절한 호칭의 문제가 있으며 법적인 권리와 책임이 불분명하고 모호하다(참고로 현재 한국의 현행 「민법」상 계모자관계, 계부자관계는 혈족관계가 아닌 인척관계에 불과하고, 당사자가 법적인 부모자녀관계를 원한다면 입양신고를 함으로써 친생자관계와 똑같은 법적 효력을 갖는다).

재혼가족의 성원들은 각자가 정의하는 가족원에 대해 충성심의 갈등을 겪으며 재혼가족의 자녀들은 종종 따로 사는 친부모가족과 재혼가족의 두 가구(binuclear household, 이중핵가족 가구)의 성원으로 자녀가 따로 사는 친부모와 재혼가족의 두 집을 오가는 경우 가족경계의 혼란이 있을 수 있다. 그리고 재혼가족에서는 친부모와 자녀 간의 유대가 부부간의 유대보다 더 오래되었으며 개인 · 부부 · 가족의 생활주기가 일치하지 않는다. 초혼가족과는 다른 이러한 특징 외에 무엇보다 재혼가족은 사회적 지지가 크게 부족하다는 점을 들 수 있다.

재혼가족이 초혼가족과는 기본적으로 구조적 · 관계적인 차이가 있다는 점을 고려한다면 초혼가족과 재혼가족을 비교하여 재혼가족의 문제점을 부각시키는 시각은 지양해야 한다. 그런데 재혼은 초혼에 비해 결혼의 불안정성이 높으며 재혼의 이혼율은 초혼에 비해 더 높은 것으로 알려졌는데, 그것은 재혼가족관계가 갖는 기본적인 복잡성과 다양한 상황에서 해결해야 할 문제들이 더 많기 때문일 것이다.

재혼자들은 초혼의 경험을 통해 재혼에 대해 신중하면서도 재혼해서 얻는 이익과 보상 그리고 혹시 잃을지 모를 손실에 대해 실리적으로 생각하는 경향이 많다. 그런 점에서 재혼은 초혼에 비해 결혼의 조건을 따지는 계산적이고 교환론적 성격을 띠기 쉬우며, 그러므로 초혼에 비해 재혼의 재이혼율이 높을 수 있다. 그러나 다른 한편으로 초혼에서의 이별이나 사별의 경험을 통해 보다 성숙하고 순수한 사랑의 동기로 재혼하여 많은 어려움을 극복하고 노력하여 성공적이고 행복한 재혼가족으로 생활하는 경우 또한 적지 않다.

재혼가족은 초혼가족과 다른 발달단계를 거치는데 재혼가족에 대한 환상과 비현실적 기대를 갖는 환상의 단계로 시작해서, 환상이 현실적인 인식으로 바뀌고 갈등과 스트레스를 거치면서 새롭고 안정된 가족관계로 발전하여 가족원 간에 친밀성이 생기면서, 가족 고유의 규범이 수립되고 가족의 역사가 만들어지면서 가족원 각자가 자신의 역할에 대해 인식하기 시작하는 융화의 단계로 나아가게 된다(Papernow, 1993).

과거에 비해 오늘날 재혼이 증가하고 재혼에 대한 인식이 많이 개방적이고 수용적이 되었다고 해도 재혼가족에 대한 문제지향적이고 부정적인 인식과 사회적 편견은

참고 6-11 재혼가정 부모상담 전문가들의 생각하는 재혼가정

재혼가정의 생활적응과정의 어려움	–자녀문제 –재혼 준비 부족 –가족관계 갈등 –주변의 인식 –가족으로의 인정
초혼가정 부모와의 역할 차이	–계자녀에 대한 수용 –새로운 가정 형성에 대한 이해 –서로 이해받고자 하는 입장 –새로운 가정 형성에 대한 지나친 기대 –계자녀의 성장 발달 단계에 대한 이해와 수용 –원가족과의 관계에 대한 이해와수용 –계부모로서 느껴지는 양육 부담감

출처: 최은영 외(2019).

아직도 강하다고 할 수 있다. 특히 재혼가족 중에서도 계부가족보다 계모가족, 특히 계모에 대한 부정적인 사회문화적 고정관념과 편견은 거의 범문화적이라고 할 수 있다. 같은 계부모라 해도 성별에 따른 이중기준이 작용한다고 할 수 있다.

재혼가족의 성공요인에 대한 연구들은 성공적인 재혼가족의 요인으로 가족역할에서의 융통성과 가족원 서로에 대한 존중과 한 가족으로서 정체감을 갖기까지 인내하기, 가족원 간의 분명한 의사소통, 그리고 만사를 너무 심각하게 받아들이지 않기 위한 유머감각(Kelly, 1995)을 제시하였다. 또 다른 연구(Michaels, 2006)에서 재혼생활이 행복하다고 한 재혼자들은 결혼과 가족에 대한 헌신을 인생의 중요한 목표로 두었으며, 재혼에 대해 현실적인 기대를 하고 노력하며 전혼가족 간의 규칙을 조정하고 자녀들이 친부모와 계부모 사이에서 붙들리지 않도록 노력하였으며, 재혼 부부만의 시간 못지않게 가족시간을 갖는 것을 중요하게 생각하는 것으로 나타났다. 같은 연구에서 재혼가족으로서의 정체성 형성에는 새로운 가족원에 대한 자녀들의 인정과 수용이 필수적이었으며, 재혼한 부부들도 부모로서 각자의 자녀를 구분하기보다 우리들의 자녀로 수용하는 것이 중요한 것으로 나타났다.

참고 6-12 재혼가정에서 성장한 대통령 그리고 재혼가정을 위한 조언

미국의 44대 대통령인 버락 오바마는 케냐 아버지와 미국 어머니 사이에서 태어났으나 두 살 때 부모가 이혼하고 이후에 어머니가 인도네시아 남성과 재혼하여 새아버지가 있는 재혼가정에서 생활하였으며 나중에 미국의 외조부모와 함께 지냈다.

■ 재혼에 대한 잘못된 생각 바로잡기(자료: 육아정책연구소)

–사랑이 발달하는 데는 가족원 나름대로의 속도가 있다.

–새로운 관계와 환경에 적응하는데는 많은 시간과 노력이 필요하다.

–새부모가 반드시 더 나은 삶을 보장해 주지는 않는다.

–재혼가족의 복잡성과 차별성을 인정해야 한다.

–생물학적 관계를 떠나 자녀를 사랑하는 부모라면 누구든 좋은 부모가 될 수 있다.

출처: 아시아경제(2018. 4. 23.), 사진 출처: 육아정책연구소(2020. 3. 23.) 영상 중 갈무리.

최근 한국의 재혼부부의 결혼생활적응과 관련하여 재혼부부들은 '재혼에 대한 편견 속에서도 가정을 지키려고 노력'하는 것으로 나타났으며, 재혼부부의 결혼생활 적응에 영향을 끼친 요인으로는 '이혼 · 재혼에 관한 사회적 편견 요인' ' 재혼부부의 부부관계' '재혼부부의 부모자녀관계' '재혼부부의 부모역할'과 관련된 요인들로 나타났다(남동우, 2021). 재혼가족에서 계모의 적응에 도움이 된 요인으로는 결혼에 대한 긍정적인 의미부여, 적극적인 신앙생활, 가계권의 전담, 가족관계에서의 융통성, 자기 소유의 재산과 같은 개인적 요인과 지지적인 남편, 친자녀의 존재, 전처자녀로부터의 긍정적 피드백, 전배우자와의 관계단절, 그리고 친족이나 친구, 이웃 등 사회적 관계에서의 지지(임춘희, 1996)로 나타났다.

참고 6-13 영화 〈스텝맘(Stepmom, 1998)〉

영화 〈스텝맘〉은 1998년에 개봉한 미국의 가족영화로, 한 가정의 이혼한 전 부인(수잔 서랜든)과 결혼을 앞 둔 새 부인(줄리아 로버츠) 사이에 벌어지는 갈등과 화해 그리고 사랑을 다루며, 어느 문화에서나 새엄마가 있는 재혼가정에서 일어날 수 있는 상황들을 잘 묘사하고 있다. 재혼가정에서, 특히 새아빠보다도 새엄마에 대한 선입견, 편견은 거의 범문화적인 고정관념이다. 여성이 자녀양육을 담당하는 성별 분업화된 대부분의 사회에서, 특히 새엄마가 되는 여성에 대한 부정적인 시선은 재혼과 여성에 대한 부정적인 편견이 이중으로 중첩된 결과라고 할 수 있다.

2) 재혼가족의 가족건강성

건강한 재혼가족이란 어떤 가족인가? 재혼가족의 건강성에 대한 이러한 질문에 명확한 답을 하기는 어렵다. 그것은 재혼가족이 갖는 다양성과 복잡성에 더하여 재혼부부의 생애주기에 따라 건강성의 요소가 다르기 때문이다. 가령, 어린 자녀나 학동기 자녀가 있는 재혼가족의 건강성 요소와, 재혼한 노년기 가족의 건강성 요소는 다르기 때문이다. 특히 미성년의 자녀가 있는 재혼가족의 경우 자녀의 연령, 계부모자녀관계, 계부모의 성별, 양육권 상황 등이 중요한 요소일 수 있는 반면, 노년기의 경우 부양, 상속 등 성인자녀와의 세대 간의 문제가 중요할 수 있기 때문이다.

전혼자녀가 있는 재혼가족에서 계부모자녀관계는 재혼가정의 안정과 만족에 중요한 요인이다. 그러나 재혼에서도 중요한 것은 부부관계로(Ganong, Jensen, Sanner, Russell, & Coleman, 2019), 긍정적이고 친밀한 부부관계가 계부모자녀관계보다 재혼가족의 기능과 더 강하게 연관되는 것으로 나타났다. 특히 재혼가족에서 부부간의 의사소통은 초혼가족에서와 마찬가지로 중요하지만 계자녀의 양육을 비롯하여 더 많은 대화가 필요하다. 재혼자들을 대상으로 한 최근 연구(박경례, 박재연, 2021)에서 재혼자들은 새로운 가족에 적응하기 위한 노력으로 '새 배우자와의 협력, 상처받은 친자녀 돌봄, 계자녀와의 친밀감 형성 노력, 신앙, 새 친척들과의 긍정적 관계 모색' 등이 있었다. 재혼해서 좋은 점으로는 안정감을 갖게 된 것을 꼽았는데 '내 편이 있다는 든든함, 전 배우자와는 다른 배려심으로 편안함, 경제적 여유, 친자녀의 이해, 계자녀와의 편안함, 친척과 주변의 지지, 주변에 재혼가족 사실 공개' 등이 그 속에 포함되었다.

노년기 재혼에서는 전혼배우자 가족의 지지와 부부의 의사소통, 부부 각각의 경제력과 동등한 의사결정, 법률혼의 형식이 재혼생활을 지속하는 요인으로 나타났다(하수정, 2017). 지난 십여 년간 재혼 관련 연구를 고찰한 바(이은영, 김수진, 2021)에 의하면, 재혼생활의 적응요인은 한가족이라는 의식, 부부친밀감, 친부모와의 관계 경험, 새 부모의 정서적 지지, 친구 및 학교 지지 등이며, 재혼생활의 부적응 요인으로는 부부간의 갈등, 자녀 양육갈등, 역기능적 의사소통, 가족경계의 혼란, 친부모와의 관계 단절 등으로 나타났다

재혼가족의 건강성은 가족의 발달단계에 따라 다르고 재혼의 유형마다 다르므로 구체적인 요인을 제시하기는 어렵다. 다만 가족체계적 관점과 사회교환론적 관점을 적용할 때 무엇보다 부부간의 원활한 의사소통과 보다 평등한 의사결정을 포함한 친밀하고 강한 부부관계 체계의 형성이 중요하며, 재혼가족생활에 우선순위를 두고 책임감과 헌신하려는 노력, 전배우자와의 경계 설정 정리, 계부모자녀 관계의 갈등관리 및 친밀감 유지 노력과 친부모자녀 간의 긴밀한 유대, 가족자원의 할당과 분배에서의 공평성, 그리고 사실혼보다는 법률혼으로서의 결혼의 형식이 중요하다고 할 수 있다.

생각해 볼 문제

1. 자신의 주변에서 1인가구, 한부모가족, 다문화가족, 맞벌이가족, 입양가족, 재혼가족을 찾아서 그 가족이 잘 지내는 이유를 분석해 봅시다.
2. 평소 자신이 가장 관심을 두지 않았던 가족형태를 택하여 뉴스나 방송에 나오는 그러한 가족이 성공적으로 잘 지내는 기사의 내용으로 현재 이야기를 나눠 봅시다.

참고문헌

「건강가정기본법」 제 3조 1항, 2항의 2.

「한부모가족지원법」.

곽미정(2016). 다문화여성의 문화적응스트레스와 가족건강성이 사회적응력에 미치는 영향-임파워먼트를 매개로-. **한국자치행정학보**, 30(3), 355-375.

교육부(2024. 8. 29.). 2024년 교육기본통계(보도자료).

권지성, 변미희, 안재진, 최운선(2016). 국내 입양부모의 입양 후, 적응을 위한 사후서비스 이용경험에 관한 연구. **한국가족복지학**, 21(2), 345-366.

김외선(2016). 국내입양부모교육에 관한 방안 고찰. **부모교육연구**, 13(1), 109-127.

김유선(2016). 비정규직 규모와 실태. **한국노동사회연구소 이슈페이퍼**, 9, 1-35.

김유순, 오영숙, 안현화(2012). 국제결혼 한국남성의 결혼생활 어려움과 적응전략. **정신건강과 사회복지**, 40(4), 319-378.

김지혜, 김희주(2018). 여성한부모의 자립 경험과 강점자원에 대한 연구: 사별, 이혼, 미혼모 가족 비교를 중심으로. **사회복지연구**, 49(4), 159-193.

남동우(2021). 재혼부부의 결혼생활 적응과정: 전혼자녀가 있는 부부를 중심으로. 숭실대학교 박사학위논문.

마리아나 페레스 두아르테(2021). **우리는 가족: 누가 나의 가족일까?**. 경기: 키다리출판사.

박경례, 박재연(2021). 재혼가족의 가족해체와 재구성 경험에 관한 질적 연구. **한국심리학회지: 상담 및 심리치료**, 33(3), 1375-1400.

박이분, 계봉오(2018). 결혼이주여성의 적응과 부적응: 배우자와의 관계만족과 경제활동을 중심으로. **통계연구**, 23(4), 38-67.

설진배, 김소희, 송은희(2013). 결혼이주여성의 사회적 연결망과 초국가적 정체성: 한국생활 적응과정을 중심으로. **아태연구**, 20(3), 229-260.

송혜림, 고선강, 강은주(2022). 한부모가족건강성 지표개발연구. **가족자원경영과 정책**, 26(2), 53-70.

송혜림, 윤소영, 고선강, 강은주(2019). 건강가정지원센터의 1인가구 대상 프로그램 모형 개발. **한국가족자원경영학회지**, 23(2), 1-15.

여성가족부(2022. 5. 23.). 2021년 한부모가족 실태조사 주요결과(보도자료).

여성가족부(2022). 2021년 전국다문화가족실태조사.

여성가족부(2023). 가족실태조사.

여성가족부(2024). 2024년 한부모가족 복지서비스 통합안내서.

여성가족부(2025. 3. 30.). 한부모가족실태조사(보도자료).

오성은, 김한성(2020). 사회적 배제가 한부모가족 가구수의 우울에 미치는 영향. **사회과학연구**, 31(1), 207-226.

육아정책연구소(2020. 3. 23.). 다양한 가족을 위한 부모교육(11권) 소개 영상.

이만수, 박정윤(2022). 부자가족 아버지의 자녀양육 자원에 대한 사례연구–이혼한 남성을 중심으로. **가족자원경영과 정책**, 26(4), 1-13.

이선형, 임춘희, 배지연(2021). 공개입양가족의 입양 적응과 입양관련 프로그램 참여경험 연구: 초등학생 자녀를 둔 입양모를 중심으로. **가족자원경영과 정책**, 25(3), 47-68.

이은영, 김수진(2021). 국내 재혼관련 연구 동향분석: 2008~2019년 발간된 학술지를 중심으로. **한국가족관계학회지**, 26(1), 99-121.

이재화, 이재모(2020). 다문화가족 여성의 가족건강성에 관한 연구–가족생활 특성과 사회적 지지 요인을 중심으로–. **일본문화연구**, 74, 205-225.

임춘희(1996). 재혼가족 내 계모의 스트레스와 적응에 관한 질적 연구. 고려대학교 박사학위 논문.

임춘희(2014). 다문화가족 재혼남성의 결혼생활 적응에 대한 경험적 연구: 대처행동을 중심으로. **한국가족복지학**, 19(1), 27-54.

임춘희, 고현(2021). 한부모가족 청소년의 가족생활 경험에 대한 질적 연구. **한국가족복지학**, 26(3), 483-517.

임춘희, 송말희, 박경은, 김명희, 김신희(2013). 혼자서도 행복하게 자녀키우기 -건강한 한부모가족을 위한 자녀양육 가이드북-. 한국건강가정진흥원.

정은주(2021). 그렇게 가족이 된다. 서울: 민들레.

최은영, 이윤진, 김보미, 장은미(2019). 영유아부모교육 사각지대 해소를 위한 시범사업(II): 한부모 및 재혼가정을 중심으로. 육아정책연구소.

통계청(2019). 2019년 생활시간조사 결과.

통계청(2022). e나라지표 국내입양아수 및 입양비율. http: //www.index.go.kr.

통계청(2022. 7. 28.). 2021년 인구주택총조사 결과 〈등록센서스 방식〉 (보도자료).

통계청(2024. 11. 7.). 2023년 다문화 인구동태 통계.

통계청(2023). 2022년 혼인 이혼통계.

통계청(2023). 2023년 생활시간조사 결과.

통계청(2024). 2023년 인구주택총조사결과.

하수정(2017). 재혼의 지속성에 영향을 미치는 요인에 관한 연구-황혼재혼을 중심으로. 고려대학교 박사학위논문.

한국가정법률사무소(2024). 2023년 다문화가정 상담 통계.

행정안전부(2023). 1인가구의 비중. e통계 행정안전 통계연보.

KB경영연구소(2019). 2019 한국 1인가구 보고서.

Brodzinsky, D. M., Smith, W. D., & Brodzinsky, B. A. (1998). *Children's Adjustment to Adoption: Developmental and Clinical Issues*. SAGE Pub, Inc.

Ganong, L., Jensen, T., Sanner, C., Russell, L., Coleman, M., & Chapman, A. (2019). Linking stepfamily functioning, marital quality, and steprelationship Quality. *Family Relations, 68*(4). 469-483.

Gasse, D. V., & Mortelmans, D. (2020). Reorganizing the single-parent family system: Exploring the process perspective on divorce. *Family Relations, 69*(5), 1100-1112.

Kelly, P. (1995). *Developing healthy stepfamilies: Twenty families tell their stories*. New York: Haworth Press

Michaels, M. L. (2006). Factors that contribute to stepfamily success. *Journal of Divorce & Remarriage*, 44(3), 53-66.

Papernow, P. (1993). *Becoming a stepfamily: Patterns of development in remarried families*. New York: Gardener.

[참고 사이트]
https://www.psychologytoday.com
https://www.youtube.com
지식채널e. 2015. 8. 19. 〈하고 싶은 말〉.

국민일보(2020. 1. 14.). 40~50대 중년남성 1인가구 '고독사' 해법 찾는다.
매일경제(2024. 6. 7.). 한국 남녀 국제결혼 1위 '이 나라' 일본선 '범죄율' 1위인 이유.
세계일보(2024. 10. 8.). 스웨덴, 남성 육아휴직 의무화… 佛은 다양한 가족 형태 포용 [연중기획-소멸위기 대한민국, 미래전략 세우자].
아시아경제(2018. 4. 23.). 아이와 함께하는 재혼, '혈연 없는 가족애' 받아들여라.
연합뉴스a(2020. 4. 9.). 남성 생계부양자 모델 퇴색 …… 75% "남녀 모두 가구소득 기여해야".
연합뉴스b(2020. 4. 9.). [그래픽] 가족 내 성역할에 대한 인식 조사 결과.
연합뉴스(2021. 5. 21.). 청소년 인구 · 다문화 학생 추이.
연합뉴스(2023. 3. 15.). OECD 주요국 연간 실노동 시간.
중부일보(2025. 1. 12.). 소외받는 '싱글대디' …… 한부모시설 조차 싱글맘만 챙긴다.
한국리서치 정기조사 여론속의 여론(2024. 7.). 자녀입양은 축하할 일(85%)이지만, 입양자녀가 우리 사회에서 살기 힘들어(59%).

제 4 부

건강가정 구현을 위한 제도적 기반

제7장

건강가정 관련 법률

건강가정 구현을 위한 제도적 기반이 되는 건강가정 관련 법률은 일반법인 건강가정 지원을 위한 「건강가정기본법」(2004) 제정을 시작으로, 「다문화가족지원법」(2008), 「아이돌봄지원법」(2012) 등 세부적인 법들이 제정되었다. 이 장에서는 제4차 건강가정기본계획의 틀을 토대로 관련 법들을 구체적으로 살펴보면서 건강가정 정책이 나아가야 할 방향과 향후 법의 방향성을 제시해 보고자 한다.

1. 건강가정 관련 법 개괄

[그림 7-1] 법령의 위계

현재 법령의 위계상 최상위 법인 「헌법」에서는 "혼인과 가족생활은 개인의 존엄과 양성의 평등을 기초로 성립되고 유지되어야 하며, 국가는 이를 보장한다."(제36조 제1항)라고 하고 있어, 국가가 혼인과 가족생활에 대한 지원에 의무가 있음을 명시하고 있다.

이를 근거로 명시적인 가족정책인 건강가정기본계획이 2005년에 수립되고 내용상 일반법적인 성격이 강한 「건강가정기본법」이 제정되면서 가족 관련법이 점차 체계화되고 있다. 또한 기존의 「호적법」이 가부장적인 가족관계를 유지하게 하는 데 근거가 되어 사회 변화를 반영하지 못하고 있다는 지적에 따라 호주제가 폐지되고 대체법으로 「가족관계의 등록 등에 관한 법률」이 2008년부터 시행되었다. 그 이후 특별법적 성격을 띠는 「가족친화 사회환경의 조성 촉진에 관한 법률」(2008), 「아이돌봄지원법」(2012), 「양육비 확보 및 지원에 관한 법률」(2014) 등이 제정되었으며, 서비스 대상별로 「한부모가족지원법」(1989), 「다문화가족지원법」(2008), 「입양특례법」(2011)이 제정 혹은 개정되었다. 또한 1인가구 증가에 따른 사회변화를 반영하기 위한 지자체의 조례들이 만들어지고 있다. 이를 제4차 건강가정기본계획의 영역에 따라 관련 법을 정리하면 〈표 7-1〉과 같다.

표 7-1 한국의 명시적 가족관련 법률

지원 영역	관련 법률	제정 연도(년)	담당부처
1. 전체	「건강가정기본법」	2004	여성가족부
	「저출산 · 고령사회 기본법」	2005	보건복지부
2. 일 · 가정 양립	「남녀고용평등과 일 · 가정 양립 지원에 관한 법률」	2007	고용노동부
	「가족친화 사회환경의 조성 촉진에 관한 법률」	2008	여성가족부
3. 사회적 돌봄체계	「영유아보육법」	1991	보건복지부
	「노인장기요양보험법」	2007	보건복지부
	「장애인활동지원에 관한 법률」	2011	보건복지부
	「아이돌봄지원법」	2012	여성가족부
4. 안정적 생활여건 보장 (경제적 측면)	「국민기초생활보장법」	1999	보건복지부
	「국민연금법」	1986	보건복지부
	「장애인연금법」	2010	보건복지부
	「기초연금법」, 「아동수당법」	2014/2018	보건복지부
	「양육비 확보 및 지원에 관한 법률」	2014	여성가족부
5. 다양한 가족 지원 (특수 욕구)	「한부모가족지원법」	1989*	여성가족부
	「다문화가족지원법」	2008	여성가족부
	「입양특례법」	2011	보건복지부

* 「모자복지법」이 제정된 연도로, 2008년 「한부모가족지원법」으로 명칭 변경.

2. 건강가정기본법

1) 법 제정의 배경

「건강가정기본법」은 2004년 2월 9일에 제정되어 2005년 1월 1일부로 시행되었다. 이 법의 제정은 당시 우리 사회에서 가족의 다양한 욕구가 증가하고 있음에도 정부가 효과적으로 대응하지 못하고 있다는 한계와 전문가들의 문제 제기에 따라 가족을 지원하는 독자적 입법을 요구하면서 이루어지게 되었다.[1] 「건강가정기본법」의 제정을 통해 가족과 가정생활에 대한 인식의 새로운 전환과 함께 통합적 건강가정정책의 계기를 마련하게 되었다. 법 제정 이전에는 가족을 대상으로 한 정책이 주로 문제 발생 이후의 사후적 접근이었다면 법 제정 이후의 건강가정정책은 예방적이고 보편적인 대상의 가족을 정책의 대상으로 표방하면서 명시적인 가족정책이 시작되었다는 데에 의의가 있다. 이를 통해 정부 부처의 전담부서가 설치되었고 전달체계가 갖추어지면서 건강가정정책이 정착되는 계기가 되었다. 특히 「건강가정기본법」의 경우 건강가정정책을 포괄하는 기본법으로 앞으로 제정되는 법들의 근거가 되는 역할을 하고 있다.

2) 건강가정기본법의 내용

「건강가정기본법」은 제1장 총칙을 시작으로 하여 제2장 건강가정정책, 제3장 건강가정사업, 제4장 건강가정 전담조직의 내용을 담고 있다.

(1) 총칙(제1장)

- 제1조 (목적)
- 제2조 (기본이념)
- 제3조 (정의)
- 제4조 (국민의 권리와 의무)
- 제5조 (국가 및 지방자치단체의 책임)
- 제6조 (다른 법률과의 관계)
- 제7조 (가족가치)
- 제8조 (혼인과 출산)
- 제9조 (가족해체 예방)
- 제10조 (지역사회자원의 개발 · 활용)
- 제11조 (정보 제공)
- 제12조 (가정의 날)

「건강가정기본법」 제1조에서는 입법 목적을 밝히고 있는데, 즉 건강한 가정생활의 영위와 가족의 유지 및 발전을 위한 국민의 권리 및 의무와 국가의 책임을 명시하

1) 초창기 '건강가정육성기본법안'과 '가족지원기본법안'이 함께 발의되어 논의 과정을 겪었으나 최종적으로 '건강가정육성기본법안'이 채택되었고, 육성이라는 용어의 전근대성으로 「건강가정기본법」이 최종 채택되었다.

고 있다. 가정은 개인의 기본적인 욕구를 충족시키고, 사회통합을 위하여 기능할 수 있도록 유지 · 발전되어야 한다는 것이다(제2조). 국가와 지방자치단체가 건강가정에 대한 책임이 있음을 밝히고 있으나(제5조) 국민 또한 이에 대한 노력의 책임이 있음을 밝히고 있다(제4조). 이 법에 명시된 '건강가정'은 '가족구성원의 욕구가 충족되고 인간다운 삶이 보장되는 가정'을 말한다(제3조의 3). 그 밖에도 가족가치(제7조), 혼인과 출산(제8조), 가족해체 예방(제9조), 가정의 날(제12조)[2] 등의 내용이 총칙에 담겨 있다. 이처럼 「건강가정기본법」은 궁극적으로 가정문제의 적절한 해결방안을 강구하며 가족구성원의 복지증진에 이바지할 수 있는 지원정책을 강화함으로써 건강가정 구현에 기여하는 것을 목적으로 한다.

(2) 건강가정정책(제2장)

- 제15조 (건강가정기본계획의 수립)
- 제16조 (연도별 시행계획의 수립 · 시행)
- 제17조 (시도별 시행계획의 조정 등)
- 제18조 (계획수립의 협조)
- 제19조 (교육연구의 진흥)
- 제20조 (가족실태조사)

건강가정기본계획은 2005년을 시작으로 총 4차의 계획이 수립되었는데, 제15조는 이에 대한 근거가 되는 조항으로 연도별 시행계획과(제16조), 시도별로 조정될 수 있음(제17조)을 주요 내용으로 한다. 국가는 개인과 가족의 생활 실태를 파악하고, 건강가정 구현 및 가정문제 예방 등을 위한 서비스 욕구와 수요를 파악하기 위해 3년마다 가족실태 조사를 실시하고 그 결과를 발표하여(제20조) 건강가정정책 수립의 근거를 제공하고 있다.

2) 법 제12조에는 매년 5월을 가정의 달로, 5월 15일을 가정의 날로 규정하고 있다.

(3) 건강가정사업(제3장)

건강가정사업과 관련하여 국가(및 지방자치단체)가 해야 할 역할에 대해 다음과 같이 규정하고 있다. 이와 관련한 보다 자세한 내용은 제9장 건강가정사업 전달체계에서 구체적으로 다루고자 한다.

- 제21조 (가정에 대한 지원)
  - [제21조의2] 위기가족의 지원
- 제22조 (자녀양육 지원 강화)
- 제23조 (가족 단위 복지 증진)
- 제24조 (가족의 건강 증진)
- 제25조 (가족부양의 지원)
- 제26조 (민주적이고 양성평등한 가족관계 증진)
- 제27조 (가족단위의 시민적 역할 증진)
- 제28조 (가족생활문화의 발전)
- 제29조 (가정의례)
- 제30조 (가정봉사원)
- 제31조 (이혼 예방 및 이혼가정 지원)
- 제32조 (건강가정 교육)
- 제33조 (자원봉사활동의 지원)

참고 7-1 경기도, 세월호 희생자 가족에 일대일 돌봄서비스 지원

경기도 합동대책본부가 세월호 침몰사고로 어려움을 겪고 있는 희생자 가족을 위해 경기도 가족돌봄지원센터를 운영하며 1:1 돌봄서비스를 지원하고 있다.

8일 대책본부에 따르면, 가족돌봄서비스는 세월호 사고로 인해 갑자기 보호자의 공백이 발생한 희생자 가족의 가정에 돌보미를 파견 양육돌봄·노인돌봄·가사돌봄·동행서비스·병원돌봄 등을 지원하는 사업으로 여성가족부가 국비를 지원하고 경기도가 운영한다.

지원대상은 안산지역 328가구 330명, 안산 외 지역 28가구 33명 등 총 356가구 363명으로, 안산시에 거주하는 희생자 가족은 안산건강가정지원센터를 중심으로 안산 외 지역은 31개 시·군 건강가정지원센터에서 합동으로 1:1 가족지원전담팀을 지원하고 있다.

학생이 아닌 일반인 희생자의 가족은 해당 시·군 건강가정지원센터에서 서비스를 지원하며 1:1 가족돌봄 전담 1개 팀(공무원 2명, 민간 전문기관 1명)은 3명으로 구성된다.

출처: 머니투데이(2014. 5. 8.).

(4) 건강가정 전담조직(제4장)

건강가정사업의 전담조직으로 중앙에는 한국건강가정진흥원(이하 진흥원)이, 시 · 도 및 시 · 군 · 구에는 대표적으로 가족센터, 건강가정지원센터와 다문화가족지원센터가 있다. 진흥원 및 각 센터에서는 센터장(진흥원은 원장)과 건강가정사업의 수행에 필요한 팀을 두고 가족 대상 직 · 간접적 서비스를 제공한다. 해당 법에서는 이러한 서비스를 제공할 주요 인력으로 건강가정사를 둘 것을 규정하고 있다. 건강가정사는 대학 또는 이와 동등 이상의 학교에서 사회복지학, 가정학, 여성학 등 여성가족부령이 정하는 관련 교과목을 이수하고 졸업한 자이어야 한다. 이와 관련해서는 제14장 건강가정현장실습에서 자세하게 다루게 된다.

3. 건강가정 영역별 법률

1) 일-가정 양립 지원: 「가족친화 사회환경의 조성 촉진에 관한 법률」

(1) 법 제정의 배경

일과 가정을 양립하도록 지원하는 법은 대표적으로 「가족친화 사회환경의 조성 촉진에 관한 법률」(약칭 「가족친화법」)과 「남녀고용평등과 일 · 가정 양립 지원에 관한 법률」을 들 수 있다. 대표적으로 「가족친화법」을 중심으로 살펴보면, 이 법은 저출산 · 고령화와 여성의 경제활동 참여 증가 등의 사회환경 변화로 가정생활과 직장생활을 조화롭게 병행할 수 있는 사회적 분위기나 제도적 장치 마련에 대한 필요성이 증대되어, 가족친화적인 사회환경 조성을 촉진하기 위한 종합적이고 체계적인 지원체계를 구축함으로 사회 전반에 가족친화적인 환경이 정착될 수 있도록 하는 데에 그 목적이 있다(국가법령정보센터, 2008).

그럼에도 아직까지 일반인들에게는 **가족친화**(family-friendly)라는 용어가 익숙하지 않은 듯하다. 법 제3조에 따르면 가족친화란 일과 가정생활을 조화롭게 병행할 수 있도록 하는 것으로, 그 밖에도 가족친화 사회환경, 가족친화 직장환경, 가족친화제도, 가족친화 마을환경도 정의되어 있다.

[그림 7-2] 가족친화 인증마크

(2) 가족친화법의 내용

「가족친화법」의 주요 내용으로는 가족친화 사회환경을 조성하는 데에 있어 국가와 사업주의 책임을 명확히 하고(제3, 4조), 5년마다 가족친화 사회환경 조성기본계획 및 시행계획의 수립 · 시행(제5, 6조), 가족친화 사회환경 조성사업으로 가족친화제도에 대한 컨설팅, 직장 내 가족친화 교육 실시 및 강사양성, 가족친화 프로그램 개발 · 보급 지원, 기업 및 공공기관의 가족친화지수를 측정 공표하는 내용을 담고 있다(제9조~제14조). 그리고 가족친화제도를 모범적으로 운영하고 있는 기업 또는 공공기관에 대한 가족친화 기업인증과 인증기관 지정, 가족친화지원센터 지정의 내용을 포함한다.

- 제3조 (국가 등의 책무)
- 제4조 (사업주의 책무)
- 제5조 (가족친화 사회환경 조성 기본계획의 수립)
- 제8조 (실태조사 등)
- 제9조 (가족친화 사회환경 조성사업)
- 제11조 (가족친화 직장환경의 조성 촉진)
- 제12조 (산업단지의 가족친화 직장환경 조성 촉진)
- 제13조 (가족친화 마을환경의 조성 촉진)
- 제14조 (가족친화지수의 개발 및 공표 등)
- 제15조 (가족친화기업 등 인증)
- 제16조 (가족친화 인증기관의 지정 등)
- 제19조 (가족친화지원센터의 지정 등)

주요 용어

☞ **탄력적 근무제도**: 시차출퇴근제, 재택근무제, 시간제 근무 등

☞ **자녀의 출산 · 양육 및 교육 지원 제도**: 배우자 출산휴가제, 육아휴직제, 직장보육 지원, 자녀 교육지원 프로그램 등

☞ **부양가족 지원제도**: 부모 돌봄 서비스, 가족간호휴직제 등

☞ **근로자 지원제도**: 근로자 건강 · 교육 · 상담프로그램 등

☞ "여성가족부령으로 정하는 제도"

1. **가족관계 증진제도**: 자녀 방학 중 휴가제, 근로자가족 초청행사, 정시퇴근제, 육아데이, 가정의 날 등 운영 지원
2. **가족여가문화 촉진제도**: 가족단위 문화체험 지원
3. **가족친화 사회공헌제도**: 한부모가족, 조손가족(祖孫家族), 다문화가족, 독거노인, 장애인가족 등 소외계층 지원제도

출처:「가족친화법」제2조 정의, 법 시행규칙 제2조.

2) 돌봄의 사회화 지원:「아이돌봄지원법」

(1) 법 제정의 배경

최근 우리 사회는 가족원 수의 감소와 맞벌이 증가로 인해 가정 내 돌봄 자원이 감소하고 가족가치관의 변화, 길어진 노년기 등으로 인하여 대표적인 돌봄 대상 인구인 노인과 아동에 대한 돌봄 공백이 사회문제가 되고 있다. 특히 영유아 및 초등학생에 대한 돌봄과 돌봄공백 지원에 대한 요구가 높아짐에 따라 현재 여러 법을 근거로 다양한 주체에서 돌봄서비스가 제공되고 있다. 가장 먼저는 영유아를 대상으로 하는 어린이집과 취약계층 아동을 대상으로 하는 지역아동센터, 그리고 2008년「건강가정기본법」과 2012년「아이돌봄지원법」에 근거한 아이돌봄서비스가 운영되고 있으며, 그 밖에도「아동복지법」에 의한 다함께돌봄사업, 초등돌봄교실 등이 다양한 주체에 의해 운영되고 있다. 아이돌봄서비스의 경우 가족센터나 건강가정지원센터에서 운영하고 있기도 하지만 별도의 기관에서도 운영이 가능하다.

(2) 아이돌봄지원법의 내용

「아이돌봄지원법」은 부모의 다양한 자녀 양육 수요를 충족시킬 수 있는 가정 내 개별 돌봄 서비스를 활성화하기 위하여 일정수준 이상의 돌봄 인력과 서비스 질을 관리하기 위한 법적 체계를 구축함으로써 취업부모의 양육부담 경감 및 개별 양육을 희망하는 수요에 탄력적으로 대응하고, 경력단절 중장년 여성의 고용증진, 취약 계층의 육아 역량 강화 등을 도모하고자 한다(법제처 내용).

구체적으로 법률의 적용범위의 경우 만 12세 이하 아동을 대상으로 하고 있으며, 아동의 주거지 등에서 개별적으로 보호 및 양육 등의 서비스를 제공하는 경우에 적용하도록 하고 있다. 이를 위한 전문인력으로 아이돌보미를 두고 있으며 이들에 대한 직무 및 자격제도(안 제5조부터 제10조까지)가 명시되어 있고, 서비스 제공 및 관리·평가(제11조부터 제18조까지), 양육친화적인 지역사회 조성(안 제19조), 아이돌봄서비스 비용 지원(제20조부터 제27조까지) 등을 포함하고 있다.

제3조 (아이돌봄 지원의 원칙)	제13조 (서비스기관의 임무 등)
제4조 (국가 등의 지원)	제14조 (표준근로계약서 작성)
제4조의2 (기본계획의 수립)	제15조 (보호자의 준수사항)
제5조 (아이돌보미의 직무 및 책무)	제19조 (공동육아나눔터)
제7조 (아이돌보미의 자격)	제20조 (비용의 지원 등)
제10조 (보수교육)	제21조 (아이돌봄서비스 이용권)
제11조 (서비스제공기관 지정 등)	제26조 (비용의 보조)

3) 가족의 안정적 생활 여건 보장: 「양육비 이행확보 및 지원에 관한 법률」

가족이 안정적 생활 여건이 보장되는 것은 가족 형성의 기본적 토대가 되는 부분이므로 가정생활에는 가장 중요한 영역일 수 있다. 그러나 건강가정정책에서 이에 대한 지원은 가장 미흡한 부분이기도 하였다. 최근 아동 관련 수당 등 자녀양육 가족에 대한 지원 확대와 한부모가족의 아동양육비 지원을 위한 체계를 갖추려는 노력이 이루어지고 있으며 여기서는 이혼가족을 위한 지원으로 대표적인 「양육비 이행확보 및 지원에 관한 법률」(약칭 「양육비이행법」)을 살펴보고자 한다.

(1) 법 제정 배경

현재 우리 사회에서 이혼가정이 크게 증가하고 있으며 이혼 가정의 상당수는 미성년 자녀가 있는 상태에서 이혼을 하게 된다. 선진국의 경우 양육권 보장을 위한 양육비 지원 제도가 잘 이루어져 있는 데에 반해, 한국에서 이혼은 자녀를 양육하는 가족에게 심리 · 사회적 어려움도 있지만, 본질적으로 경제적 어려움을 야기하게 되는 경우가 많다. 여성가족부(2024)의 '한부모가족 실태조사'에 따르면, 국내 한부모가족 가운데 한 번도 양육비를 받지 못한 비율이 71.3%에 이르며, 양육비 지급에 법적 조치를 한 경우는 8.0%에 불과한 것으로 조사되었다. 그만큼 자녀 양육비의 안정적 확보를 위한 제도적 장치가 미흡함을 의미하는 것으로, 이 법은 한부모 가정이 양육비의 원활한 이행을 확보할 수 있는 지원체계를 마련하여 미성년 자녀가 안정적인 환경에서 양육될 수 있도록 하는 데에 목적이 있다.

(2) 양육비이행법의 내용

법의 대표적인 내용으로는 제3조에서 부모의 미성년 자녀에 대한 양육 책임 및 비양육부 · 모의 양육비 지급의무를 규정하되, 비양육부 · 모가 부양능력이 없는 미성년자인 경우 그 부모에 대한 양육비 지급을 규정하고 있다. 또한 여성가족부 장관은 자녀양육비 산정을 위한 양육비 가이드라인을 마련하여 법원의 판결, 심판 등에 적극 활용될 수 있도록 규정하였다. 특히 '양육비이행관리원'을 두고 미성년 자녀의 양육비 청구와 이행확보 지원 등에 관한 업무를 수행하게 하였다(제7조). 양육비 채권자는 양육비채무자가 양육비채무를 이행하지 아니할 경우 한시적 양육비 긴급지원 신청도 가능하도록 하였다(제14조). 여성가족부장관은 양육비 지급능력을 확인 · 조사하기 위하여 양육비 채무자에게 소득 · 재산 등에 관한 자료의 제출을 요구하거나, 조

제3조 (미성년 자녀에 대한 양육 책임)
제4조 (국가 등의 책무)
제5조 (양육비 가이드라인의 마련)
제6조 (양육비이행심의위원회)
제7조 (양육비이행관리원)
제10조 (양육비에 관한 상담 및 협의 성립의 지원) 제10조의 2 (면접교섭 지원)
제11조 (양육비 청구 및 이행확보를 위한 법률지원 등의 신청)
제14조 (한시적 양육비 긴급지원)
제15조 (양육비 이행 청구 및 조사)
제16조 (양육비 채무자의 재산 등에 관한 조사)
제19조 (양육비 채무자의 재산에 대한 추심)
제20조 (세금환급예정금액의 압류 및 차감)

참고 7-2 '아이의 생명줄을 지키려면'… "절차 간소화되어야"

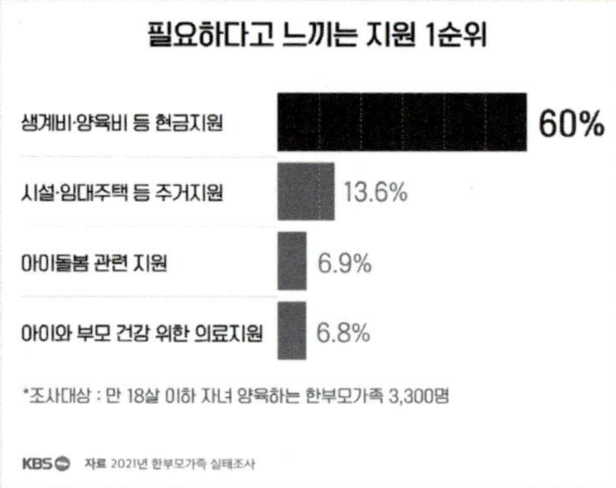

양육비를 한 문장으로 정의해 달라는 질문에 구 대표는 '양육비는 말 그대로 아이의 생존권과 직결된 문제'라고 말했습니다. 아이들은 물과 공기만으로 살아갈 수 없다는 겁니다. 때문에 양육비가 지급되지 않으면, 아이들의 삶의 질은 떨어질 수밖에 없다고 전했습니다.

아이들의 생존권을 위해서는 '감치 명령 소송 판결'을 받아야 하는 처벌법 적용이 간소화되어야 한다고 요구했습니다. 이행명령 소송만으로도 처벌할 수 있도록 바뀌어야 한다는 겁니다. 또 미지급자들이 위장전입을 하는 경우에 대비해 '공시송달'만으로도 소송이 진행되도록 하는 법이 통과되어야 한다고 촉구했습니다. (중략) 2021년 학부모가족실태조사의 설문에 참여한 응답자들은 가장 필요한 지원에 대한 1순위로 '생계비·양육비 등 현금지원(60%)'을 꼽았습니다. '시설·임대주택 등 주거지원(13.6%)' '아이돌봄 관련 지원(6.9%)' 등이 그 뒤를 따랐습니다.

출처: KBS뉴스(2022. 5. 23.).

사를 위해 필요한 국세 · 지방세, 토지 · 건물, 건강보험 · 국민연금, 출입국 등에 관한 자료의 제공을 본인의 동의를 받아 관계 기관의 장에게 요청할 수 있는 등(제16조, 제17조)의 내용을 포함한다.

4) 특수 욕구를 가진 대상자들 관련 법

(1) 한부모가족 대상: 「한부모가족지원법」

한부모가족을 대상으로 한 법률은 건강가정정책이 시행되기 훨씬 이전부터 시행되어 왔다. 1980년대 후반은 도시화와 핵가족화로 인한 사회 문제가 본격적으로 나타나고 있던 시기로 배우자와의 사별이나 이혼, 별거 등의 사유로 배우자가 없거나 배우자가 있어도 정상적인 생계를 유지할 수 없는 모자가정이 자립할 수 있도록 할 필요가 대두되면서 제정되었다. 이 당시는 「노인복지법」이나 「장애인복지법」 등 사회복지 대상자들에 대한 서비스 법들이 제정되기 시작하던 시기와 맞물려 「한부모가족지원법」(당시 「모자복지법」) 제정되었다. 여성의 생계가 배우자인 남성에게 의존되어 있는 경우가 많은 현실적 상황에서 여성한부모가족의 빈곤화가 사회문제로 등장하기 시작했던 것이다.

이에 따라 1989년 「모자복지법」이 제정되었으며, 2002년 「모 · 부자복지법」으로 개정되었고, 이것이 2007년 「한부모가족지원법」으로 변경되어 지금까지 이어지고 있다. 당시에 자녀를 양육하는 모가 상당수를 차지했으나 점차적으로 자녀를 양육하는 부가 증가하는 추세를 반영한 것이다. 한 사람이 아이를 양육하는 것은 생계의 책임과 더불어 아동의 보호와 양육의 책임도 함께 하는 것이기에 한부모에 대한 지원이 반드시 필요하다. 따라서 법적으로 한부모가 자립적인 생활을 할 수 있도록 생계보호 · 교육보호 · 생업자금융자 · 주택제공 등을 통하여 이들 가족이 건강하고, 문화적인 생활을 보장하려는 것이다. 「한부모가족지원법」은 아동, 즉 18세 미만[3]의 자녀를

3) 취학 중인 경우 22세 미만, 병역법에 따른 병역의무를 이행하고 취학 중인 경우에는 병역의무를 이행한 기간을 가산한 연령 미만을 의미한다.

양육하고 있는 한부모를 대상으로 하고 있으며 다음과 같은 내용의 지원이 주를 이루고 있다.

- 제5조 (지원대상자의 범위)
  - [제5조의4] 한부모가족의 날
  - [제5조의5] 한부모가족 정책에 관한 기본계획의 수립
- 제6조 (실태조사 등)
- 제12조 (복지 급여의 내용)
- 제13조 (복지 자금의 대여)
- 제14조 (고용의 촉진)
- 제15조 (공공시설에 매점 및 시설 설치)
- 제16조 (시설 우선 이용)
- 제17조 (가족지원서비스)
  - [제17조의2] 청소년 한부모에 대한 교육 지원
  - [제17조의3] 자녀양육비 이행지원
  - [제17조의4] 청소년 한부모의 자립지원
  - [제17조의5] 청소년 한부모의 건강진단
  - [제17조의6] 미혼모 등의 건강관리 등 지원
  - [제17조의7] 아동 · 청소년 보육 · 교육
- 제18조 (국민주택의 분양 및 임대)
  - [제18조의2] 한부모가족 상담전화의 설치
- 제19조 (한부모가족복지시설)

참고 7-3

사회복지 서비스의 지원대상이 되는 한부모가족은 소득수준 및 재산의 정도 등을 고려하여 선정된다. 지원대상자의 범위는 여성가족부장관이 매년 「국민기초생활 보장법」 제2조 제11호에 따른 기준 중위소득, 지원대상자의 소득수준 및 재산정도 등을 고려하여 지원의 종류별로 정하는 기준에 해당하는 한부모가족으로 한다. 지원대상자의 선정 기준은 한부모가족 및 조손가족의 경우 기준 중위소득의 63% 이하여야 하며 청소년한부모가족(부나 모의 나이가 24세 이하)의 경우는 기준 중위소득의 65% 이하여야 한다(찾기 쉬운 생활법령 정보 https://easylaw.go.kr). 2025년 지원 가구별 소득인정액은 기준 중위소득 63%는 2인가구일 때 약 232만 원이며 청소년한부모가족에 해당하는 기준 중위소득의 65%는 약 239만 원이다.

(2) 다문화가족 대상: 「다문화가족지원법」

우리 사회가 급격한 산업화의 과정에서 농촌의 미혼남성들이 결혼난을 겪으면서 동남아 지역의 여성들을 배우자로 맞이하게 되면서부터 한국인 남성과 여성결혼이민자가 이루는 다문화가족이 증가하게 되었다. 그러나 여성결혼이민자와 그 가족이 겪는 여러 가지 갈등과 부적응 문제가 사회적 문제로 등장하면서 2006년 여성결혼이민자가족의 사회통합 지원방안이 범부처 차원에서 마련되어 결혼이민자가족지원센터를 운영하게 되었다. 이후 보다 체계적인 서비스 전달체계가 필요하다는 인식하에 2008년 3월 「다문화가족지원법」이 제정되고 이에 근거해 결혼이민자가족지원센터는 다문화가족지원센터로 명칭이 변경되었으며 이후 대부분의 센터가 가족센터로 통합되는 과정을 거쳤다.

2009년 「사회복지사업법」이 개정되면서 다문화가족지원센터는 사회복지시설로 전환되었으며, 2011년 다문화가족의 범위를 확대할 필요성으로 '귀화 · 인지에 의한 국적취득자'와 '결혼이민자 등'으로 이루어진 가족도 포함하게 되었다. 2013년 8월에는 이혼 등의 사유로 해체된 다문화가족 자녀에 대한 지원 특례 규정이 마련되어 방문교육을 통해 다양한 지원을 할 수 있는 근거를 마련하게 되었다. 그 외 구체적인 내용은 다음과 같다.

- [제3조의2] 다문화가족 지원을 위한 기본계획의 수립
- 제4조 (실태조사)
- 제5조 (다문화가족에 대한 이해 증진)
- 제6조 (생활정보 제공 및 교육 지원)
  - –[제16조의1] 한국어교육 필요한 지원
- 제7조 (평등한 가족관계의 유지를 위한 조치)
- 제8조 (가정폭력 피해자에 대한 보호 · 지원)
- 제9조 (의료 및 건강관리를 위한 지원)
- 제10조 (아동 · 청소년보육 · 교육)
- 제11조 (다국어에 의한 서비스 제공)
- 제12조 (다문화가족지원센터의 설치 · 운영 등)
  - –[제13조의2] 다문화가족 지원사업 전문인력 양성
- 제14조 (사실혼 배우자 및 자녀의 처우)

「다문화가족지원법」의 제정과 시행은 다음과 같은 몇 가지 점에서 의미 있다고 할 수 있다. 첫째, 다문화가족의 자녀들이 많아지는 현실에서 다문화가족이 한국 사회에 잘 적응하고 통합될 수 있도록 사회적 · 정책적 지원을 제도적으로 규정한 법적 근거를 마련하였다는 점을 꼽을 수 있다. 둘째, 다문화적 감수성이 낮은 우리 사회에서 법 제정을 통해 다문화 이해의 필요성과 다문화가족의 복지증진에 대해 사회적 관심과 다문화가족지원에 대한 지역사회와 국가의 책임을 명문화하였다. 셋째, 「다문화가족지원법」은 대부분 사회적 약자에 해당하는 결혼이주여성의 가정폭력 피해를 보호하는 조항을 통해 결혼이주여성의 인권침해를 예방하는 데 기여할 수 있다. 넷째, 「다문화가족지원법」(제12조)에 의거해 전국에 다문화가족지원센터가 설치되어 다문화가족을 위한 다양한 서비스가 전달되는 사업 추진체계가 확립되고 이로 인해 다문화가족지원사업이 안정적으로 운영될 수 있었다.

참고 7-4 속지주의와 속인주의

국적은 국민이 되는 자격이다. 누구 국민인가 하는 것은 국가가 법률로 정하고 있다. 이른바 국적법정주의다. 이 때문에 법률에 따라 국민의 범위도 바뀔 수밖에 없다. 출생에 의한 선천적인 국적 취득은 속인주의와 속지주의로 나뉘어 있다. 부모의 국적에 따른 혈통주의가 속인주의, 부모의 국적에 관계없이 출생한 지역에 따른 출생지주의가 속지주의다. 후천적 취득도 가능하다. 혼인 외의 출생자에 대한 친자관계에서 발생하는 인지(認知), 귀화, 국적 회복 등이 여기에 속한다. 한국 국적법은 속인주의 원칙 아래 속지주의를 보충하고 있다. 1998년 6월 시행된 개정 국적법은 부계(父系)혈통주의에서 벗어나 양계(兩系)혈통주의를 채택했다. 양계혈통주의는 부모 중 어느 한 사람이라도 그 나라 국적을 가지고 있으면 출생 자녀도 태어나면서 그 나라 국적을 얻는 제도다. 당시 도입된 제도가 복수 국적자에 대한 국적 선택 의무다.

속지주의를 채택하고 있는 나라는 대표적으로 미국, 프랑스를 들 수 있고, 속인주의를 채택하고 있는 나라는 독일, 일본 등 대부분의 나라가 그러하다.

출처: 서울신문(2016. 9. 21.).

(3) 입양가족 대상: 「국내입양에 관한 특별법」

이 법은 보호대상아동의 국내입양에 관한 요건 및 절차 등에 대한 특례와 그 지원에 필요한 사항을 정함으로써 양자(養子)가 되는 사람과 입양가정의 권익과 복지를 증진하고, 아동 최선의 이익 원칙에 따라 보호대상아동의 국내입양을 활성화하는 것을 목적으로 한다. 공개입양이 확대되고, 「입양촉진 및 절차에 관한 특례법」이 「입양특례법」(2012년)으로 전면 개정 된 후 아동이 가정으로 입양된 후의 사후관리의 강화, 예비부모 입양교육 강화 등의 영향으로 입양아동과 가족을 위한 체계적인 서비스 개입의 필요성이 두드러지게 되었다.

그러나 여러 이유로 인해 입양은 지속적으로 감소하고 있어, 2023년 7월 국내입양의 활성화를 위해 이 법을 「국내입양에 관한 특별법」으로 전부 개정하여 2025년 7월 시행하게 되었다. 또한 입양의 국가 책임을 강화하고 아동을 보호하기 위한 국제 협약이 2025년 10월 국내에서 발효한다(참고 7-5 참조).

참고 7-5 정부, '헤이그국제아동입양협약' 비준서 기탁

헤이그국제아동입양협약은 국제입양 때 아동의 기본권을 보장하고 입양에 의한 아동 탈취·매매·거래를 방지하기 위해 국제입양의 요건과 절차를 규정한 국제협약이다. 지난 1993년 5월 29일 제17차 헤이그국제사법회의에서 채택돼 1995년 5월 1일 발효됐으며 현재 당사국은 호주·중국·미국 등 106개국에 이른다. 우리나라는 2013년 5월 24일 헤이그국제아동입양협약에 가입 서명했으나, 협약 이행을 위한 법률인 국내입양에 관한 특별법 및 국제입양에 관한 법률을 7월 19일 시행함에 따라 서명 후 10여 년 만에 협약을 비준하게 됐다.…… 앞으로 국제입양은 헤이그국제아동입양협약의 원칙과 절차에 따라, 국내에서 적합한 가정을 찾지 못한 경우만 복지부 입양정책위원회 심의를 거쳐 아동에게 최선의 이익이 되는 경우에만 추진된다.

출처: 대한민국 정책브리핑(2025. 6. 18.).

- 제3조 (입양의 원칙)
- 제4조 (아동의 의견 청취 보장)
- 제5조 (비영리 운영의 원칙)
- 제6조 (국가 등의 책무)
- 제7조 (국내입양 우선 추진)
- 제8조 (입양의 날)
- 제10조(국내입양 활성화 기본계획의 수립 · 시행 등)
- 제12조 (입양정책위원회)
- 제13조 (양자가 될 아동의 결정 및 보호 등)
- 제16조 (입양에 대한 친생부모의 동의)
- 제18조 (양부모가 될 자격 등)
- 제21조 (가정법원의 입양 허가)
- 제22조 (임시양육결정)
- 제30조 (입양의 당사자 중 일방이 외국인인 경우)
- 제4장 입양아동 등에 대한 지원
- 제31조 (사후서비스 제공)
- 제32조 (양육보조금 등의 지급)
- 제33조 (입양정보의 공개 등)

이 법에서는 국가의 책무에서 입양아동과 가족의 지원을 명시하고 있고, 아동권리보장원을 통해 공적 서비스의 의무를 대행하고 있다. 새로 개정된 내용으로 입양에 대한 실태조사와 이를 토대로 한 기본계획 및 실행계획 수립, 시행(제10조), 국내입양 활성화 정책에 관한 주요 사항과 입양에 관한 사항을 심의 · 의결하기 위하여 아동정책조정위원회의 특별위원회로 입양정책위원회를 둔다(제12조). 또한 국가와 지방자치단체가 「아동복지법」에 따른 아동양육시설 등에 양자가 될 아동을 위탁하여 보호하도록 할 수 있고, 아동 보호에 필요한 비용을 보조할 수 있도록 하는(제13조제3항 및 제39조) 등의 변화를 들 수 있다.

(4) 1인가구 대상: 1인가구 관련 지방자치단체 조례

과거 1인가구라 하면 주로 독거노인이라 불리던 노인계층을 의미하였다. 그러나 사회의 다변화로 전 연령대의 1인가구가 증가하면서 청년층과 중장년층, 노년층 등 연령대에 따라 다른 정책이 요구되고 있다. 「건강가정기본법」에서 1인가구는 2018년부터 명시적 건강가정사업 대상자로 명시하면서 본격적으로 정책대상이 되었다. 그러나 아직까지 법률로 제정된 것은 존재하지 않고, 대체로 지방자치단체의 조례로 제정이 되어 있는 실정이다. 최근 연구에 따르면(장정문, 정민자, 2024) 1인가구 대상 조례가 광역자치단체에서는 대부분 제정이 되어있고, 기초자치단체의 경우 대도시에는 대체로 조례가 제정되어있으나 지방으로 내려갈수록 그 수가 줄어들고 있다.

대표적으로 서울시의 경우 1인가구와 관련한 2개의 조례가 있으며, 개략적인 내용은 〈표 7–2〉와 같다. 대체적으로 다른 지자체에서도 유사한 명칭의 조례들이 제정되

표 7–2 서울특별시 1인가구 조례 내용

사회적 가족도시 구현을 위한 조례[1]	고독사 예방 및 사회적 고립가구 안전망 확충 조례[2]
1. 「서울특별시 주거 기본 조례」 제7조에 따른 주거복지사업 2. 1인가구의 사회적 관계 형성 및 정서적 교류 활성화 지원사업 3. 공동생활가정에 대한 지원사업 4. 소셜 다이닝 등의 식생활 지원사업 5. 여가 프로그램 개발을 통한 여가 생활 지원사업 6. 1인가구 관련 단체 · 기관 지원사업 7. 1인가구 삶의 질 향상을 위한 연구 · 조사사업 8. 1인가구의 경제적 안정 및 자립을 위한 지원사업 9. 1인가구에 대한 범죄예방 및 생활안전 지원사업 10. 1인가구의 질병 · 외로움 예방, 돌봄, 건강증진을 위한 지원사업 11. 1인가구의 생활환경 개선 및 생활편의 증진을 위한 지원사업 12. 사회적 가족도시 구현을 위한 1인가구 인식개선 사업 13. 1인가구 지원 온 · 오프라인 플랫폼 조성 및 운영 사업 등	1. 심리상담 및 심리치료 2. 정기적인 안부확인 및 긴급의료 지원 3. 가스 · 화재 감지기 및 응급호출버튼 설치 지원 4. 방문간호서비스 5. 사회적 관계형성을 위한 주민모임 운영 6. 반찬 및 건강음료 제공사업 7. IoT(사물인터넷) 기술을 활용한 안부확인서비스 8. 정부지원사업 및 지역사회 민간복지 자원 발굴 · 연계 서비스 9. 무연고 사망자의 경우 장례서비스 지원 등

출처: 1) 「서울특별시 사회적 가족도시 구현을 위한 1인가구 지원 기본 조례」.
2) 「서울특별시 고독사 예방 및 사회적 고립가구 안전망 확충을 위한 조례」.

어 1인가구를 지원하고 있다. 특히 서울시의 경우 자치구별로 1인가구 지원센터를 운영하고 있는데, 이에 대해서는 제10장의 기타 가족서비스 전달체계에서 좀 더 자세히 알아보게 될 것이다.

생각해 볼 문제

1. 「건강가정기본법」 제정의 시대적 배경과 의의를 설명해 봅시다.
2. 건강가정 관련 법 중에서 하나를 선택하여 그 문제점과 개선방안을 조사해 봅시다.
3. 교재에 제시된 건강가정 관련 법에 포함될 수 있는 법이나, 혹은 제정되면 좋을 법이 있는지 생각해 보고 그 이유를 서로 토의해 봅시다.

참고문헌

「가족친화 사회환경의 조성 촉진에 관한 법률」.

「건강가정기본법」.

「국내입양에 관한 특별법」.

「다문화가족지원법」.

「서울특별시 고독사 예방 및 사회적 고립가구 안전망 확충을 위한 조례」.

「서울특별시 사회적 가족도시 구현을 위한 1인가구 지원 기본 조례」.

「아이돌봄지원법」.

「양육비 확보 및 지원에 관한 법률」.

「입양특례법」.

「한부모가족지원법」.

「헌법」.

국가법령정보센터(2008). 서울특별시 1인가구를 위한 조례.

여성가족부(2024). 한부모가족실태조사.

장정문, 정민자(2024). 지방자치단체의 1인가구 지원에 관한 조례 분석: 1인가구 지원 조례와 1인가구 사회적 고립 및 고독사 예방 조례 비교를 중심으로. **가정과삶의질학회**, 42(1), 69-80.

대한민국 정책브리핑(2025. 6. 18.). 10월부터 국제입양 절차 강화… "복지부 심의 거쳐 아동에 최선일 때".

서울신문(2016. 9. 21.). 국적포기의 그늘.

KBS 뉴스(2022. 5. 23.). '아이의 생명줄을 지키려면'…"절차 간소화되어야".

INTRODUCTION TO HEALTHY FAMILIES

제8장

건강가정정책

이 장에서는 건강가정정책과 관련하여 건강가정정책의 개념과 범주, 분류에 대해서 살펴보고, 4차에 걸친 건강가정기본계획을 바탕으로 한 정부 건강가정정책의 기본 방향과 영역, 내용 등의 현황을 다루게 된다. 또한 앞으로의 건강가정정책에 대한 과제를 통해 미래건강가정정책에 대한 방향을 제시하게 된다.

1. 건강가정정책의 개념

가족에 대한 국가의 개입은 어떠한 관점으로 가족을 지원하고자 하는가에 따라 다양하게 바라볼 수 있다. 가족구성원 개인에 대한 지원인가 아니면 가족을 단위로 할 것인가의 문제와 위기가족에 대한 접근인가 아니면 일반가족을 대상으로 할 것인가에 대한 것이 그것이다. 과거 '가족정책'이라는 용어가 일반적으로 사용되었지만, 「건강가정기본법」의 제정으로 건강가정정책이라는 용어가 지금까지 가족정책과 혼용되어 왔다.

기존의 '가족'에서 '가정'으로 변경되었고, 여기에 건강이라는 단어가 덧붙어 현재 건강가정정책이라는 용어가 보편적으로 사용되고 있다. 앞 장의 건강가정의 개념에서 살펴보았던 것처럼, 가족이 가족원과 그 관계적 측면에 초점이 맞추어져 있다면, 가정은 가족원과 외적 조건(물적 토대, 외부 환경 등)을 포괄하고 있다. 특히 가족을 지원하되 문제 발생 후 개입하는 잔여주의적 가족정책보다 보편주의적이고 명시적 가족정책을 강조하기 위해 건강가정 개념이 적용되었으며, 이후로는 건강가정정책이라는 명칭이 보편적으로 사용되어 왔다.[1)]

건강가정정책의 대상과 관련해서는 크게 두 가지 쟁점이 있다. 하나는 가족정책의

요약* 건강가정정책의 개념

- 가족보다는 가족원과 외적 조건을 포괄하는 가정의 의미가 강조되는 정책
- 잔여주의적인 가족정책보다 보편주의적이고 명시적인 가족정책을 강조하는 정책
- 사후적인 문제 해결보다 사전적인 예방을 더 강조하는 정책

1) 보편주의는 사회복지 급여가 사회적 권리 차원에서 모든 사람에게 주어져야 한다는 것을 강조하는 반면, 잔여주의(선별주의)는 개인의 욕구에 기초한 제한된 복지급여를, 주로 자산조사에 의해 한정적으로 제공하게 된다.

대상이 '단위로서의 가족'인가 혹은 '개별 구성원'인가 하는 것이다. 즉, 아동이나 노인, 청소년, 여성 등의 개인을 단위로 접근할 것인가 아니면 가족을 단위로 접근할 것인가의 문제다. 개인을 단위로 할 경우 각기 독자적 범주가 있고, 대상의 경계가 비교적 분명하여 혼란의 여지가 적다. 그러나 가족을 단위로 할 경우 어디까지를 가족정책의 경계로 할 것인가에 따라 모든 대상은 가족정책이 될 수 있다는 점에서 경계가 모호할 수 있다. 가족을 포괄하고 있는 모든 정책을 건강가정정책이라고 한다면, 건강가정정책은 ① 가족복지에 관심을 두고 정부가 의도적으로 취하는 조치나 행동, ② 개인을 다루더라도 가족과 연계 속에서 접근할 경우, 즉 아동, 노인, 장애인, 여성 등에 대한 정책도 그것이 다른 가족구성원에 영향을 미치는 경우, ③ 가족성원의 복리증진을 위한 수단으로 취하는 정책들, 즉 '가족과 관련된' 사회보험, 공공부조, 사회복지서비스, 그리고 고용, 조세, 보건의료, 주택정책 등이 이에 해당한다.

그러나 가족정책과 건강가정정책의 궁극적인 목적, 즉 가족복지 증진을 통한 가족원의 행복감 및 안녕감 증진이라는 면에서는 차이가 없을 것이다. 한국은 보편주의적이고 명시적인 가족정책이 거의 없는 상태에서 명시적인 가족정책으로 건강가정정책이 등장하였다. 앞에서 살펴보았듯이, 가정은 가족에 비해 가족원과 더불어 외적인 조건을 포함하는 광의의 개념이라 볼 수 있으며, 또한 건강가정이라는 것은 가정에 문제가 있을 경우 사후적인 대책을 통해 그것을 해결해 나가는 것이 아니라 사전적인 예방을 통해 가정의 건강성을 높일 수 있는 것을 지향하는 보편주의적 정책이라는 의미를 내포하고 있다. 이에 따라 건강가정정책은 과거 잔여적 의미의 가족복지정책에서 벗어나 보편주의적이고 포괄적인 가족정책을 표방하는 방향으로의 전환이 요구되는 시점에서 등장한 선언적인 개념으로 볼 수 있다.

2. 건강가정정책의 범주

1) 건강가정정책의 분류

(1) 캐머만과 칸: 명시적 가족정책 대 묵시적 가족정책

캐머만과 칸은 가족정책을 명시적 가족정책과 묵시적 혹은 암묵적 가족정책으로 나누고 있다. **명시적 가족정책**(explicit family policy)은 가족을 주 대상으로 하며, 정책의 목적이 주로 가족에게 맞추어져 있다. 예를 들어, 데이케어, 아동복지, 가족상담, 가족계획, 소득보조, 일부 세금급여(tax benefits), 일부 주거정책 등이 있다. **묵시적(암묵적) 가족정책**(implicit family policy)은 주 대상이나 목적이 가족에게 맞추어져 있지 않으나 결과적으로 가족에게 영향을 주는 정책이다. 예를 들어, 서구의 이민정책이 대표적이며 노동정책이나 교육정책 등도 간접적으로 가족에게 큰 영향을 주는 정책 중 하나다(Kamerman & Kahn, 1978). 캐머만과 칸의 1997년 연구에 의하면, 취업과 관련한 고용과 양육정책, 소득관련 세금제도와 가족급여(benefits), 사회적 서비스로 보육서비스와 프로그램, 모성아동건강, 주택정책, 특별한 욕구가 있는 가족에 대한 정책으로 분류하기도 하였다(Kamerman & Kahn, 1997).

(2) 밀러(Millar): 직접적 가족정책 대 간접적 가족정책

영국의 밀러는 자신의 저서인 『가족정책(Family Policy)』에서 가족정책을 명시적 · 묵시적이라는 용어보다 직접적 가족정책과 간접적 가족정책이라는 용어를 사용하여 좀 이해를 쉽게 하고자 하였다(Millar, 2008). **직접적 가족정책**(direct family policy)은 가족 행동의 법적 통제와 가족소득 지원을 위한 정책, 가족에 대한 서비스 제공으로 분류된다. 즉, 가족 행동의 법적 통제는 결혼과 이혼 관련 법, 성적 행동, 피임과 낙태, 부모의 의무와 권리 관련 법, 아동보호 관련 법을 통해 이루어진다. 가족소득 지원을 위한 정책은 세금 수당, 가족과 아동 관련 급여, 부모의 자녀양육 관련 휴가 및 급여(parental leaves and benefits), 아동지원 강화 등의 프로그램을 통해 시행한다. 그리고 가족에 대한 서비스 제공으로는 아동양육(childcare) 서비스 및 프로그램, 주거보조, 사회 서비스, 지역사회 보호(community care)를 들고 있다. **간접적 가족정책**(indirect family policy)은 캐머만과 칸이 말한 의미와 같다고 할 수 있다.

(3) 고티어(Gauthier): 전통적 가족/출산 장려 모델, 전통적 생계부양자 모델, 평등 모델, 가족친화적/비개입주의 모델

고티어(Gauthier, 1999)는 각국별 가족정책에 대한 비교연구를 통해 가족정책의 유형을 제시하였는데, 특히 저출산, 고령화, 여성노동시장 참여 확대와 같은 인구·사회적 변화에 대응하여 국가가 가족복지정책에 개입하고 있음을 언급하였다. 그에 따른 유형으로는, ① 전통적 가족/출산 장려 모델, ② 전통적 생계부양자 모델, ③ 평등 모델, ④ 가족친화적/비개입주의 모델을 들 수 있다.

고티어에 의하면 **전통가족/출산장려 모델**의 대표적 국가로는 프랑스를 들 수 있으며 가족정책의 주요과업은 어머니가 일과 가정을 양립할 수 있도록 도와서 아이를 갖도록 장려하며 가족 지원은 정부의 책임으로 간주하고, 산전후 휴가 및 보육시설에 대한 지원수준이 높은 특징이 있다. **전통적 생계부양자 모델**의 대표적 국가로는 독일을 들 수 있으며, 가족정책의 주요 관심은 가족을 유지하는 데 있으며 국가는 가족 지원에 일정한 책임을 지지만 가족 지원의 중요 원천은 일차적으로 가족 그 자체와 자발적 조직을 전제하고 있다. **평등 모델**의 경우 스웨덴과 덴마크를 들 수 있으며, 남성과 여성은 부양자 및 양육자의 역할에 있어서 평등한 역할을 지닌 자로 본다. 부모육아휴직을 강조하며 아동양육과 일하는 부모에 대한 국가의 지원은 강력하며 젠더 불평등을 감소시키는 전략을 취한다. **가족친화적/비개입주의 모델**은 대표적 국가로 미국과 영국을 들 수 있으며 잔여주의적 특성이 강한 모델이다. 이 모델에 의하면 가족 지원은 가족 자체의 충족성, 시장기능의 가치에 달려 있으며, 정부 역할은 주로 욕구가 발생한 가족에게로 제한되어 개입하는 것으로 본다.

2) 건강가정정책의 범주

건강가정정책이라고 해서 가족정책과 전혀 다른 범주를 갖는 것이 아니므로 여기에서는 캐머만(Kamerman)과 칸(Kahn)의 가족정책에 대한 다음의 세 가지 관점을 중심으로 건강가정정책을 살펴보고자 한다(Kamerman & Kahn, 1978).

(1) 사회문제 해결을 위한 사회정책 한 분야로서의 가족정책

이것은 가족정책을 현실적으로 사회정책의 한 분야로 보고 명시적인 정책만을 가족정책으로 다루고자 하는 입장이다. 한국에서 명시적인 가족정책이 등장한 것은 2004년 「건강가정기본법」이 제정되면서부터로, 그 이전의 대표적인 가족정책은 인구조절을 위한 가족계획을 들 수 있다. 1970년대 정부는 가족들에게 단산을 하면 여러 가지 혜택을 주곤 하였는데, 이와 같은 가족정책은 가족을 위해서라기보다는 인구 조절이라는 인구정책의 한 분야로서 가족정책이 존재하였기 때문에 명시적인 가족정책이라 보기 어려우며 이를 진정한 가족정책이라 할 수도 없다. 아이러니하게도 가족계획을 통해 출산율을 조절하고자 했던 1970년대 선진국에서는 이미 저출산 문제를 고민하던 시기였다.

참고 8-1 시대적으로 변천된 가족계획 구호

시대	구호
1960년대	덮어 놓고 낳다 보면 거지꼴을 못 면한다. 3명 자녀를 3년 터울로 35세 이전에 단산하자.
1970년대	딸 아들 구별 말고 둘만 낳아 잘 기르자.
1980년대	잘 키운 딸 하나 열 아들 안 부럽다. 둘도 많다. 하나 낳고 알뜰살뜰
1990년대	엄마 건강 아기 건강 적게 낳아 밝은 생활
2000년대	아빠! 하나는 싫어요. 엄마! 저도 동생을 갖고 싶어요. 자녀에게 가장 좋은 선물은 동생입니다.

(2) 다른 정책의 수단으로서의 가족정책

이것은 사회의 목표를 성취하기 위한 수단 또는 통제의 수단으로서 가족이나 가족 성원에게 특정 행위를 요구하는 정책이다. 그 예로 인구정책과 보육정책이 있다. 인구정책은 자녀출산을 억제하거나 혹은 권장하는 정책이고, 보육정책은 국가가 아동 돌봄의 책임을 공유함으로써 여성을 노동시장에 끌어들이려는 목적을 가지고 시행하는 정책이다. 여성들의 노동력이 필요한 시기에는 보육정책이 강화 혹은 강조되는 것이 대표적인 예가 될 것이다.

[그림 8-1] 제2차 세계대전 후 미국 여성노동자 모집 포스터

(3) 사회정책의 선택을 위한 관점 및 기준으로서의 가족정책

이것은 가족복지를 정책의 결정 및 결과를 평가하는 전반적인 범주로 사용하려는 정책을 말한다. 이는 가족에게 영향을 주는 정책이면 모두 가족정책이라고 할 만큼 광범위한 범위를 가진다. 그 예로 1998년 영국에서 '새 노동당, 새 영국'을 기치로 노동당이 정권을 잡았을 때 가족정책위원회, 사회적 배제위원회, 슈어스타트(Sure Start)

참고 8-2 영국의 슈어스타트 칠드런센터(Sure Start Children's Centres: SSCC)

[그림 8-2] 슈어스타트 칠드런센터 모습

슈어스타트 칠드런센터는 영국의 대표적인 가족지원기관으로 1998년 신노동당 정부가 집권한 이후 영국 전역에 걸쳐 빠르게 보급되어, 다양한 가족을 대상으로 영유아 보육, 건강 지원 사업, 부모교육 등 가족을 지원하는 여러 프로그램을 제공해 왔다. SSCC 보급은 영국 가족정책의 큰 전환점이 되었지만, 투입된 예산 대비 효율성이 떨어진다는 비판도 동시에 받았다. 그 결과, 2010년 보수당으로 정권이 교체되자 SSCC에 대한 예산 삭감과 함께 운영을 중단하거나 운영 사업을 감소시키는 센터가 증가하기 시작하였다. 이러한 변화는 정권 교

체에 따른 정책 변화에 의한 것이라고 볼 수 있다. (중략) 영국의 사례에서 살펴본 바와 같이 가족지원기관의 운영은 정부의 정책 방향에 따라 달라지기도 한다. 가족의 문제에 대해 예방적 차원의 개입을 제공하는 가족지원기관의 경우, 이익집단이나 지지집단이 없어 정치적 변화에 더욱 취약할 수 있으므로 정책의 변화에 취약하지 않고 이용자들의 필요를 충족시키는 제도적 기반을 확립하는 것이 필수적임을 알 수 있다.

출처: 김혜중(2021), 사진 출처: Ash Green Children's Centre 사이트에서 인출.

위원회, 아동 · 청소년위원회, 십대임신위원회를 둔 것을 들 수 있다. 이 중 아동의 공정한 출발을 위해 만들어진 슈어스타트 정책은 가족정책뿐 아니라 사회정책의 한 기조가 되고 있다. 슈어스타트 프로그램은 4세 이하의 아동의 건강과 발달을 증진시키고, 이들을 양육하고 있는 가족과 지역사회를 돕기 위한 지역을 기반으로 한 프로그램으로, 모든 사회정책에는 공정한 출발을 위한 정책이 그 근간을 이루고 있다.

3. 건강가정정책의 현황

앞서 살펴본 대로 한국의 가족정책은 정부가 어떠한 비전을 가지고 일관되게 추진되었다기보다는 시대적 상황에 따라 문제상황에 대응하기 위해 사후적으로 문제를 해결하고자 하였다. 따라서 잔여적으로 가족서비스를 제공하는 방향으로 이루어져 왔으며, 가족문제에 관한 한 국가의 개입은 최소화하는 방향으로 이루어져 왔다. 그러나 가족과 이를 둘러싼 사회환경의 변화는 적극적인 국가의 개입이 요구되었으며 이에 「건강가정기본법」 제정 및 건강가정기본계획 수립 등을 통해 능동적으로 대처하게 되었다.

1) 건강가정정책의 발달

한국의 가족지원 정책은 1950~1960년대의 경우 전쟁 이후 발생한 요보호자(고아와 과부)의 지원을 위해「아동복리법(현 아동복지법)」과「생활보호법」을 근간으로 한 지원이었다. 1970년대에 이르러 산아제한을 위한 출산정책과 요보호자 대상의 정책이 지속되었다. 사회적으로 남존여비 사상의 지속과 이로 인한 가부장적 가정 문화가 지속되었으며 1980년대 이르러「가족법」이 개정되었고 군사정권하에서 노인과 장애인 등의 개별 대상자들에 대한 서비스를 제공하는 서비스법들이 제정되기 시작하였다. 이후 급격한 사회변화로 인한 고령화와 저출산이 심화되면서 2000년대 들어「건강가정기본법」이 제정되고 제1차 건강가정기본계획이 세워지기에 이르렀다.

1950~1960 요보호자 대상 중심의 가족지원
1970 인구계획 위주의 가족 정책
1980「가족법」개정, 노인/아동 등 대상자들 법 제정
1990「사회보장기본법」개선, 빈곤, 요보호가족 공적지원
2004「건강가정기본법」제정, 제1차 건강가정기본계획 발표
~
2021 제4차 건강가정기본계획 발표

2) 건강가정정책의 기본 방향

「건강가정기본법」(2004)이 제정된 이후 건강가정정책의 기본 방향을 제시하는 건강가정기본계획이 현재까지 총 4차에 걸쳐서 수립되었다(〈표 8-1〉 참조). 제1차 건강가정기본계획(2006~2010년)은 '함께 가는 가족 2010'이라는 슬로건으로 통합적 가족 정책 추진을 위한 기반을 제공하였으며, 제2차 건강가정기본계획은 '2015 가족 행복 더하기'(2011~2015년)라는 슬로건으로 1차에서 시행된 성과를 근거로 보다 내실 있

표 8-1 4차에 걸친 건강가정기본계획의 슬로건과 정책 과제

	정책 과제	슬로건
1차 (2006~2010)	1. 가족 돌봄의 사회화 2. 직장 가정의 양립(WLB) 3. 다양한 가족에 대한 지원 4. 가족친화적 사회환경 조성 5. 새로운 가족관계 및 문화조성 6. 가족정책 인프라 확충	함께 가는 가족 2010
2차 (2011~2015)	1. 자녀 돌봄 지원 강화 2. 다양한 가족의 역량 강화 3. 가족친화적 사회환경 조성 4. 가족가치의 확산 5. 가족정책 인프라 강화와 전문성 제고	2015 가족행복 더하기
3차 (2016~2020)	1. 가족관계 증진을 위한 서비스 기반 조성 2. 가족유형별 맞춤형 서비스 지원 강화 3. 정부–가족–지역사회 연계를 통한 돌봄지원 강화 4. (남성과 여성, 기업이 함께 하는) 일 · 가정양립 실천 5. 생애주기별 출산친화적 사회문화 조성 6. 가족환경 변화에 대응한 정책 추진체계 강화	2020 모든 가족이 함께 행복한 사회 구현
4차 (2021~2025)	1. 세상 모든 가족을 포용하는 사회기반 구축 2. 모든 가족의 안정적 생활여건 보장 3. 가족 다양성에 대응하는 사회적 돌봄 체계 강화 4. 함께 일하고 돌보는 사회 환경 조성	2025 세상 모든 가족 함께

는 정책 실행의 근거를 제공하게 되었다. 3차의 경우 '모든 가족이 함께 행복한 사회 구현'을 정책비전으로 하였으며, 현재에는 4차 건강가정기본계획이 '2025 세상 모든 가족 함께'라는 슬로건으로 시행되고 있다.

4차 기본계획의 큰 방향은 3가지로, ① 가족 다양성 포용, ② 모든 가족의 안정적인 삶의 여건 보장, ③ 가족 구성원 개개인을 존중한다는 것으로 모든 가족(비혼, 1인가구 등)이 차별 없이 존중받는 사회를 지향하고 있다. 또한 가족 형태에 따른 낙인이나 차별 없이 기본적인 가족생활을 할 수 있도록 지원을 확대하되, 특히 한부모, 다문화가

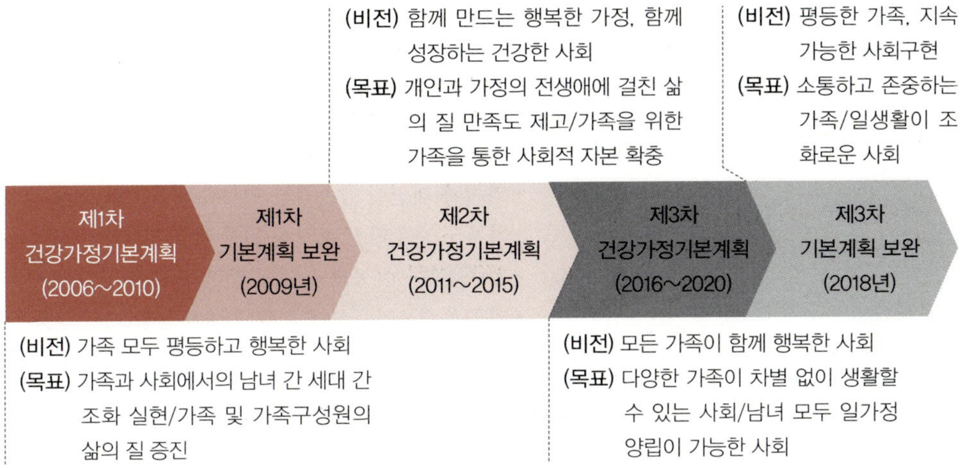

[그림 8-2] 건강가정 기본계획의 구조

출처: 여성가족부(2021).

족 등 핵심 지원대상의 가족지원을 강화한다. 가족 구성원 개개인의 권리존중에 대한 인식 증가하는 현실을 반영하여 '공동체로서의 가족을 지원'을 지향하고, 민주적인 가족관계를 구현한다는 이전의 방향에서 '가족과 개인의 삶을 지원'하는 방향으로 전환하였다. 또한 여성의 일할 권리와 일 · 가정 양립을 강조하는 정책에서 남녀 모두의 일하고 돌볼 권리와 균형을 중시하는 성평등 관점의 정책 기조를 강화하는 방향의 특징을 들 수 있다.

3) 건강가정정책의 영역과 내용

앞서 언급한 대로 정부에서는 보편적인 가족을 지원하기 위해 「건강가정기본법」(2004년)을 제정하였고 2005년 이후 총 4차에 걸친 건강가정기본계획을 통해 가족정책의 틀을 마련하였다. 또한 건강가정지원센터와 다문화가족지원센터 등과 같은 가족지원의 전달체계 구축을 위한 노력도 함께 기울여 왔다. 특히 4차 건강가정기본계획(이

> **가족정책의 목표**
>
> - 빈곤 감소와 소득 유지
> - 부모(특히, 모) 고용 지원
> - 아동 발달 지원
> - 출산율 제고
> - 성평등 증진
> - 가족관계 증진

표 8-2 제4차 건강가정기본계획의 영역과 주요 내용

영역	영역 내용	주요 내용
영역 1	세상 모든 가족을 포용하는 사회 기반 구축 (7개 과제)	• 가족유형에 따른 차별 해소 • 다양한 가족 구성에 대한 정책적 지원방안 마련 • 가족 다양성에 대한 사회적 감수성 제고 • 가족과 개인이 공존하는 평등한 가족문화 조성 • 가족구성원 안전 보장을 위한 법률 정비 • 가족폭력 · 아동학대 사건 발견 및 대응 강화 • 가족폭력 · 아동학대 피해에 대한 통합 지원 강화
영역 2	모든 가족의 안정적 생활 여건 보장 (10개 과제)	• 가족 변화를 반영한 생계비 등 급여 확대 • 아동양육 가족에 대한 경제적 지원 강화 • 가족수요에 맞는 주거 지원 • 한부모가족 자녀의 안정적 성장발달을 위한 지원 및 제도 강화 • 양육비 이행 실효성 제고를 위한 체계 정비 • 다문화가족 자녀의 동등한 출발점 보장 • 위기 · 취약 아동 청소년의 보호 및 자립 지원 • 통합적 가족서비스 기반 조성 • 보편적 가족서비스 확대 • 지역사회 기반 취약위기가족 지원 강화
영역 3	가족 다양성에 대응하는 사회적 돌봄체계 강화 (6개 과제)	• 지역사회 자녀돌봄 지원 확대 • 지역공동체 기반 일상 돌봄 지원 • 믿고 맡길 수 있는 안전한 가정돌봄 지원 • 재난 재해 시 돌봄공백 대응 • 가족 돌봄의 공공성 강화 • 돌봄노동의 사회적 가치 제고
영역 4	함께 일하고 돌보는 사회환경 조성 (5개 과제)	• 일하는 사람의 돌봄권 보장을 위한 제도 강화 • 돌봄권을 보장하는 일터 조성 • 성평등 돌봄 정착을 위한 지원 및 홍보 • 가족 돌봄 친화적인 지역사회 조성 • 가족친화 사회환경 조성을 위한 기반 정비

출처: 여성가족부(2021).

하 기본계획)에서는 '2025 세상모든가족함께'라는 슬로건과 '가족다양성 인정과 평등하게 돌보는 사회'라는 목표로 4개 영역의 28개 과제를 통해 향후 5년간의 정책 비전을 제시하였다. 4개 영역의 정책과제로는, ① 세상 모든 가족을 포용하는 사회기반 구축, ② 모든 가족의 안정적 생활여건 보장, ③ 가족 다양성에 대응하는 사회적 돌봄 체계 강화, ④ 함께 일하고 돌보는 사회 환경 조성이 이에 해당한다(여성가족부, 2021). 이에 대한 구체적 내용으로는 다음과 같다(〈표 8-2〉 참조).

가족에 대한 보편적 지원과 예방적 접근을 강조한 제1~3차 기본계획과 달리 4차 기본계획은 가족유형에 따른 차별을 해소하고 다양한 가족 구성을 사회적으로 인정하고 제도화하는 것에 중점을 두었다. 수사적으로는 '모든 가족'을 대상으로 하지만, 실질적으로는 취약 가족, 즉 차별에 노출된 가족, 다양한 가족, 한부모가족 등에 대한 선별적 지원을 우선순위로 두었다. 취약 가족의 상황을 개선함으로써 취약 가족이 평균적 삶의 수준에 도달할 수 있도록 도와 결과적으로 모든 가족을 지원하는 방식을 선택하였다(진미정, 2021).

참고 8-3 육아휴직자 3명 중 1명은 '아빠'…남자 비중 역대 최고

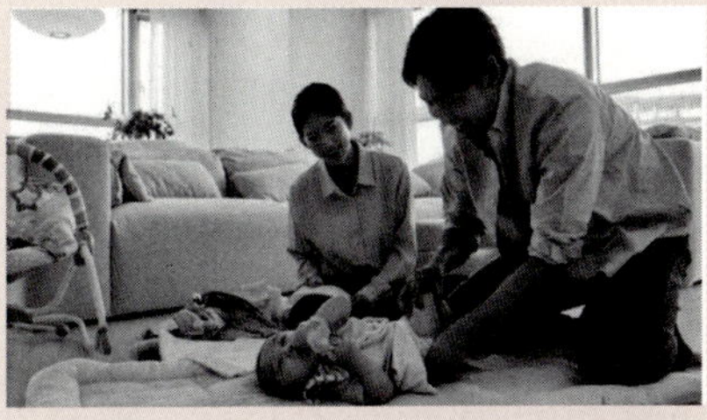

올해 상반기 육아휴직자 3명 중 1명은 남성인 것으로 집계됐다. 남성 육아휴직자 가운데 중소기업 노동자들의 비중도 점차 증가하는 것으로 파악됐다. ……(중략)……

남성 육아휴직은 대기업 노동자들의 '전유물'로 여겨졌지만, 중소기업 남성 노동자들의 육아휴직도 점차 늘어나고 있는 것으로 파악됐다. 올 상반기 남성 육아휴직자 2만 2,460명 가운데, 30명 미만 사업장 소속은 전체의 21.5%(4,823명)로 지난해 18.6%보다 비중이 늘었다. 500명 이상 사업장 소속은 46.1%(1만 351명)로 여전히 절반에 가깝지만 지난해 48.2%보다는 감소하는 추세다.

남성 육아휴직자 증가는 올해부터 부모 동반 육아휴직 급여가 늘어나, 육아휴직급여의 소득 대체율이 높아진 영향으로 분석된다. 노동부는 '3+3 부모육아휴직제'를 올해부터 '6+6 부모육아휴직제'로 개편하면서, 생후 18개월 안에 부모가 모두 육아휴직을 쓰면 첫 6개월 동안 받을 수 있는 육아휴직 급여를 1인당 최대 1,950만 원으로 늘렸다.

한편, 정부는 저출생 대책으로 첫 3개월간 육아휴직 급여 상한액을 150만 원에서 250만 원으로 올리고, 복직 6개월 뒤 육아휴직급여의 15%를 지급받는 '사후지급금' 제도를 폐지하는 등의 육아휴직 제도 개선을 추진하고 있다.

출처: 한겨레(2024. 8. 4.).

4. 건강가정정책의 과제

「건강가정기본법」 제정을 계기로 건강가정정책이 세워진 이후 큰 진전이 이루어져 왔으나 아직까지 많은 과제 또한 상존하고 있다. 건강가정정책이 국민들에게 체감적으로 도움이 되고 있다고 다가가기 위해서는 다음 과제들에 대한 접근이 좀 더 적극적일 필요가 있다.

1) 다양한 가족에 대한 포괄성 확대

제4차 건강가정기본계획의 가장 큰 변화 중 하나는 가족의 다양성 포용이라는 추진 방향이다. 실천 현장에서는 제1차 기본계획 시행 당시부터 다양한 가족에 대한 개입과 지원을 시행해 왔다. 그러나 제4차 기본계획에서는 동거인 제도, 부성우선주의 원칙 탈피와 비혼 출산에 대한 출생신고의 어려움 해소 등과 같이 제3차까지의 기본계획에서 거의 다루어지지 않았던 내용이 다뤄지면서 새로운 방향으로의 대응이 필요해지고 있다. 그동안 실천 현장에서 가족 다양성에 대한 수용성 제고 노력은 주로 다문화가족을 중심으로 이루어져 왔다.

그러나 그동안 건강가정기본계획에 언급된 "다양한 가족이란 무엇인가". 이에 대한 가족형태의 분류, 유형화에 대한 합의된 틀 없이 정책이 실행되고 있다는 문제 제기가 있다(최희경, 이인숙, 2005; 문소정, 2008, 이선형, 2022). 구체적으로 〈표 8-3〉에서 보면 현재까지의 건강가정기본계획에서 가장 많이 언급된 가족 유형은 한부모가족과 다문화가족이며, 특히 최근으로 올수록 맞벌이와 위기가정에 대한 언급이 증가되고 있는 경향을 보였다. 그러나 3차와 4차에 걸쳐 특정 가족 유형(장애인, 조손, 입양, 북한이탈주민, 수용자가족)은 정책과제에서 지속적으로 배제되고 있으며, 재혼가족은 정책과제에 명시적 대상으로 등장한 적이 없는 것으로 나타났다. 따라서 가족 다양성에 대한 재정의와 각 가족유형에 대한 형평성 있는 접근이 필요하다.

표 8-3 1~4차 건강가정기본계획에 나타난 다양한 가족

가족유형		(1) 한부모 가족	(2) 다문화 가족	(3) 맞벌이 가족	(4) 재혼 가족	(5) 장애인 가족	(6) 조손 가족 (노인)	(7) 입양 가족 (가정 위탁)	(8) 북한이 탈주민 가족	(9) 수용자 가족	(10) 위기 가정	(11) 1인 가구	가족 유형 수
기본계획	1차	18	14	0	0	2	0(2)	3	4	2	0	0	7
	2차	10	11	0	0	2	0(2)	1(1)	1	1	2	4	9
	3차	12	14	6	0	0	1(0)	0	0	0	6	0	5
	4차	6	4	5	0	0	0(0)	0	0	0	9	2	5
합계		46	43	11	0	4	1(4)	4(1)	5	3	17	6	–

출처: 이선형(2022).

2) 건강가정정책의 실효성 문제

건강가정정책은 「건강가정기본법」이 기본법 성격을 띠면서 구체적인 특별법의 내용을 갖는 「다문화가족지원법」, 「아이돌봄지원법」, 「양육비 이행확보 및 지원에 관한 법률」 등이 제정되어 고무적이라 할 수 있다. 특히 3차 건강가정기본계획에서 돌봄지원 강화와 일 · 가정 양립, 출산 친화적 사회문화 등에 대한 의지를 보였으나, 그럼에도 불구하고 저출산이나 일 · 가정 양립 문제는 큰 진전을 보이지 못하고 있으며 출산율은 오히려 더 떨어지고 있다. 돌봄에 대한 부담을 가정과 국가가 함께하겠다는 의

지를 보였으나 일 · 가정 양립정책은 노동정책과 깊은 관련이 있고, 이에 대한 제도적 뒷받침은 미비하여 정책적 효과를 이루지 못하였기 때문이다. 법 제정 이후 여성의 노동권과 모성권의 양립이라는 의미에서 가족친화제도의 강화를 위한 조항이 있으나 이를 보다 구체적으로 지원하는 조항이 없어 여전히 이에 대한 시행을 강력하게 추진하지 못하고 있다.

또한 4차 기본계획의 경우에 '모든 가족'이라는 포괄성은 높였으나 그동안 추진이 미흡했던 '함께' 일하고 돌보는 사회환경에 대한 부분은 여전히 미흡하게 보인다. 가족정책은 재정지원, 시간지원, 서비스지원의 세 가지 축으로 구성된다. 이에 따라 성공적인 건강가정정책은 노동정책과 관련해서 민간기업의 적극적 참여와 협조와 더불어 가족에 대한 정부의 재정적 보조가 필요하나 한국의 경우 이에 대한 부분이 많이 부족한 편이다. 현재 가족에 대한 GDP 대비 공공지출의 규모가 EU 평균이 2.57%이나 OECD 32개 국가 평균인 2.34%의 절반 수준에 불과하다. 물론 2001년에 비해 큰 폭으로 증가하였으나 더욱 큰 변화가 요구된다. 가족에 대한 재정지원과 시간지원이 적극적으로 이루어지지 않는다면 건강가정정책도 의도한 만큼의 효과를 내기 어려울 것이다.

표 8-4 가족에 대한 공공지출 규모(GDP 대비 비율) (단위: %)

	전체지출	현금	서비스	가족조세감면
한국(2001)	0.23	0.00	0.13	0.10
한국(2017)	1.30	0.15	0.95	0.20
EU 평균(2017)	2.57	1.35	0.93	0.29
OECD 32개 국가 평균(2017)	2.34	1.16	0.95	0.23

주: '가족에 대한 공공지출(Public spending on family benefits)'은 아동에 대한 수당, 육아휴직급여, 보육서비스 등 가족에 대해서만 이루어지는 지출을 의미(OECD Family Database)

출처: OECD (2022).

참고 8-4 정부와 민간의 참여로 출산율을 개선한 독일

전통적으로 성별분업에 의한 남성 생계부양자모델을 추구해 온 보수주의 복지국가 독일은 오랜 기간 현금급여 중심의 경제적 지원을 통해 저출생 문제를 해결하고자 하였으나 성공하지 못했다. 2007년 독일 정부는 '시간정책, 이전소득 및 인프라의 혼합'이라는 슬로건 아래 일·가정 양립을 위한 가족정책 패러다임의 전환을 시작하였다. 독일에서 저출생 문제가 국가문제로 부상하자 정부뿐 아니라 민간 기업도 가족친화적 인사정책과 근로조건을 제공함으로써 출산율 향상에 기여해야 한다는 사회적 분위기가 조성되었다. 민간 기업은 인력 확보와 이직 예방을 목적으로 법적 의무를 넘어 자발적으로 가족친화적 근로환경을 개선해 나가고 있다. 독일의 출산율은 2023년 현재 유럽 평균 수준으로 상승하고 있어 정부의 일·가정 양립정책과 민간 기업의 참여가 출산율 향상에 기여한 것으로 평가될 수 있다.

출처: 남현주(2023).

3) 건강가정정책의 전달체계의 확대와 재편

다음으로 눈에 띄는 건강가정정책의 변화 중 하나는 전달체계의 외연에 대한 확장이다. 1차와 2차 기본계획에서는 가족서비스 전달체계의 인프라 확충과 전문성 강화에 대한 노력이 강조되었다면, 3차 기본계획에서는 맞벌이와 출산친화적인 환경이라는 표현이 새롭게 등장하면서 돌봄의 문제를 지역공동체 등을 통해 보다 적극적이고 다각도로 대처하고자 하는 의지를 보였다. 4차 기본계획에서는 기존 전달체계의 기능을 확대하여 지역수요를 반영한 지역중심의 보편적 가족서비스 제공과 이를 위한 가족센터(생활SOC센터) 추진을 통한 외연 확대를 언급하고 있다. 지역특성을 반영한 가족센터의 우수사례 모델 발굴을 통해 가족소통과 교류로 다양한 가족을 포괄하겠다고 하였다.

그러나 앞서 언급된 대상자의 포괄성 문제를 해소하기에 현재 가족센터의 개소 수는 부족한 감이 있다. 다양한 가족을 포괄한다는 것은 대상자의 폭이 넓어지는 것을 의미하며, 이는 실무자의 입장에서 업무의 증가와도 연결될 수 있다. 특정 지역(예:

수원시와 용인시 등의 특례시)의 경우 인구가 100만 명 이상임에도 불구하고 건강기정지원센터(혹은 가족센터)는 한 개소에 불과하다. 정책적으로 아무리 다양한 가족을 포괄하려 한다 하더라도 한 센터에서 인구 대비 수용가능한 서비스 대상자의 실 인원에는 한계가 있다. 일반 국민들이 보편적인 가족서비스 이용을 체감할 수 있도록 하기 위해서는 정부의 실질적인 예산 지원과 투자가 필요하며 실천 현장에서는 이에 대한 요구에 좀 더 적극적일 필요가 있다. 한편, 실천 현장에서는 가족변화에 따른 차별화된 전략과 지역사회를 기반으로 특성화된 서비스가 무엇인지에 대한 고민과 일선 센터에 대한 컨트롤 타워 역할을 하고 있는 한국건강가정진흥원에서는 어떠한 실천 방법이 정책적 목표를 달성할 수 있을 것인가에 대한 고민도 병행되어야 한다.

4) 건강가정정책 구현을 위한 전문인력에 대한 투자

마지막으로, 사회가 발달하고 생활수준이 높아지면서 복지 욕구의 다변화로 인해 실천현장에서는 수혜자에 대한 고도화된 전문적 지원이 요구될 때가 많다. 그러나 이에 대해 얼마나 충분한 처우가 이루어지고 있는가에 대해서는 정부가 고민해야 할 영역이다. 가족에 대한 보편적 서비스는 서비스 영역에 대한 포괄성뿐만 아니라 대상자에 대한 포괄성이 함께 이루어져야 수혜자의 폭이 증가하면서 자연스럽게 가족서비스가 확대 · 발전될 것이다. 현재의 전달체계와 인력으로는 일반인들이 체감할 수 있을 정도의 전문적 가족서비스를 이용하기는 어렵다. 계획은 계획일 뿐, 이것이 제대로 시행되려면 구체적인 법과 제도가 뒷받침되어야 하며 이를 실행할 수 있는 인프라와 전문 인력이 충분히 지원되어야 할 것이다. 이를 위해서는 앞서 언급되었던 전달체계인 가족센터 인프라의 확장도 필요하지만 현장 종사자의 전문성을 위한 환경조성도 이루어져야 한다. 현재 가족센터의 경우 사업의 다변화로 초기 센터의 사업비에 비해 10배 넘게 증가하였으며 실무자들은 그에 따른 사업의 폭발적인 증가로 어려움을 겪고 있다. 보편적 가족과 더불어 특수한 욕구가 있는 대상자인 입양가족, 1인가구 등 다양한 가족을 포괄하기 위해서는 전달체계를 통해 전문인력에 대한 충분한 투자가 필요하다.

참고 8-5 강원도 화천군의 차별화된 건강가정지원 정책

철도는커녕 인접한 고속도로 하나 없습니다.

인구 2만 3천 명, 사람 적은 강원도 18개 시·군 가운데서도 뒤에서 두 번째입니다.

작은 마을, 화천 시내 초등학교 바로 옆에 4층 건물이 들어섰습니다.

전국 최초, 자치단체가 만든 초등학교 저학년 무료 돌봄 시설입니다.

근사한 놀이방도 있고, 수업 시설도 있습니다.

반마다 내국인 담임과 원어민 담임을 겹겹이 배치하고 방학 때도 운영합니다.

맞벌이 부모들은 큰 짐을 덜었습니다.

화천에서는 사실 아이 낳으면 그때부터 이른바 '돌봄'이 시작됩니다.

해법은 공공 산후조리원입니다.

……[중략]……

화천군 1년 예산은 5천억 원이 채 안 됩니다.

이 가운데 매년 최소 250억 원을 무료 돌봄과 교육복지 예산으로 배정합니다.

이른바 '요람에서 대학까지'. 대도시와 차별되는 화천군의 적극적인 '돌봄' 실험이 주목받는 이유입니다.

출처: YTN 자막뉴스(2024. 3. 8.).

생각해 볼 문제

1. 현재 건강가정정책의 기본 방향은 무엇인지 설명하고, 그것이 구체적으로 실현된 최근 사례를 두 가지 이상 수집해 봅시다.
2. 한국의 건강가정정책의 영역과 내용을 살펴보고, 가장 우선순위가 되어야 하는 부분에 대한 자신의 생각을 다른 사람과 토론해 봅시다.
3. 가족의 의사결정에 국가가 개입한 사례(예: 저출산 문제, 입양가족 문제 등)를 들고 이에 대한 장점과 문제점을 조사하여 토론해 봅시다.

참고문헌

김혜중(2021). 정치적 환경 변화에 따른 영국의 슈어스타트칠드런센터(Sure Start Children's Centres)의 운영 동향. **가족정책연구**, 1(2). 33-53.

남현주(2023). 독일의 일·가정 양립정책과 민간 기업의 참여. **문화기술의 융합**, 9(6). 729-736.

문소정(2008). 한국가족 다양화담론의 다양성에 대한 비판적 고찰. **아시아여성연구**, 47(2). 73-107.

여성가족부(2021). 제4차 건강가정기본계획.

이선형(2022). 건강가정정책에서 말하는 "다양한 가족"은 누구인가?: 1-4차 건강가정기본계획 분석을 중심으로. **가정과삶의질학회 학술발표대회 자료집**, 262-263.

진미정(2021). "2025 세상모든가족 함께"-제4차 건강가정기본계획의 달라진 가족개념과 주요 정책. **고려대학교 대학원 신문**, 3면 쟁점기획.

Gauthier, A. H., (1999). The sources and methods of comparative family policy research. *Comparative Social Research, 18*, 31-56.

Kamerman, S. B., & Kahn, A. J. (1978). *Family policy: Government and families in fourteen countries*. Columbia University Press.

Kamerman, S. B., & Kahn, A. J. (1997). *Family Change and Family Policies in Great Britain, Canada, New Zealand, and the United States* (Family Change and Family Policy in the West). Clarendon Press Oxford.

Millar, J. (2008). *The student's companion to social policy*(2nd ed.). Family Policy, Wiley Blackwell.

OECD(2022). OECD Family Database, PF2.1 Public spending on family benefits. http://www.oecd.org/

YTN 자막뉴스(2024. 3. 8.). "전액 무료로 해드립니다"...국내 최초 '놀라운 결정'.

한겨레(2024. 8. 4.). 육아휴직자 3명 중 1명은 '아빠' …… 남자 비중 역대 최고.

제9장

건강가정사업 전달체계

이 장에서는 가족을 대상으로 하는 건강가정사업의 공적 전달체계를 가족센터를 중심으로 살펴보고자 한다. 가족센터의 발전과정과 현황, 설치와 운영, 사업 내용을 통해 전달체계 전반에 대한 이해를 돕는다. 또한 기존의 건강가정지원센터와 다문화가족지원센터로 운영되고 있는 기관을 위해 이에 대한 내용도 포함된다.

1. 가족센터

1) 가족센터 발전과정

가족을 대상으로 하는 대표적인 건강가정사업 전달체계로 '가족센터'를 들 수 있다. 초기 전달체계로는 건강가정사업을 전달하는 건강가정지원센터와 다문화가족사업을 지원하는 다문화가족지원센터가 있다. 두 센터는 사회 및 가족변화에 대응할 수 있는 가족서비스 전달체계로 자리매김하면서 다양한 가족들의 서비스 욕구를 해결하는 데 기여해 왔다(주정, 2014). 초기에는 건강가정지원센터에서 다양한 가족의 한 유형으로 다문화가족을 대상으로 하는 사업을 진행하였으나 이후에 다문화가족지원센터가 생기면서 다문화가족사업이 이관되었고 다문화가족에 대한 사회인식이 점차 제고되면서 다문화가족을 별도의 가족사업 대상으로 지원하는 것이 타당한가에 대해 문제가 제기됨에 따라 정책 전달의 효율성을 높이기 위해 전달체계 개편에 대한 논의가 이루어졌다.

이에 따라 가족지원서비스의 통합에 대한 논의를 거쳐 2014년도 양 센터의 통합서비스 시범사업을 시작으로 2016년도부터는 본격적으로 통합서비스를 실시하였다. 당시 통합센터 기관명은 건강가정·다문화가족지원센터로 가족의 유형별로 이원화되어 있는 가족지원서비스를 가족의 유형에 상관없이 보편적이고 포괄적인 서비스를 한곳에서 제공하는 데 목적을 두었다. 2014년 전국 9개소에 불과했던 통합센터는 2015년 22개소, 2016년 78개소, 2017년 101개소로 증가하였으며, 2025년 기준으로는 220개소에 달한다(〈표 9-1〉 참조).

센터 통합과 함께 사업 대상과 운영상의 통합, 센터 조직 등에서의 통합을 위해 많은 노력이 이루어졌으며, 2022년부터는 통합센터명도 '가족센터'로 변경되었다. 하지만 「건강가정지원법」과 「다문화가족지원법」에 따른 센터명은 기존대로 건강가정지원센터와 다문화가족지원센터로 이원화되어 있고, 현장에서의 주무부서, 행정 절차, 예산, 실적보고도 분리 운영되고 있어 여러 어려움이 있는 상황이다.

표 9-1 가족센터 현황

구분	계	서울	부산	대구	인천	광주	대전	울산	세종	경기	강원	충북	충남	전북	전남	경북	경남	제주
'14년	9	1	1	1	–	1	–	–	–	1	–	–	1	–	1	1	1	–
'15년	22	3	3	3	1	1	1	–	–	2	1	1	2	–	1	2	1	–
'16년	78	7	3	5	7	4	2	1	1	6	5	2	7	3	9	9	7	–
'17년	101	10	3	6	7	4	2	3	1	14	9	4	8	3	10	9	8	–
'22년	207	26	8	8	8	5	2	5	1	26	18	10	13	13	22	21	19	2
'25년	220	26	10	9	9	5	4	5	1	27	18	11	15	14	22	21	21	2

※ (2025년) 시 · 도 가족센터 4개(서울특별시, 충청남도, 경상북도, 경상남도) 포함.
출처: 여성가족부(2025a: 72).

2) 사업주체별 역할

(1) 여성가족부

2010년 1월 보건복지가족부의 청소년 및 다문화 가족을 포함한 가족 기능을 여성가족부로 이관하는 내용의 정부조직법이 개정됨에 따라 같은 해 3월 여성가족부로 개편되었다. 여성가족부는 기존의 여성정책뿐만 아니라 청소년이 육성 · 복지 및 보호, 여성 · 아동 · 청소년에 대한 폭력피해 예방 및 보호, 가족과 다문화가족 정책의 수립 · 조정 · 지원 등 가족에 대한 전반적인 업무를 담당하고 있다. 가족센터와 관련된 여성가족부의 업무 중 일부를 살펴보면 다음과 같다.

- 가족서비스 운영기관 사업모델 제시 및 운영계획 수립
- 가족서비스 운영기관 사업비의 교부 및 평가
- 가족서비스 운영기관 관리 감독 및 지도

[그림 9-1] 여성가족부의 가족센터 관련 조직도

출처: 여성가족부 홈페이지(www.mogef.go.kr).

(2) 시 · 도 및 시 · 군 · 구(지방자치단체)

지방자치단체는 중앙정부인 여성가족부와 시 · 군 · 구 간의 연계 역할을 하고 있으며, 가족센터 예산의 경우 국비와 지방비가 일정 비율로 매칭되어 재원이 되므로 지방자치단체의 재정 상태는 가족센터의 설치와 운영에 큰 영향을 미친다고 볼 수 있다. 이와 관련한 시 · 도 및 시 · 군 · 구의 주요 업무는 다음과 같다.

- 중앙정부, 시 · 군 · 구간 및 시 · 군 · 구내 연계(시 · 도, 시 · 군 · 구)
- 시 · 도 및 시 · 군 · 구 통합서비스 운영기관 사업비의 교부 및 정산
- 가족서비스 운영기관의 사업 운영현황 및 사업결과 보고
- 가족서비스 운영기관의 관리 감독 및 지도
- 지역별 특성에 맞는 사업 개발 지원

(3) 한국건강가정진흥원

한국건강가정진흥원(이하 '진흥원')은 시 · 도 및 시 · 군 · 구 가족센터 사업을 총괄적으로 지원하고, 가족센터 실적시스템 관리, 종사자교육, 평가지원 등을 담당하고 있다.

- 가족서비스 프로그램 및 업무매뉴얼 개발 보급
- 가족서비스 전문인력 및 직원 역량강화 교육
- 가족서비스 조사 및 연구
- 가족서비스 운영기관 현장점검 및 평가지원
- 가족지원통합정보시스템 운영
- 관련기관 네트워크 구축 및 홍보사업

(4) 시 · 도 가족센터

시 · 도 가족센터는 관할 시 · 군 · 구 가족센터의 사업을 지원 및 관리하며 그 특성에 맞는 가족지원 프로그램을 개발 · 보급하는 등 진흥원과 시 · 군 · 구 센터의 연계 역할을 담당하고 있다. 주요 업무는 다음과 같다.

- 진흥원과 시 · 군 · 구 가족센터의 연계
- 시 · 도별 특성에 맞는 가족지원프로그램 개발 보급
- 시 · 군 · 구 가족센터 사업지원 및 관리
- 시 · 군 · 구 가족센터 직원 역량강화 교육 및 상담 슈퍼비전 실시
- 시 · 도 가족관련 정보 및 데이터베이스 구축 보급

(5) 시 · 군 · 구 가족센터

시 · 군 · 구 가족센터는 진흥원이나 시 · 도 가족센터와는 달리 서비스를 필요로 하는 가족들에게 가족지원서비스를 직접적으로 제공하는 기관이다. 즉, 다양한 가족 대상의 욕구를 파악하여, 이를 충족시킬 수 있는 가족서비스를 교육, 상담, 문화 프로그램 및 사례관리, 자원연계 및 기타 연계를 통해 제공하는 기관이다. 또한 가족센터는 지역사회 내의 다양한 유관기관(학교, 보건소, 복지관, 주민센터 등)과의 협력 및 연계를 통해 가족들에게 통합적인 서비스를 제공하고 있으며, 주요 업무는 다음과 같다.

- 지역사회 내 가족구성원을 위한 1차적 가족지원서비스 제공

- 지역단위 건강가정지원 및 다문화가족지원 업무 실시
- 지원시간 및 지원대상 확대 등을 통한 가족지원서비스 접근성 향상
- 다문화, 한부모, 조손가족 등에 대한 맞춤형 가족역량강화서비스 지원
- 지역사회 유관기관과의 연계를 통한 통합적 가족지원서비스 제공
- 지역사회에 맞는 가족특성화서비스 및 정보제공

3) 가족센터의 설치 및 운영[1)]

(1) 가족센터의 설치

가족센터는 다음 두 개의 근거법을 기반으로 설치 · 운영되고 있다. 하나는 건강가정기본법 제35조(건강가정지원센터의 설치) "국가 및 지방자치단체는 가정문제의 예방 · 상담 및 치료, 건강가정의 유지를 위한 프로그램의 개발, 가족문화운동의 전개, 가정관련 정보 및 자료제공 등을 위하여 건강가정지원센터를 설치 · 운영하여야 한다." 이며 또한「다문화가족지원법」제12조(다문화가족지원센터의 설치 · 운영 등) "국가와 지방자치단체는 다문화가족지원센터를 설치 · 운영할 수 있다."를 근거로 하고 있다.

주요 용어

☞ **가족센터**: 건강가정기본법 및 다문화가족기본법에 의하여 설치 · 운영되고 가족의 유형별로 이원화 되어 있는 가족지원서비스를 가족의 유형에 상관없이 한 곳에서 다양한 가족에 대한 보편적이고 포괄적인 서비스를 제공하는 시 · 군 · 구 단위 센터임

가족센터 사업안내(여성가족부, 2025a: 79)에 의하면, 가족센터 설치 기준은 다음과 같다.

1) 여성가족부(2025). 가족사업안내(I), (II)를 중심으로 요약하였음.

• 시설의 공공성 확보를 위해 지자체 내 건물 혹은 소유 관리 등에 설치할 수 있도록 노력하여야 함
• 시설의 적정한 분포와 보건 위생 급수 안전 환경 및 교통편의 등을 고려하여 쾌적한 환경의 부지에 설치할 수 있도록 노력하여야 함
• 지역주민 접근이 편리한 곳에 설치할 수 있도록 노력하여야 함

표 9-2 가족센터 설치를 위한 주요 내용

사업목적	• 가족유형별로 이원화 되어 있는 가족지원서비스를 통합하여 한 곳에서 가족의 유형에 상관없이 다양한 가족에 대한 보편적이고 포괄적 서비스를 제공한다. • 다문화가족의 안정적인 정착과 가족생활을 지원하기 위해 가족 및 자녀 교육상담, 통번역 및 정보제공, 역량강화지원 등 종합적인 서비스를 제공하여 다문화가족의 한국사회 조기적응 및 사회 경제적 자립지원을 도모한다.
법적근거	• 건강가정기본법령 법 제35조(건강가정지원센터의 설치) • 다문화가족지원법령 법 제12조(다문화가족지원센터의 설치 · 운영 등)
설치자	국가 또는 지방자치단체이며, 실제 운영을 위해 중앙, 시 · 도 및 시 · 군 · 구에 가족센터를 둔다.
명칭 및 로고	① 명칭 사용 –가족센터 명칭은 해당 시 · 도 또는 시 · 군 · 구 지역명을 기재한 "○○○가족센터"로 한다. –건강가정기본법 또는 다문화가족지원법에 따른 센터가 아닌 기관은 이와 유사한 명칭 사용을 금한다. ② 로고 사용 –시 · 도 또는 시 · 군 · 구 가족센터는 아래의 로고를 사용한다. –현판은 가족센터 규모 및 위치에 따라 자율적으로 설치한다. 
대표번호	가족센터 1577-9337 (모든 센터 필수가입)

- 가족센터(건가 · 다가) 건물이 동일 장소에 위치하고 있는 경우에는 공간을 통합하여 사무실, 상담실, 교육장 등을 적절하게 배치하여 활용함
- 가족센터(건가 · 다가) 건물이 서로 다른 장소에 위치하고 있는 경우에는 두 센터의 공간을 모두 활용하되, 전화상담실, 면접상담실, 집단상담실 등 상담에 필요한 공간이 충분히 확보되어 있는 장소에서 가족상담을, 교육장이 확보되어 있는 장소에서 가족교육을 실시함

(2) 가족센터의 운영

① 조직

시 · 군 · 구 가족센터의 조직 구성은 1유형(대상별 분류형)과 2유형(기능별 분류형)을 기본모형으로, 해당 기초지자체와 협의하여 지역의 여건 및 특성에 맞게 팀구성이 가능하다. 1유형은 대상별 분류형이라는 명칭에서 알 수 있듯이 서비스 대상자를 기준으로 팀구성을 건강가정사업팀, 다문화가족지원팀, 운영지원팀, 특성화팀(팀명은 재량)으로 구분한다.

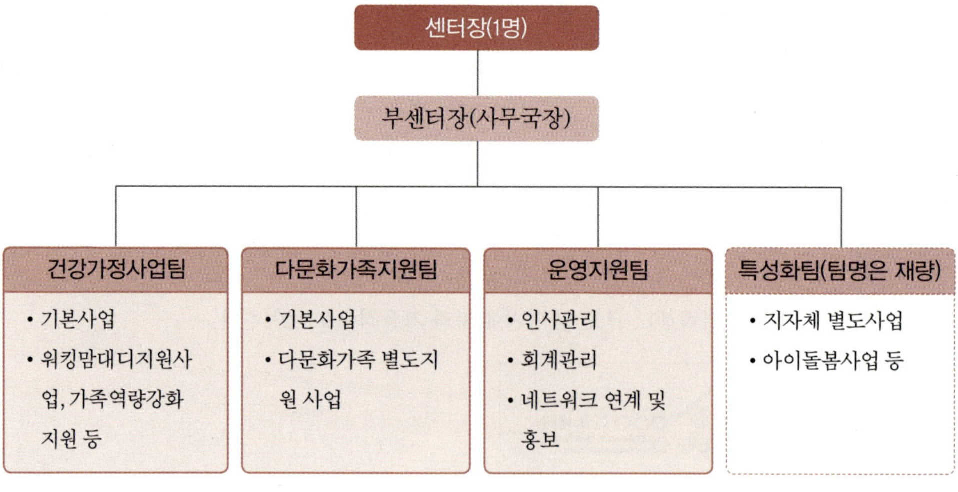

[그림 9-2] 가족센터 1유형(대상별 분류형) 조직도 예시

두 번째 2유형은 기능별 분류형으로 가족유형에 상관없이 제공하는 서비스를 기준으로 팀구성을 교육 · 컨설팅팀, 상담 · 사례관리팀, 문화사업 · 특성화팀, 운영지원팀으로 할 수 있다.

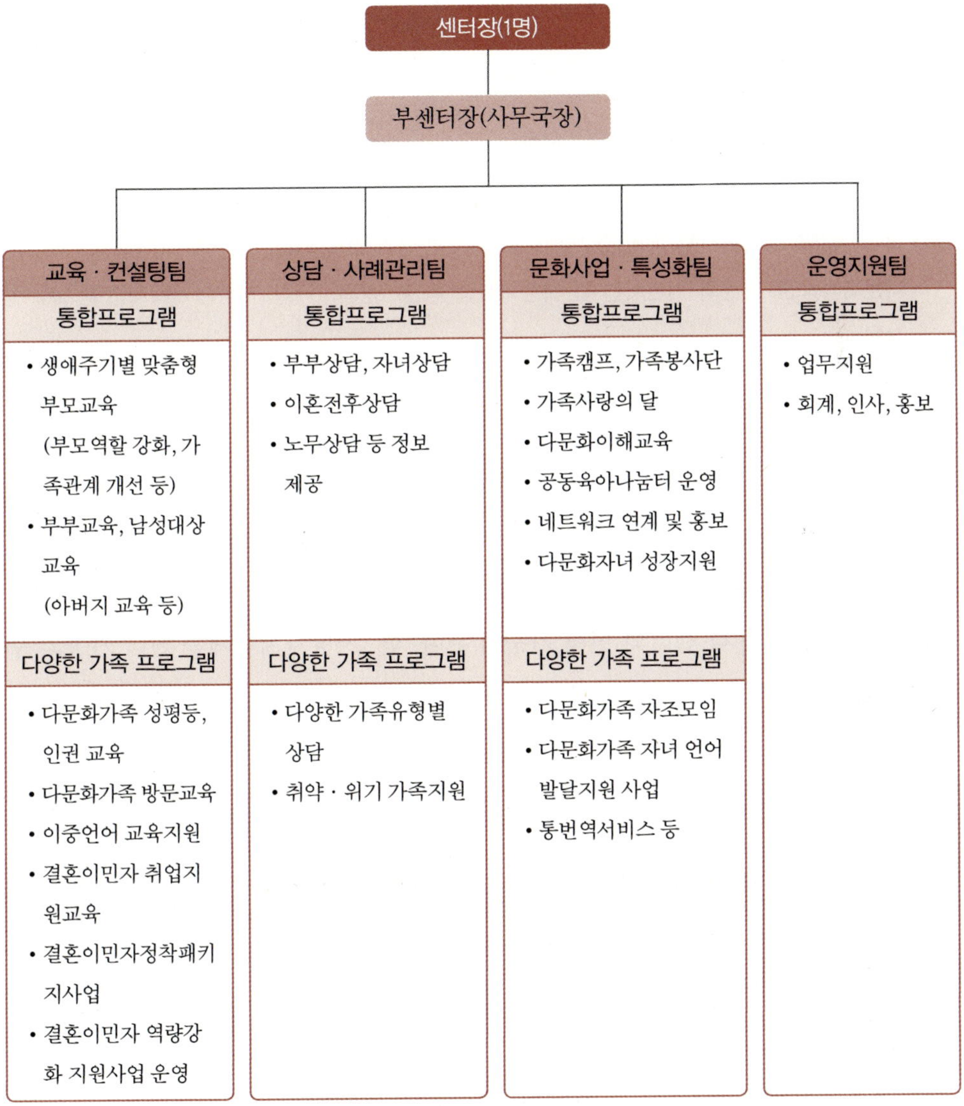

[그림 9-3] 가족센터 2유형(기능별 분류형) 조직도 예시

조직 및 인력현황은 방문자들이 알 수 있도록 조직도와 담당 업무표를 만들어 센터 내/외, 홈페이지 등에 게시하도록 한다. 또한 지역사회 유관기관과의 네트워크 구축 및 정보 교류 등을 위해 운영위원회를 설치 · 운영하여야 한다.

시 · 도 가족센터는 센터장 외 기획 · 운영팀, 가족사업팀, 교육사업팀, 다문화가족팀과 같은 기본모형의 경우 참고하여 지역의 여건 및 특성에 맞는 팀구성이 가능하다.

- **기획 · 운영팀**: 인사관리, 회계관리, 협의체 구축 및 네트워크 연계, 홍보 등
- **가족사업팀**: 가족상담, 가족교육, 가족사업 프로그램 개발 · 운영 · 보급
- **교육사업팀**: 센터종사자 교육, 한가원(진흥원)과 센터의 연계 지원
- **다문화가족팀**: 다문화 기본사업 및 특성화사업 지원 · 관리 · 개발, 다문화가족사업 종사자 교육

② 종사자 수와 자격기준

가족센터 가형의 종사자 수는 9~17명 이내, 나형은 8~16명 이내, 다형 7~15명 이내, 라형 6~14명 이내, 마형 4~12명 이내로, 최소인력 및 기본사업 규모에 따라 추가되는 인력의 합계가 각 센터의 인력 기준이 된다. 단, 지방자치단체는 센터 기능의 수행여부 및 가족서비스 수요 등 지역 실정을 고려하여 인력기준을 조정할 수 있다.

필수인력

- 가형 9명, 나형 8명, 다형 7명, 라명 6명, 마형 4명

기본사업 인력

- 취약 · 위기가족 지원 사업 상담사, 사례관리사 각 1명 이상
- 다문화가족 자녀 지원
  - 진로설계지원 사업 1~2명 이내
  - 기초학습지원 사업 1~3명 이내
- 다문화 교류 소통공간 1명

센터 신규 채용 직원은 건강가정사, 사회복지사 등 센터 종사자 자격기준을 적용하며, 센터 직원 및 별도사업 인력 등 센터에서 서비스를 제공하는 모든 인력에 대해 신규 채용 시 아동학대 범죄전력조회 및 노인학대 관련 범죄전력조회, 성범죄 전력조회를 실시하고 연 1회 이상 점검 · 확인하여야 한다.

센터 직원 채용은 공개모집을 원칙으로 하나, 직영센터에서 사회복지사 · 건강가정사 자격을 갖춘 공무원을 직원으로 임명하는 경우는 예외로 한다. 또한 동일법인에서 운영하는 건강가정지원센터 또는 다문화가족지원센터 간 직원 보직변경, 기본인력과 별도사업 전담인력 간 또는 전담인력 상호 간 보직변경 시 센터 운영위원회를 구성하여 적합여부를 판단 후 인사발령도 가능하다. 단, 보직변경 시 종사자 처우가 하향된 조건으로의 보직변경은 할 수 없다.

4) 가족센터 사업영역 및 기본사업

가족센터 사업영역은 가족관계, 가족돌봄, 가족생활, 가족과 함께하는 지역공동체 4가지로 나뉘며, 영역별 기본사업 내용은 〈표 9-3〉과 같다.

가족센터에서는 기본적으로 4개 영역별 기본사업을 수행해야 하며, 기본사업 이외 사업(건강가정사업 또는 다문화가족지원사업, 지역특성화 사업 등)도 지역 여건 및 특성에 맞춰 운영 가능하다. 가족 유형에 상관없이, 모든 가족 대상 수요에 맞는 가족 서비스를 지원하되, 가족 특성별로 특화된 별도 프로그램을 운영하는 것도 가능하다. 2025년부터는 가족센터 집중서비스대상으로 '위기임산부 · 난임가족, 경계선지능아동가족, 조손가족, 가족돌봄청년, 노부모부양가족, 장기거주외국인가족'이 명시되었다.

건강가정지원센터와 다문화가족지원센터 통합 당시, 통합센터에는 '통합사업'이 신설되었으며, 통합센터 취지에 맞춰 맞벌이 가정 일 · 가정 양립 지원사업(워킹맘 · 워킹대디사업), 다문화가족자녀 성장지원 사업, 취약 · 위기가족 지원 사업 3가지 중 2가지를 필수로 운영(3가지 중 택2)하도록 하였으나, 현재는 다문화가족자녀성장지원 사업만 다문화가족지원 프로그램 중 우선적으로 시행하도록 하고, 나머지 2개 사업은 기본사업으로 포함하여 지역 여건 및 특성에 따라 운영하도록 하고 있다.

표 9-3 가족센터 사업영역에 따른 기본사업

사업영역	기본사업	비고
가족관계	• 부모역할 지원(임신출산(부모)지원, 영유아기 부모지원, 학부모지원, 가족가치교육, 아버지 역할 지원) • 부부역할지원(부부갈등예방 · 해결지원, 노년기 부부지원) • 이혼전 · 후가족지원 • 다문화가족관계향상지원 • 이중 언어 교육지원 • 다문화가족자녀성장지원	교육, 상담 (정보제공 및 초기상담), 문화프로그램 등
가족돌봄 (온가족보듬)	• 가족상담 • 취약 · 위기가족 지원(사례관리, 교육 · 문화프로그램 및 자조모임, 긴급위기지원)	교육, 상담 (정보제공+초기상담 → 전문상담), 돌보미 파견, 사례관리 등
가족생활	• 맞벌이가정 일가정양립지원 • 다문화가족 초기정착지원 • 결혼이민자 취업지원(기존), 결혼이민자취업지원(신규, 특화 직업훈련) • 다문화가족 자녀지원 사업(기초학습지원, 진로설계지원, 저소득 다문화가족 자녀 교육활동비 지원)	교육, 상담, 정보제공, 문화프로그램 등
가족과 함께하는 지역공동체	• 가족봉사단(다문화가족나눔봉사단) • 공동육아나눔터 • 가족사랑의 날 • 가족친화문화프로그램 • 다문화가족 교류 · 소통공간 운영 • 결혼이민자 정착단계별 지원 패키지 • 인식개선 및 공동체의식 • 다함께 프로그램 • 기타(사업 영역에 속하지 않는 사업)	모임, 활동, 문화프로그램 등

※ 밑줄의 3개 사업은 다문화가족지원 프로그램 중 우선적으로 시행

※ 사업영역별 기본사업 외의 건가 또는 다가사업, 지역특성화 사업 등 운영 가능

출처: 여성가족부(2025a: 95).

사업영역별 기본사업 외의 건강가정사업, 다문화가족사업, 지역특성화 사업 등은 전국적으로 센터별 매우 다양하게 운영되고 있다. 사업영역별로 다루어지는 프로그램의 내용은 다음과 같다.

(1) 가족관계 영역

가족관계 영역에서는 부모역할 및 가족관계 개선, 가족의사소통 및 가족구성원의 역량강화, 가족형태 · 생애주기 · 문제유형별 가족 갈등과 문제 해결뿐만 아니라 성평등 · 인권의식 고취를 위한 교육 · 상담 · 문화프로그램 등을 포함한다.

표 9-4 가족관계 영역에서 다루어지는 대상, 주제, 내용

구분	사업내용			비 고
부모역할 지원	• 생애주기 및 가족특성에 따른 부모 됨의 의미(영유아기, 아동청소년기, 성년기 자녀를 둔 부모대상)			
	①	임신 · 출산 부모지원	임신, 출산 관련 교육 · 정보제공 · 문화프로그램 등	
	②	영 · 유아기 부모지원	영유아 자녀 관련 부모역할	
	③	학부모지원	초 · 중 · 고등학생 자녀 이해하기 및 소통 등 부모역할	
	④	예비부부 · 부모지원	자기에 대한 이해, 결혼의 의미, 행복한 부부관계, 부모 됨 의미 등 역할	
			건전한 혼례문화 확산을 위한 교육	
	⑤	아버지역할지원	일 · 가정 양립의 중요성 및 가정 내 아버지 역할, 자녀와의 상호작용 방법 등 지원, 육아 및 가정생활 아빠들의 자조모임, 아버지-자녀가 함께하는 돌봄 프로그램 등	

<table>
<tr><td rowspan="3">부부역할 지원</td><td colspan="3">• 생애주기별 양성평등한 부부역할지원</td><td></td></tr>
<tr><td>①</td><td>부부갈등예방 · 해결 지원</td><td>배우자 이해, 부부갈등해결, 양성평등 및 민주적 가족관계 등을 위한 생애주기별 부부교육, 부부상담, 생애설계와 역할 훈련</td><td></td></tr>
<tr><td>②</td><td>노년기 부부지원</td><td>노년기의 발달 및 가족관계특성 이해, 부부 및 부모역할 재조정, 가정자원관리(가계재무, 시간관리 등) 관련 서비스 제공</td><td></td></tr>
<tr><td>다문화가족 관계향상 지원</td><td colspan="3">• 부부간 성평등, 가족 간 성평등 인식고취 등 성평등 교육
• 다문화이해교육 및 인권감수성 교육 등</td><td></td></tr>
<tr><td>이중언어 교육지원</td><td colspan="3">• 영유아 자녀를 둔 다문화가족 대상
• 이중언어 환경 조성을 위한 이중언어 부모코칭
• 부모 · 자녀 상호작용 프로그램
• 이중언어 활용 프로그램</td><td></td></tr>
<tr><td>다문화가족 자녀성장 지원</td><td colspan="3">• 학령기 다문화가족 자녀 및 부모 대상 부모 · 자녀관계 향상 프로그램
• 정체성 · 사회성 · 리더십 개발을 위한 맞춤형 프로그램 지원, 기존 서비스 기관과 연계 등</td><td></td></tr>
</table>

(2) 가족돌봄 영역

가족돌봄 영역에서는 가족 구성원의 일시적 장기적 부재, 상황적 위기 등으로 가족 기능이 약화된 가족에 대한 돌봄서비스 지원, 가족 유형 특성에 따른 맞춤형 가족기능 강화 서비스 운영을 포함한다.

표 9-5 가족돌봄 영역에서 다루어지는 대상, 주제, 내용

<table>
<tr><th colspan="2">구분</th><th colspan="3">사업내용</th><th>비고</th></tr>
<tr><td colspan="2">가족상담</td><td colspan="3">• 생애주기에 따라 발생하는 가족 내 다양한 갈등을 해결하기 위하여 부모-자녀 간, 부부간 가족관계 개선, 비혼청소년 임신갈등상담, 이혼 전 · 후 가족상담 등 다문화가족 및 비다문화가족 대상 가족상담 제공
• 일반상담, 정보제공상담, 집단상담 등 실시
• 긴급위기가족의 경우 우선 지원</td><td>온가족 보듬사업으로 편입</td></tr>
<tr><td rowspan="7">취약 위기 가족 지원</td><td>사례관리</td><td colspan="3">• 가족기능이 취약한 1인가구 · 한부모 · 조손가족 및 긴급위기가족 등에게 가족기능 및 역량강화를 도모할 수 있는 서비스 제공</td><td></td></tr>
<tr><td rowspan="5">교육 · 프로그램 및 자조모임</td><td colspan="3">• 가족관계 향상을 위한 교육 · 문화프로그램 및 자조모임 등 사회적 관계망 형성 지원</td><td></td></tr>
<tr><td>①</td><td>1인가구 지원</td><td>• 1인가구 대상, 고독 · 고립 예방과 문제 해결
• 심리정서 상담 지원
• 돌봄 지원, 사회적 관계망 지원
• 사례관리</td><td></td></tr>
<tr><td>②</td><td>(손자녀 돌봄) 조부모 역할 지원</td><td>• 자녀의 맞벌이 또는 자녀가족의 해체 등 이유로 손자녀를 돌보는 조부모에게 심리 · 정서 상담 및 교육 등 제공</td><td></td></tr>
<tr><td>③</td><td>노부모 부양가족</td><td>• 장애 · 질병 노부모 부양가족에 대한 심리 · 정서 상담
• 부양가족들 간 소통 커뮤니티 운영
• 노부모 케어 교육* 등 제공
* 노인마음 이해하기, 노인과의 의사소통, 노인돌봄(보건, 영양, 건강운동 등) 등</td><td></td></tr>
<tr><td>④</td><td>면접교섭서비스</td><td>• 이혼 후 자녀를 양육하지 않는 부 또는 모가 자녀와 만날 수 있도록 면접교섭 서비스 제공</td><td></td></tr>
<tr><td>긴급위기 지원</td><td colspan="3">• 긴급위기 상황을 직면한 위기가족 대상
• 심리 · 정서지원 및 긴급돌봄 등 지원</td><td></td></tr>
</table>

(3) 가족생활 영역

가족생활 영역에서는 다문화가족 초기정착지원, 결혼이민자 취업지원 등 맞춤형 가족생활 프로그램 운영을 포함한다. 최근 강화되고 있는 다문화가족자녀 지원(기초학습지원, 진로 · 상담지원 등)도 가족생활 영역에 포함된다. 맞벌이가정의 일 · 가정양립지원 역시 가족생활 영역에 포함된다.

표 9-6 가족생활 영역에서 다루어지는 대상, 주제, 내용

구분	사업내용	비 고
다문화가족 초기정착지원	• 결혼이민자 한국어 교육 등 • 입국 초기 결혼이민자 및 그 가족을 대상으로 내 · 외부 자원 연계 등을 통한 다문화가족 초기정착 지원	
결혼이민자 취업지원	• (기존) 결혼이민자 취업기초 소양교육, 취업훈련 전문기관 연계, 자격증 · 면허증 반 운영 등 결혼이민자에 대한 취업지원 서비스	
	• (신규) 가족센터에서 결혼이민자 대상 맞춤형 직업 사전교육(한국어, 직업소양, 컴퓨터 등)을 실시하고, 새일센터 등 직업훈련기관과 연계해 결혼이민자의 강점을 살릴 수 있는 적합 · 유망 직종에 산출할 수 있도록 통합 지원 ※ 예산을 별도 사업비로 분리하여 편성 · 집행(타 사업 수행을 위한 경비로 사용할 수 없음)	새일센터 등 직업훈련 기관 연계
다문화가족 자녀지원	• 취학 전 · 후 다문화가족 자녀 대상, 기본적인 기초학습 지원	
	• 청소년기 다문화가족 자녀 대상, 상담 · 진로설계 지원	
	• 중위소득 50% 초과 100%이하의 다문화가족 자녀 대상, 교육활동비 지원	
맞벌이가정 일 · 가정양립지원	• 직장 내 고충 및 가정 생활정보 등 맞벌이 가정의 일 · 가정 양립의 지원 프로그램 운영 ※ 지역 여건 · 특성에 따라 직장생활지원 또는 가정생활지원 선택 가능	

(4) 가족과 함께하는 지역공동체 영역

가족과 함께하는 지역공동체 영역에서는 양성평등한 가족문화, 지역사회 공동체 문화, 가족친화 사회 환경 조성, 다문화인식개선 등 가족과 지역사회연계 프로그램을

표 9-7 가족과 함께하는 지역공동체 영역에서 다뤄지는 대상, 주제, 내용

구분	사업내용	비고
인식개선 및 공동체 의식	• 다문화, 한부모, 조손, 북한이탈 가족 등 다양한 가족의 특성 이해 및 편견해소 지원 • (서비스방법) 가족단위 동아리 조성, 이웃 간 품앗이 조성, 캠페인, 자치활동 공간조성, 지역사회협의체, 유관기관 네트워크 적극 활용 및 참여추진, 기관이나 기업 등과의 가족지원 사업 협력, 지역 내 유관시설등과의 가족지원을 위한 가족서비스협의체 구성 등	
가족친화문화 프로그램	• 가족캠프, 가족축제, 가족체험활동 등 • 가족구성원 전체가 참여하는 프로그램 운영	
가족사랑의 날	• 정시퇴근 문화 확산 등 캠페인 • 매주 수요일 가족이 함께 참여하는 프로그램 • 지역사회연계 가족친화 프로그램 운영 등	
가족봉사단	• 가족단위 자원봉사활동 • 다문화가족나눔봉사단	
공동육아나눔터 운영	• 육아 공간 및 돌봄프로그램 제공 • 이웃과 함께 자녀를 돌보는 돌봄품앗이 활동 조성 지원 등 • (초기 공동체) 돌봄품앗이 운영 → (공동체 성장 · 발전) 돌봄공동체 양성 ※ 지역 수요 및 여건에 따라 지역주민 · 이웃 등이 일상적인 돌봄활동을 함께하는 돌봄공동체 발굴 · 지원	
다문화가족 교류 · 소통공간	• 다문화가족 자녀돌봄 및 성장 지원, 결혼이민자 자조활동, 지역사회 통합 등 • 다문화가족의 사회 참여 · 소통을 위한 공간 지원	
결혼이민자 정착단계별 지원 패키지	• 한국생활 초기적응이 이루어진 결혼이민자 대상 • 결혼이민자가 스스로 본인의 정착과정을 설계하고 관련서비스 탐색, 실행계획 수립 등을 수행할 수 있도록 지원	

운영하도록 한다.

5) 가족센터 별도사업

가족센터 별도사업 가운데 앞서 기본사업 영역에서도 일부 다루어진 사업들이 있으나, 기본사업과 구분되는 별도예산이 편성, 지급, 운영된다는 점에서 별도사업으로 분류된다. 특히 다문화가족 이중언어, 언어발달, 방문교육, 통번역, 결혼이민자 역량강화지원사업은 모두 '다문화가족 특성화사업'에 포함된다. 다문화가족 사례관리사업의 경우 기존에는 다문화특성화사업에 포함되었으나 2024년부터 온가족보듬사업으로 변경되었으며, 기존에 운영되었던 권역별 미혼모 · 부자 거점기관 운영지원사업의 경우 온가족보듬사업 내 통합, 연계가 필요하다.

표 9-8 가족센터 별도사업

구분		사업내용	비고
다문화 특성화 사업	이중언어교육지원	• 영유아, 초등 자녀를 둔 다문화가족 대상으로 이중언어교육 지원사업	가족관계 영역
	언어발달 지원사업	• 언어발달 교육이 필요한 자녀와 부모 대상 언어교육 및 부모상담서비스 제공 사업	가족돌봄 영역
	방문교육 지원사업	• 센터를 방문하기 어려운 다문화가족을 대상으로 한국어교육, 부모교육, 자녀생활서비스를 제공	
	통번역 지원사업	• 입국 초기 결혼이민자의 초기 정착단계에서 경험하는 의사소통 문제해결을 위하여 통번역서비스를 지원하는 사업	가족생활 영역
	결혼이민자 역량강화 지원사업	• 결혼이민자, 중도입국자녀가 한국의 일상생활과 사회생활에 적응할 수 있도록 지원하기 위하여 한국어교육 실시	

권역별 미혼모·부자 거점기관 운영지원 사업 (2025년부터 삭제)	• 미혼모·부가 자녀를 스스로 양육하고자 할 경우 초기위기에 대처할 수 있도록 상담, 출산비 등 병원비, 교육문화프로그램 및 자조모임 등 서비스를 제공함으로써 양육 및 자립 지원	가족돌봄 영역
공동육아나눔터 사업	• 육아 공간 및 돌봄프로그램 제공, 이웃 간 자녀돌봄 품앗이 활동 조성 지원 등	가족공동체 영역
아이돌봄지원 사업	• 취업 부모들의 양육부담을 경감 등 가정으로 아이돌보미를 연계하여 가정 내 개별 돌봄 서비스를 제공	가족센터 위탁과 별도위탁
지역특성화사업 및 외부공모사업	• 지역별 여건과 특성에 따른 지역특성화 사업, 각 지자체 별도 예산으로 운영 • 외부공모사업 선정에 따른 별도사업 및 예산 운영	

2. 건강가정지원센터

1) 건강가정지원센터 현황

건강가정지원센터는 2005년 시행된「건강가정기본법」에 따라 “건강한 가정생활 영위, 가정의 유지와 발전”이라는 목표를 달성하기 위한 가족지원서비스 전달체계로 설립되었다. 건강가정지원센터는 수요자 중심의 서비스 전달체계를 갖추고 지역 주민의 특성을 고려한 맞춤형 가족지원서비스를 제공함으로써 가족의 안정성 강화 및 가족관계 증진에 기여한다는 사업 목적을 갖고 운영되고 있다(여성가족부, 2025).

2004년도 3개소 시범사업을 시작으로 2005년 15개소에서「건강가정기본법」시행과 함께 본격적으로 확대 설치되기 시작하였다. 2015년에는 독립형센터가 118개, 그중 병합형 다문화가족지원센터를 위탁받아 운영하는 독립형 건강가정지원센터는 78개소, 다문화가족지원센터에서 건강가정지원센터 위탁을 받아 운영하는 다기능화센터는 전국 33개소가 되었다.

하지만 가족센터로의 통합이 본격적으로 확대되면서 전국적으로 건강가정지원센터 수는 감소하여 2025년 기준 9개가 운영되고 있다(〈표 9-9〉 참조).

표 9-9 센터 유형별 현황

	가족센터	건강가정지원센터
2024년	212	13
2025년	220	9

2) 건강가정지원센터 사업[2)]

건강가정지원센터에서 시행하는 사업들은 기본적으로 정부가 추진하는 가족정책의 방향과 맥을 같이한다고 할 수 있다. 건강가정지원센터 사업의 방향은 보편성, 평등성, 통합성, 포괄성, 전문성, 연계성으로 요약할 수 있다. 이러한 사업방향을 기초로 하여 가족기능 강화와 가족문제 예방에 목표를 두고 크게 네 가지의 사업기능, 즉 가족교육 및 상담, 가족돌봄 지원, 지역맞춤형 서비스 지원, 평등하고 행복한 가족친화문화 조성의 기능으로 나누어 그에 해당하는 다양한 사업을 추진하고 있다.

(1) 영역별 수행사업(공통사업)

시 · 군 · 구 건강가정지원센터에서 수행해야 하는 사업은 해당 연도 지침에 따라 매년 약간의 명칭 변경이 있기는 하나 기본적으로 모든 센터가 필수적으로 해야 하는 공통사업과 센터의 특성과 상황에 맞게 선택하여 할 수 있는 선택사업, 그리고 별도 지침에 의해 추진되는 사업을 포함한다. 시 · 군 · 구 건강가정지원센터 사업 범주는 크게 가족돌봄 나눔, 가족교육, 가족상담, 가족문화, 지역사회 연계 등 5개 영역으로 나뉜다. 독립형센터는 5개 영역 수행사업을 모두 실시해야 하고, 다기능화센터는 4개 영

2) 여성가족부(2025). 가족사업안내(I), (II)를 중심으로 요약하였음.

역의 사업을 수행하면 되는데, 이 중 3개 영역(가족교육, 가족상담, 가족문화)은 필수이며 1개 영역은 선택이다(가족돌봄, 지역사회 연계 중 택일).

시 · 군 · 구 건강가정지원센터 사업 방향은, 첫째, 다양한 가족지원과 이용자들의 참여를 확대하여 가족기능 지원을 강화하는 것이다. 이용자 참여 확대를 위해 가족이 함께하는 가족단위 프로그램을 활성화하거나, 한부모가족, 조손가족 등 다양한 가족이 참여할 수 있는 프로그램을 강화하는 방식이다. 두 번째 사업방향은 생애주기별 부모교육 등 가족교육을 활성화하는 것이다. 가령, 관공서, 공공기관, 학교, 기업, 군부대 등 찾아가는 가족교육을 활성화하거나 아버지교육 중 일부를 직장맘 남편을

표 9-10 시 · 군 · 구 건강가정지원센터 공통사업

구분 영역	시 · 군 · 구 센터 공통사업	설명
가족돌봄 나눔	① 모두가족 봉사단	• 기존의 가족봉사단의 활동 내용을 '돌봄'을 주제로 전환하여 운영
	② 모두가족 품앗이	• 전업주부와 맞벌이 주부가 함께 운영하는 품앗이, 남성이 참여하는 품앗이 등 다양한 그룹 운영
	③ 아버지-자녀가 함께하는 돌봄 프로그램	• 아빠와 자녀가 함께하는 돌봄프로그램 운영
	④ 취약 · 위기가족지원 사례관리	• 대상자의 정책욕구와 강점 사정을 기반으로 서비스 계획 수립 후 대상자에게 적합한 서비스와 자원을 확보하여 지원인력파견, 정보제공, 지역사회 자원 활용 · 연계 등 직 · 간접적 서비스 지원
	⑤ 취약 · 위기가족지원 교육 · 문화프로그램 및 자조모임	• 가족관계 향상을 위한 교육 · 문화프로그램 및 자조모임 등 사회적 관계망 형성 지원 • 1인가구 지원사업, 손자녀 돌봄, 노부모 부양가족, 면접교섭 서비스 등
	⑥ 취약 · 위기가족지원 긴급위기지원	• 긴급위기 상황을 직면한 가족에 대한 심리 · 정서지원 및 긴급돌봄, 병원동행 등 지원

위한 특화프로그램으로 운영 또는 아빠 육아 참여 확대를 위해 육아정보를 공유하는 아빠자조모임을 운영 · 지원할 수 있다. 영역별 수행사업을 살펴보면 다음과 같다.

① 가족돌봄나눔 영역

가족돌봄나눔 사업이란 가족 간 실제적 돌봄 활동 증대 및 돌봄 스트레스 감소 지원, 가족원들의 가족돌봄 역량을 강화하여 가족관계 향상을 돕고, 이웃 간 돌봄나눔 문화 확산을 지원하는 사업을 포괄적으로 말한다(한국건강가정진흥원, 2012). 센터 공통사업으로는 모두가족 봉사단, 모두가족 품앗이, 아버지-자녀가 함께하는 돌봄 프로그램, 취약 · 위기가족지원 사례관리, 취약 · 위기가족지원 교육 · 문화프로그램 및 자조모임, 취약 · 위기가족지원 긴급위기지원을 들 수 있다.

모두가족 봉사단(가족 함께 돌보기를 위한 지역봉사단)은 기존 가족봉사단의 활동 내용을 '돌봄'을 주제로 전환하여 운영하며 센터 내 또는 지역사회 돌봄 프로그램과 결합하여 운영하기도 하며 2인 이상의 가족이 돌봄 목표 시간을 정해 놓고 돌봄봉사활동에 참여한다. 모두가족 봉사단은 자녀돌봄에서 출발하여 노인, 장애아, 환자 등 돌봄이 필요한 다양한 대상으로 확대하고 봉사활동을 위한 교육, 자조모임도 활동 내용에 포함하고 있다.

모두가족 품앗이(자녀 함께 키우기를 위한 지역 품앗이)는 기존 구성원 간의 재능 나눔, 돌봄 나눔 활동을 넘어 지역사회와 타 공동체로 돌봄 품앗이를 확대하고 있으며 전업주부와 맞벌이 주부가 함께 운영하는 품앗이, 남성이 참여하는 품앗이 등 다양한 그룹을 운영하고 있다. 품앗이 활동을 위한 전체 가족 예비교육, 전체가족회의 등도 가족품앗이 활동에 포함한다.

아버지-자녀가 함께하는 돌봄 프로그램은 아버지의 양육 참여 확대를 위해 유아나 초등학생을 위한 돌봄 프로그램을 운영하며 아이돌봄, 품앗이, 상담 등 기타 다양한 프로그램과 연계 운영이 가능하다.

취약 위기가족지원 사례관리는 대상자의 정책 욕구와 강점 사정을 기반으로 서비스 계획 수립 후 대상자에게 적합한 서비스와 자원을 확보하여 지원인력 파견, 정보제공, 지역사회 자원 활용 · 연계 등 직 · 간접적 서비스를 지원하도록 한다.

취약 위기가족지원 교육 문화프로그램 및 자조모임은 가족관계 향상을 위한 교육 · 문화프로그램 및 자조모임 등 사회적 관계망 형성을 지원하도록 한다. 1인가구 지원사업, 손자녀 돌봄, 노부모 부양가족, 면접교섭서비스 등이 포함된다.

취약 위기가족지원 긴급위기지원은 긴급위기 상황을 직면한 가족에 대한 심리 · 정서지원 및 긴급돌봄, 병원동행 등 지원을 포함한다.

② 가족교육 영역

가족교육 영역으로는 생애주기별 가족교육과 남성대상 교육이 있다. 생애주기별 가족교육은 가족 내에서 발생하는 문제를 예방하고 가족 구성원의 역량을 강화시키기 위한 부모, 부부, 조부모, 자녀 등 가족을 대상으로 하는 생애주기별 다양한 교육으로, 예비/신혼기 · 중년기 · 노년기 부부교육, 예비부모교육, 영유아기 · 아동기 · 청소년기 자녀를 둔 부모교육 등이 있다. 남성 대상 교육은 일 · 가정 양립과 가족생활의 남성 참여 활성화를 위한 교육, 남성대상 자기돌봄 교육, 찾아가는 아버지교육을 통한 아빠 대상 육아교육이 있다.

가족교육 운영 TIP

–생애주기별 부모교육 및 남성대상 교육 시 「부모교육 매뉴얼(2017년 개발)」 활용: 생애주기별(예비부모, 영유아기, 학령기), 가족특성별(맞벌이, 한부모, 재혼, 다문화, 조손, 비동거), 아버지, 상담 등 구성

–산부인과, 산후조리원, 군부대, 어린이집, 초 · 중 · 고등학교, 대학교, 관공서, 기업 등 찾아가는 가족교육 운영

③ 가족상담 영역

가족상담 영역은 생애주기에 따라 발생되는 가족 내 다양한 갈등과 문제의 해결을 위한 상담 사업으로 개인을 대상으로 하는 개별적 접근과 가족구성원이 함께 참여하는 가족 단위의 통합적 접근 방법을 사용하고 있다. 가족단위의 면접 상담을 유도하

도록 하며, 연간 상담실적이 100명 이하인 센터는 가족집단상담을 연간 2건 이상 반드시 포함해야 한다.

표 9-11 건강가정가정지원센터 가족상담 흐름도

(1차) 초기상담	(2차) 심층상담 및 연계서비스	(3차) 전문기관(입소시설 등) 연계
가족상담전화 (1577-4206) 전화상담	• 전화상담 또는 대면상담 * 가족상담전화를 통해 연계된 내담자 등 대상 • (긴급) 경찰청, 병원, 여성긴급전화 등 연계	• 한부모가족복지시설 • 입양기관 • 청소년쉼터 • 폭력피해여성쉼터
지역별 가족센터 전화상담		

④ 가족문화 영역

매주 수요일 가족이 함께할 수 있는 프로그램으로 가족사랑의 날을 실시하도록 하며(여건에 따라 요일 변경 가능), 가족관계 개선을 위한 가족캠프, 가족축제, 가족체험활동 등도 운영할 수 있다.

⑤ 지역사회 연계 영역

지역사회협의체와 유관기관 네트워크 적극 활용 및 참여를 추진하고, 기관 협약을 통한 연계사업을 추진하도록 한다.

3. 다문화가족지원센터

1) 다문화가족지원센터의 현황

다문화가족지원센터는 결혼이민자, 귀화자와 대한민국 국적 취득자로 이루어진 다문화가족을 지원하기 위해 2008년 제정된 「다문화가족지원법」 제12조에 근거하여

표 9-12 다문화가족지원센터 설치 현황 (단위: 개소 수)

유형		계	서울	부산	대구	인천	광주	대전	울산	세종	경기	강원	충북	충남	전북	전남	경북	경남	제주
다문화 가족 지원센터	가형	6	–	–	–	1	–	–	–	–	4	–	–	1	–	–	–	–	–
	나형	8	–	4	–	–	–	1	–	–	–	–	1	–	–	–	2	–	–
가족센터		220	26	10	9	9	5	4	5	1	27	18	11	15	14	22	21	21	2

설치, 운영되고 있는 시 · 군 · 구 단위 센터를 말한다. 다문화가족지원센터의 목적은 다문화가족이 안정적인 가족생활을 영위하고 사회구성원으로서의 역할과 책임을 다할 수 있도록 종합적인 서비스를 제공하여 한국 사회에 조기 적응하고 사회경제적으로 자립할 수 있도록 지원하는 데 있다.

다문화가족지원센터는 2016년 기준 총 217개소로 늘어났으나, 가족센터로의 통합이 확대되면서 점차 감소하여, 2025년 기준 14개소가 운영되고 있다(가형 6개소, 나형 8개소).

센터를 이용할 수 있는 사람은 결혼이민자(혼인귀화자 포함), 일반귀화자, 배우자, 시부모, 자녀(중도입국자녀 포함), 친인척, 외국인근로자, 외국인유학생, 북한이탈주민 등이 해당된다.[3)]

다문화가족지원센터 사업 추진체계는 건강가정지원센터와 동일하게 담당 정부부처가 여성가족부이고 중앙관리기관은 기타공공기관(여성가족부 산하)인 한국건강가정진흥원으로 진흥원에서는 다문화가족지원센터에서 시행하는 사업에 대한 프로그램 및 매뉴얼을 개발, 보급하고 인력을 양성하며 사업 관리 및 평가를 지원한다.

다음으로 시 · 도 센터 단위로는 다문화가족지원 거점센터가 있다. 거점센터는 다문화가족지원센터가 설치된 지역을 전국 16개 광역으로 구분하여 각각의 광역을 대표하는 센터로 지정된 센터를 말하는데 주요 업무는 지역센터 간의 네트워크와 센터와 관련 기관 간의 네트워크를 구축하고 방문교육지도사 교육이나 관할지역 센터들

3) 이 장에서 다문화가족지원센터와 관련된 내용은 2025년 여성가족부의 가족사업 안내 1권(다문화가족지원센터 운영)을 참고하였다.

의 사업지원 등의 업무를 수행한다. 주요 업무는 다음과 같다.

- 한국 건강가정진흥원과 권역 내 센터와의 연계 역할
- 권역 내 센터 사업지원 및 관리
- 권역 내 센터 · 관련 기관 간 네트워크 구축 · 운영
- 시 · 도별 특성에 맞는 다문화가족지원 프로그램 개발 · 보급

시 · 군 · 구 단위 다문화가족지원센터는 일반형과 확대형의 두 가지 유형으로 운영되고 있는데, 일반형은 다문화가족지원사업만을 독자적으로 수행하는 센터이며 확대형은 다문화가족지원사업과 건강가정사업을 함께 수행하는 가족센터를 운영하는 경우를 말한다. 센터는 기본 운영비의 규모에 따라 가형과 나형으로 분류되며 가형 센터의 운영비가 더 많다.

표 9-13 다문화가족지원센터 예산 (단위: 개소 수, 천 원)

유형	국비지원 센터 수	개소당 지원액
가형	6	219,500
나형	8	175,000

* 개소당 지원액은 국비, 지방비를 포함한 금액
* 다문화가족 교류 · 소통 공간, 다문화가족자녀지원, 결혼이민자취업지원, 온가족보듬 및 거점센터 운영비 별도 추가 지원

2) 다문화가족지원센터의 운영

(1) 다문화가족지원센터의 조직

일반형의 다문화가족지원센터를 기준으로 살펴볼 때 센터는 센터장과 팀장, 팀원, 사무원의 인력으로 구성되며 기본적으로 교육, 상담, 문화 사업으로 구분된다. 직위별 업무로 센터장은 센터 총괄과 센터 내 직원 간 업무분장, 지역 유관기관과 협력 등 대외활동을 담당하며 팀장은 맡은 부서의 센터 사업 업무총괄과 센터 내 직원관리를

담당하고 팀원은 센터사업 운영과 센터의 회원관리를 담당하며 사무원은 센터 행정 및 회계를 담당한다. 실제로 센터의 조직과 업무분장은 지역 센터의 규모와 상황, 특성에 따라 다소 다를 수 있으며 기본적인 업무분장의 예는 [그림 9-4]와 같다.

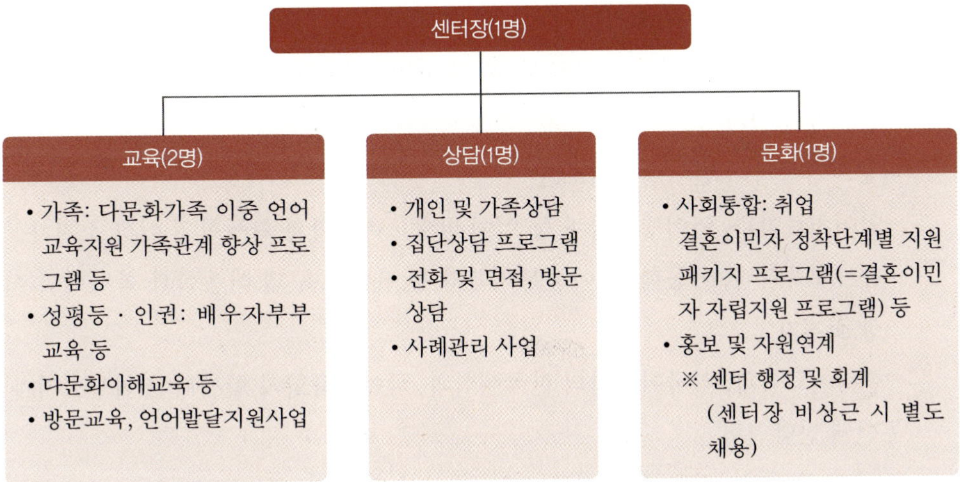

※ 직원 중 1명을 반드시 취업지원담당자로 지정하여야 한다.

※ 가족센터에서는 결혼이민자 정착단계별 지원패키지 프로그램(= 결혼이민자 자립지원 프로그램) 담당자 1인을 지정하여야 한다.

[그림 9-4] 다문화가족지원센터 업무분장 예시

(2) 시설기준

다문화가족지원센터의 입지는 시설의 적정한 분포와 보건 · 위생 · 급수 · 안전 · 환경 및 교통편의 등을 충분히 고려하여 쾌적한 환경에 설치해야 하며 무엇보다 이용자들의 접근성이 고려되어야 한다. 센터가 갖추어야 할 시설로는 사무실(최소한 전용공간 45m^2 이상), 상담실, 교육장, 언어발달교실(16m^2 이상), 비상재해대피시설 등을 갖추어야 한다.

(3) 종사자 자격기준

다문화가족지원센터에서 근무할 수 있는 센터장과 팀장, 팀원, 사무원 종사자의

자격기준은 가족센터 및 건강가정지원센터와 동일하며, 별도예산 지원 사업(다문화 특성화 사업) 종사자 자격기준은 다음과 같다.

- 다문화가족사례관리사(2017년부터 다문화가족생활지도사와 통합하여 운영)
  - 관련 학과 석사학위 소지자
  - 관련 학과 학사학위 소지자로서, 관련 사업 또는 다문화가족지원센터 2년 이상 실무경력자
- 다문화가족자녀 언어발달지도사
  - 언어치료학과, 언어병리학과 등 언어 발달 · 촉진학과 학사학위 이상 소지자
  - 유아교육학과, 아동학과, 아동복지학과 등 유아교육 및 아동학과 학사학위 이상 소지자
  - 한국어교육과, 외국어로서의 한국어학과, 국어교육학과 학사학위 이상소지자
- 통번역 전담인력
  - (전문) 통번역지원사: 한국체류기간 2년 이상, 한국어능력시험(TOPIK) 4급 이상
  - 통번역지원사(보): 한국 체류기간 2년 이상, 한국어능력시험(TOPIK) 3급 이상
- 이중 언어코치
  - 결혼이민자, 한국 거주기간 2년 이상, 한국어능력시험(TOPIK 4급 이상), 대졸 이상의 학력(4개 요건 모두 충족해야 함)

* 대졸 학력 소지자 확보 어려운 경우 지자체장과 협의 후 채용 가능

3) 다문화가족지원센터의 주요 사업

다문화가족지원센터 사업의 내용은 「다문화가족지원법」 제12조에 명시된 다문화가족지원센터가 수행해야 할 업무에 근거해 있는데 법에서 정한 사업의 내용은 다음과 같다.

- 다문화가족을 위한 교육 · 상담 등 지원사업의 실시

- 결혼이민자 등에 대한 한국어교육
- 다문화가족 지원서비스 정보제공 및 홍보
- 다문화가족 지원 관련 기관·단체와의 서비스 연계
- 일자리에 관한 정보제공 및 일자리의 알선
- 다문화가족을 위한 통역·번역 지원사업
- 그 밖에 다문화가족 지원을 위하여 필요한 사업

이러한 법에서 정한 업무를 기본으로 다문화가족지원센터 사업이 구성되며 구체적인 사업의 내용은 매년 조금씩 변화가 있으나 큰 틀에 있어서는 법에서 정한 사업

표 9-14 다문화가족지원센터 기본 사업의 주요 내용

사업 영역	공통 필수	선택(예시)	비고
가족	• 이중언어 교육지원 • 다문화가족 학령기 자녀 입학 및 입시 정보 제공 (부모 대상, 연간 4시간) ※ 상·하반기 각 1회	• 가족의사소통프로그램 • 가족관계향상 프로그램 • 결혼과 가족의 이해, 가족의 의미와 역할 • 아버지교육 • 부모-자녀관계 및 자긍심향상프로그램 • 자녀교육프로그램/자녀성장지원사업 등 • 부모역할교육, 자녀건강지도, 자녀생활지도 • 국내체류 결혼이민자의 부모 대상 손자녀 양육·교육프로그램 • 다문화 한부모 양육·교육 프로그램 • 다문화가족 자녀지원 사업 • 취약·위기가족 지원사업(사례관리, 교육·문화프로그램 및 자조모임, 긴급위기지원)	연간 필수 14시간, 선택 26시간 이상 (이중언어코치 배치 센터는 공통필수 중 이중언어 부모 가족 코칭 프로그램 160시간 이상)

성평등 · 인권	• 가족 내 성평등 교육 • 다문화이해교육 • 인권감수성 향상교육 • 결혼이민자와 한국인 배우자 · 부모 대상프로그램(多함께 프로그램) 등(2시간) • 폭력피해 대처 및 예방교육	• 결혼이민자 대상 인권교육 프로그램 • 다문화가족 관련법과 제도 • 이주민과 인권 • 찾아가는 폭력예방교육	20시간 이상 실시
사회통합	• 취업기초소양교육 • 구직자 발굴시 e새일시스템과 연계된 워크넷 등록 및 새일센터로 적극 연계 • 새일센터의 결혼이민자 대상 직업교육훈련 개설 시 적극 협조 (교육과정 설계 · 모집 등)	• 결혼이민자취업지원(특화 직업훈련)	e새일시스템과 연계된 워크넷 등록 및 새일센터 연계 (10건 이상)
	• 다문화가족 나눔봉사단 소양교육 (4시간 이상) • 다문화가족 나눔봉사단 활동	• 한국사회적응교육 • 소비자 · 경제교육 • 학업지원반 운영 및 연계 • 다문화가족 자조모임 • 다문화인식개선 • 결혼이민자 멘토링프로그램 • 결혼이민자 정착단계별 지원 패키지 프로그램*(결혼이민자 자립지원 패키지 프로그램) 등 * 가족센터는 공통 필수 사업으로 실시 • 재난안전교육 • 다문화가족 교류 · 소통 공간 • 선거교육 • 결혼이민자 노후준비교육 • 다문화가족 미디어 리터러시 교육	15시간 이상 실시 (봉사자 소양교육 필수 4시간 포함)

상담	가족상담	• 개인상담 • 집단상담 • 사례관리 • 위기가족 긴급지원 • 외부상담기관 연계 등	연간 80회기 이상
홍보 및 자원 연계	세부프로그램 영역 • 지역사회 홍보 • 지역사회네트워크 • 홈페이지 운영 등		센터 홈페이지 프로그램 안내 게시판에 익월 프로그램에 대한 안내글 게시(매월 30일까지)

을 기준으로 한다. 다문화가족지원센터의 사업은 크게 기본 사업과 별도 지원 사업으로 구분되며 기본 사업으로는 가족, 성평등 · 인권, 사회통합, 상담, 홍보 및 자원 연계 영역의 사업이 있으며 별도 지원 사업으로는 다문화가족 특성화사업(방문교육사업, 다문화가족 자녀 언어발달지원사업, 통번역서비스 사업, 이중언어 교육지원, 결혼이민자 역량강화지원 사업, 결혼이민자 취업지원, 취약위기가족지원), 다문화가족 자녀 지원사업, 다문화가족 교류 · 소통 공간 운영 등이 있다. 다문화가족지원센터의 사업의 영역은 크게 5가지로 영역별 공통필수 및 선택 사업의 구체적인 내용은 〈표 9-14〉와 같다.

4) 다문화가족지원센터 별도 지원 사업

다문화가족지원센터는 다문화가족을 위한 기본 사업 외에 별도의 사업비로 운영되는 별도 지원 사업이 있으며 이러한 사업은 기본 사업만큼 중요한 사업이라고 할 수 있다.

대표적으로 다문화가족 특성화사업을 들 수 있으며, 방문교육사업, 다문화가족 자녀 언어발달지원사업, 통번역서비스 사업, 이중언어 교육지원,[4] 결혼이민자 역량강화지원 사업, 결혼이민자 취업지원, 취약위기가족지원이 특성화사업에 포함된다. 그

4) 다문화가족 기본사업 '가족' 사업영역에 포함되나, 예산상으로는 다문화가족 특성화사업에 포함.

외, 다문화가족 자녀 지원사업, 다문화가족 교류·소통 공간 운영 사업도 비교적 근래 추가된 별도 지원 사업이다.

(1) 다문화가족 특성화사업

① 다문화가족 방문교육사업

다문화가족 방문교육사업은 지리적 접근성과 취업, 자녀출산이나 육아 등의 어려움으로 센터를 이용하기 어려운 다문화가족을 위해 방문교육 지도사를 파견하여 한국어교육서비스와 부모교육서비스 그리고 자녀생활서비스를 제공하는 사업이다. 한국어서비스와 부모교육서비스는 무상으로 제공되며 자녀생활서비스는 본인부담금이 차등적용된다.

방문 한국어교육서비스의 대상은 최초 입국 5년 이하 결혼이민자, 중도입국자녀(외국에서 성장 후 국내로 입국한 다문화가족 자녀로 한정)로, 생활언어를 익히고 문화를 이해할 수 있도록 체계적·단계별 한국어교육서비스 제공한다.

방문 부모교육서비스는 언어 및 문화차이 등으로 자녀양육에 어려움을 겪고 있는, 12세 이하 자녀가 있는 결혼이민자에게 부모교육을 제공하며, 자녀생활서비스는 3~12세 이하 다문화가족 자녀·중도입국 자녀에게, 학업이나 자아·정서·사회성 발달에서 어려움을 겪지 않도록 제공되는 서비스이다.

② 다문화가족 자녀 언어발달지원사업

다문화가족 자녀 언어발달지원사업은 언어 발달과 의사소통에 어려움을 갖는 다문화가족 자녀에게 체계적이고 전문적인 언어 발달 지원을 통해 자녀들의 원만한 언어 발달을 돕기 위한 사업이다. 사업의 주요 내용은 크게 세 가지로 다문화가족 자녀의 언어평가, 언어교육, 부모상담 및 교육으로 나뉜다. 먼저 언어평가는 대상 아동에게 적합한 평가도구를 활용하여 아동의 언어 발달 정도를 평가하는 것이며, 언어교육은 언어 발달 평가에 근거해 교육이 필요한 아동에게 어휘, 구문, 대화·사회적 의사소통능력, 읽기 및 이야기하기 등의 발달촉진을 위한 언어교육을 실시하는 것이다.

그리고 부모상담 및 교육에는 대상 아동 부모와의 공감대 형성을 위한 부모상담 및 자녀 언어발달을 지원하는 부모교육이 포함된다.

이 사업의 대상자는 언어평가 및 언어교육이 필요한 다문화가족 자녀(12세 이하, 단 초등학교 재학 중인 아동의 경우 12세 초과하여도 대상에 포함)로, 다문화가족을 우선적으로 지원하되, 지역 상황에 따라 외국인가족, 북한이탈주민가족 등 지원이 가능하다.

우선 선정 대상은, 국민기초생활보장 수급자나 한부모가정, 조손가정, 맞벌이가정, 다자녀가정(2자녀 이상), 가구원에 장애가 있거나 요양이 필요한 질병이 있는 경우, 섬 · 벽지 지역 거주가정이며, 우선기준 기준을 초과하더라도 시 · 군 · 구청장이 필요하다고 판단되는 경우도 가능하다. 다만, 다문화가족 방문교육서비스 중 자녀생활서비스와 중복지원이 되지 않으며, 중앙 및 지자체가 실시하는 유사 사업 대상자(국비 및 지방비 지원으로 언어치료바우처를 받고 있는 경우)도 지원 대상에서 제외된다.

언어교육 서비스는 주 2회 회당 40분 수업을 원칙으로 하나, 외부기관 연계 수업 시 주 1회 운영이 가능하며, 보강이 있는 경우 개인당 최대 주 3회가 가능하다. 또한 맞벌이, 자녀양육 등으로 주 2회 센터 방문이 어려운 경우 주 1회 수업도 가능하며, 주 1회 40분 수업 또는 주 1회 80분 수업 등 탄력적으로 운영할 수 있다. 수업 종류는 1:1 개별수업과 2인 이상 모둠수업으로 운영가능하며, 모둠수업 시 아동연령, 발달상태 등을 고려하여 비슷한 수준의 아동들로 구성하도록 한다. 서비스 대상자 부모에 대한 부모상담 및 교육으로는 부모상담(1:1), 부모교육(2인 이상), 사후상담이 있다.

표 9-15 언어교육 서비스 대상 부모상담 및 교육

부모상담	부모교육	사후상담
언어발달지원서비스를 받는 대상자 부모에 대한 심리, 정서 지원, 언어평가 및 교육 관련 상담 등	다수의 부모를 대상으로 가정 내 언어촉진을 주제로 한 교육	서비스 종료, 중단된 가정에 대한 지속적인 사후관리 (전화상담, 센터 사업 혹은 외부 서비스 연계 등) ※ 언어교육 종료 후 6개월 이내 사후상담 실시 (아동 1인당 2회 이상)

1회(6개월) 교육진행이 완료된 경우, 아동 진전평가 결과에 따라 서비스 연장이 가능하며(연장소견서), 최대 3회까지 연장가능하다(최대 총 24개월). 아동의 언어평가를 통해 언어발달 수준이 정상범위에 도달 시에는 아동 보호자와 상담을 통하여 서비스는 종료된다.

③ 결혼이민자 통번역서비스 사업

결혼이민자 통번역서비스 사업은 입국 초기 결혼이민자의 정착 단계에서 경험하는 의사소통 문제를 해결하기 위해 통번역서비스 지원을 통해 조기적응을 돕고 통번역 인력채용 등 사회적 일자리 확대로 결혼이민자의 자립능력 및 주체적 역량 강화를 도모하기 위한 목적을 갖는 사업이다. 서비스가 제공되는 언어는 결혼이민자 주요 출신국 언어로 베트남어, 중국어, 필리핀어(영어, 타갈로그어), 몽골어, 태국어, 러시아어, 캄보디아어, 일본어, 네팔어 등 센터별로 1~4개 언어가 지원되며 해당지역 센터에서 지원되지 않는 언어는 인근 가족센터 · 다문화가족지원센터, 다누리 콜센터[5]로 연계 지원한다.

참고 9-1 다문화가족지원포털 다누리

통번역 서비스 대상은 다문화가족, 외국인 · 난민가족 또는 다문화가족, 외국인 · 난민가족을 직 · 간접적으로 지원하는 개인 또는 기관이며, 아래 서비스의 내용에 대해 통역, 번역, 정보제공 등으로 제공된다.

- 가족생활 및 국가 간 문화차이 등 입국 초기 상담 통번역
- 결혼이민자 정착 지원, 국적 · 체류 관련 정보 제공 및 사업 안내 통번역
- 임신 · 출산 · 양육 등 생활 정보 안내 및 상담내용 통번역
- 교육과정 통번역 지원
- 가족 간 의사소통 통역
- 행정 · 사법 기관 이용 시 통역(공증 제외)
- 병원, 보건소, 경찰서, 학교 등 공공기관 이용 시 통역(공증제외)
- 위기 상황 시 긴급지원 통번역
- 기타 다문화가족을 직 · 간접적으로 지원하는 개인 또는 기관에서 의뢰하는 통번역 업무등

단, 의사소통에 문제가 없는 이민자의 통번역 요청, 무료를 악용한 개인 및 업체의 요청, 공증을 요구하는 기관 및 개인의 요청, 분쟁의 소지가 있거나 법적 책임을 요구하는 통번역 요청, 무리한 서비스의 지속적 · 반복적인 요구에 대해서는 통번역서비스가 제한된다.

④ 이중언어 교육지원

다문화가족 자녀가 가정 내에서 영유아기부터 자연스럽게 이중언어로 소통할 수 있는 환경 조성을 위해 체계적이고 전문적인 부모교육 및 부모-자녀 상호작용 서비스를 제공하는 사업으로, 부모역량을 강화함으로써, 부모-자녀 간 의사소통과 정서

5) 다누리콜센터(1577-1366): 13개 언어 통역 · 3자 통화 및 한국생활 정보제공 전화 상담 가능(한국어, 영어, 중국어, 베트남어, 타갈로그어, 캄보디아어, 몽골어, 러시아어, 일본어, 태국어, 라오스어, 우즈베크어, 네팔어)

적 유대감 강화, 다문화가족 자녀의 이중언어 강점을 개발하여 자긍심 · 자아존중감 향상, 부모와의 관계 향상, 나아가 글로벌 미래인재로의 성장 지원을 목적으로 한다.

사업대상은 18세 이하 자녀를 둔 다문화가족으로, 예비부모 및 중도입국자녀를 둔 다문화가족도 포함한다. 단, 대기자가 많은 경우 영유아 자녀 가정을 우선 지원하며, 우선 선정 대상은 언어발달서비스와 동일하다.

사업내용은 크게 2가지로 이중언어 부모 · 가족 코칭과 이중언어 학습지원으로 나뉜다. 이중언어 부모 · 가족 코칭의 경우 센터 내 배치된 이중언어코치가 운영하며, 세부 내용은 결혼이민자 및 한국인 배우자 대상 이중언어 사용의 중요성과 인식개선을 위한 교육으로 부부 · 가족단위 코칭 및 부모와 자녀가 함께 하는 프로그램 등 자율적으로 운영이 가능하다. 이와 함께 다문화가족 자녀의 이중언어 능력을 개발하기 위한 이중언어교실도 운영하도록 한다.

이중언어 학습지원의 경우, 세부적으로 '이중언어 직접교육'은 이중언어 강사를 활용하여 다문화가족 자녀 대상 결혼이민자 엄마 · 아빠의 모국어 학습을 직접교육하는 것이며, 방식은 온 · 오프라인 학습 병행이 가능하다. '온라인 학습권'은 센터 이용이 어려운 다문화가족 자녀 대상 결혼이민자 엄마 · 아빠의 모국어 이중언어 온라인 학습권을 지원하는 사업이다.

⑤ 결혼이민자 역량강화지원사업

결혼이민자, 중도입국자녀가 법무부 사회통합프로그램과 차별화된 실용 한국어를 자율적으로 선택하도록 하여 다양한 학습욕구를 지원하고자 하는 사업으로, 사전 교육 과정과 결혼이민자 역량강화지원 교육 과정으로 나뉜다.

사전 교육 과정은 결혼이민자들에게 필요한 인권, 양성평등, 가정폭력 등의 교육을 사전에 이수한 이후 교육 수강이 가능하도록 하며, 1시간 이상, 사전 실시가 원칙이나, 부득이한 경우 과정 중 실시하는 것도 가능하다. 동영상 자료, 찾아가는 폭력예방 교육 및 온라인 신청(shp.mogef.go.kr) 등 활용이 권장된다.

결혼이민자 역량강화지원 교육 과정은 실생활에 유용한 7개 과정의 한국어 교육으로, 세부적으로 자녀학습지도를 위한 한국어교육 프로그램, 지역문화를 활용한 한국어교육 프로그램, 중도입국자녀를 위한 한국어교육 프로그램, 취업을 위한 한국어교육 프로그램, 토픽 읽기, 듣기, 쓰기 교육 프로그램으로 구성된다. 과정별 차시와 시간은 각 12차시, 차시별 기본 1~2시간으로 구성하되, 각 과정은 가급적 주당 10시간 이내로 편성한다. 전체 단계를 개설할 필요는 없으며, 지역 수요를 반영한 과정을 진행하되, 연간 최소 200시간 이상이 되도록 한다. 또한 7개 과정 외 지역수요를 반영한 추가 강의 개설도 가능하다.

결혼이민자 역량강화지원사업을 운영하는 기관의 자격기준으로는 첫번째 다문화가족지원법 제12조에 의하여 설치 · 운영된 다문화가족지원센터가 있으며, 다음으로 시 · 군 · 구가 위탁하여 3년 이상 한국어교육을 운영한 다문화, 외국인 관련기관이 있다. 지자체가 직영하는 다문화가족지원센터는 별도의 위탁절차(위탁계약서 등의 서류절차 포함) 없이 선정이 가능하다. 위탁 운영기관은 손해배상보험 가입을 의무적으로 해야 한다.

교육장소는 10m^2 이상의 규모(1인당 1.75m^2 최소면적 확보)로 한국어교육 운영에 적합한 교육장과 설비를 갖추어야 하며, 교육장소는 수강자가 이용하기 편리한 2곳 이상에 분산하여 운영할 것을 권장한다. 시 · 군 · 구청장은 주민센터, 농협, 도서관, 마을회관 등 수강자가 이용하기 편리한 곳을 지정하여 운영할 수 있도록 협조한다.

강사 자격기준은 '국어기본법 시행령에 따른 한국어교원 3급 이상 자격소지자 우선', '국어기본법 시행령에 따른 한국어교원양성과정(필수이수시간 120시간) 이수자로서 정부기관 또는 시민사회단체,[6] 평생교육법에 의해서 운영되고 있는 평생교육시설 등에서 이민자 대상 한국어교육 경력 500시간 이상 확인 가능자', '초등학교 정교사(2급) 자격 이상을 소지하고, 초등학교 교사 2년 이상 경력 확인 가능자로서 국어기본법 시행령에 따른 한국어교원 양성과정(필수 이수 시간 120시간)을 이수한 자' 중 1개를 충족한 자로, 프리젠테이션 등을 통하여 선발하고, 위촉계약을 체결하도록 한다.

6) '시민사회단체 등'이란 수익사업을 하지 않는 비영리법인 및 국가기관 등에서 부여하는 고유번호증을 소지한 기관이거나 법인을 말한다.

참고 9-2 제4차 다문화가족정책기본계획(2023~2027) 추진과제

비전	다문화가족과 함께 성장하는 조화로운 사회
목표	다문화 아동 · 청소년의 동등한 출발선 보장 / 다문화가족의 안정적 생활환경 조성

대과제	중과제
다문화 아동 · 청소년 성장단계결 맞춤형 지원	① 영유아 자녀양육 지원 ② 학령기 다문화 아동 학습역량 제고 ③ 다문화 청소년 진로개발 지원 ④ 다문화 아동 · 청소년의 정서안정 기반 조성
결혼이민자 정착주기별 지원	① 건전한 국제결혼 환경 조성 ② 다문화가족 가구상황별 맞춤형 지원 ③ 결혼이민자 경제활동 참여 확대 ④ 가정폭력 예방 및 피해자 보호
상호존중에 기반한 다문화 수용성 제고	① 다문화 이해교육 확대 ② 다양성 존중 인식 확산 ③ 다문화가족 사회참여 활성화
다문화가족정책 추진기반 강화	① 다문화가족정책 환류 시스템 구축 · 운영 ② 다문화가족 지원 서비스 접근성 제고 ③ 다문화가족정책 협력체계 강화

생각해 볼 문제

1. 관심 있는 가족센터에서 운영하는 사업들을 사업영역별로 구분해 보고, 영역별 대표적인 기본사업 2~3개를 정리해 봅시다.
2. 건강가정지원센터에서 실시되는 사업을 살펴보고, 개선점과 방향성에 대해 토론해 봅시다.
3. 다문화가족지원센터에서 실시되는 사업을 다문화가족정책 기본계획 추진과제(대과제 및 중과제)에 분류해 봅시다.

참고문헌

「건강가정기본법」 제22조 1항 자녀양육지원의 강화.

「아이돌봄 지원법」 제19조 공동육아나눔터.

여성가족부(2023). 제4차 다문화가족정책 기본계획.

여성가족부(2025a). 가족사업 안내(I).

여성가족부(2025b). 가족사업 안내(II).

여성가족부(2025c). 아이돌봄 지원사업 안내.

주정(2014). 가족서비스 전달체계의 효율적인 개선방안에 관한 연구—건강가정지원센터와 다문화가족지원센터의 통합개편에 관해서. 젠더와 문화, 7(2), 245-285.

한국건강가정진흥원(2012). 건강가정지원센터 가족돌봄 나눔사업 운영안 개발.

[참고사이트]

다문화가족지원포털 다누리, www.liveinkorea.kr

여성가족부, www.mogef.go.kr

한국건강가정진흥원, www.kihf.or.kr

제 10 장

기타 가족서비스 전달체계

이 장에서는 가족을 대상으로 하는 기타 가족서비스 전달체계에 대해 살펴보고자 한다. 대표적으로 한부모가족지원센터, 1인가구지원센터, 사회복지관, 기타 기관들을 살펴보고자 한다. 한부모가족지원센터와 1인가구지원센터는 가족센터와 함께 운영되는 곳도 있고 별도 기관으로 존재하기도 한다. 사회복지관은 주요한 가족서비스 전달체계 중 하나로 이 장에 포함되었다.

1. 한부모가족지원센터

한부모가족지원센터는 한부모가족을 대상으로 한 특별한 욕구에 대응하기 위해 전국 시도별 지역에 따라 설치 운영되고 있다. 한부모가족의 안정적인 생활과 역량 강화, 자립, 복지증진을 위해 주로 상담과 교육, 주거지원, 경제지원, 자녀양육 지원 등 다양한 서비스와 정보를 제공한다. 서울시 한부모가족지원센터에서 수행하는 사업들은 〈표 10-1〉과 같다.

미혼모·부자를 지원하는 기관으로는 여성가족부 미혼모·부자 거점기관이 2009년부터 건강가정지원센터, 가족센터, 기타 복지기관을 통해 운영되기도 하였으나 2025년부터는 가족센터의 온가족보듬사업으로 일원화되었다.

표 10-1 서울특별시 한부모가족지원센터 사업

구분		사업내용
생활안정과 자립역량 강화	한부모생활 코디네이터	• 한부모가족에게 꼭 필요한 각종 정보 및 자원연계(양육, 법률, 주거, 경제 등) • 양육비 이행 정보제공 및 지원 기관 동행 서비스
	한부모가족 심리상담 지원	• 전문 상담기관 연계를 통한 심리·상담(최대 12회기) 서울시 거주 만 18세 이하 자녀를 양육하는 기준 중위소득 100% 이하
	온·오프라인 한부모가족 관련 상담	• 온·오프라인 한부모가족 관련 상담 • 내방, 유선, 온라인(센터 홈페이지, 싱그레 카페 등) 상담
	한부모 자녀 성장 지원	• 엄마와 아기의 꿈을 키워 가는 '꿈틀박스': 영유아 성장용품 꾸러미(아기띠, 수유용품, 이불세트 등) • 임신 6개월~출산 12개월 이내 한부모
		• '선택적 예방접종비' 지원: 로타바이러스 예방접종비 자녀 1인당 24만 원 이내 지원 • 중위소득 100% 이하 출산 6개월 이내 미혼 한부모

	한부모가족 주거자금 소액대출 연계사업	• 저소득 한부모가족의 주거안정을 위해 주거자금을 무이자 대출하는 사업으로 서민주택금융재단과 연계하여 지원
생활안정과 자립역량 강화	용기 있는 미혼모 · 부 초기 지원	• 사실혼 관계가 아닌 미혼모 · 부 가구 • 출산 및 양육지원(자녀 36개월 이하, 연간 70만 원 이내) • 친자검사 지원, 자조모임 운영, 교육문화 프로그램, 자원연계
	한부모가족 가사서비스 지원	• 한부모가족의 시간빈곤 해소 등 가사서비스를 지원(청소, 세탁, 설거지) • 중위소득 120% 이하, 아래 조건 1가지 이상 해당(일 또는 학업을 병행하는 경우, 자녀가 36개월 미만인 경우, 본인, 가족구성원의 질병 또는 장애로 가사가 어려운 경우)
	장애한부모 가족지원	• 중위소득 120% 이하, 18세 이하 자녀를 양육하고 있는 장애한부모 또는 장애아동, 가정, 정리수납서비스, 가사지원서비스, 식생활지원서비스
복지시설 및 기관지원 활성화	한부모가족 프로그램 개발, 보급	• 전문 인적자원 연계(강사) 및 한부모가족 맞춤형 자녀양육 및 부모교육 프로그램 지원
	한부모가족 단체지원	• 한부모가족복지시설 운영 컨설팅: 한부모가족복지시설 운영 컨설팅
		• 정서적 역량강화: 종사자의 전문성 함양 및 재충전을 위한 교육 및 워크숍 진행
	한부모가족 자조모임 지원	• 한부모 관련 정보 교환 및 문화 · 교육 · 봉사활동
인식개선을 위한 사회환경 조성	한부모가족 이해교육	• 대상자 연령에 맞는 한부모가족 이해교육, 찾아가는 이해교육 진행
	모두하나대축제	• 한부모가족이 주체가 되어 시민과 모두 하나 되는 축제 • 한부모가족이 직접 부스를 운영하며 소통
	인식개선 캠페인	• 다양한 가족형태 안에 한부모가족을 이해, 지지, 응원

출처: 서울특별시 한부모가족지원센터 홈페이지에서 정리.

2. 1인가구지원센터

1인가구지원센터는 증가하는 1인가구를 보다 체계적으로 지원하기 위해 2020년 전후 시범사업을 거쳐 본격적으로 설치, 운영되고 있다. 서울시의 경우 2025년 현재, 24개 자치구에서 1인가구지원센터를 운영하고 있으며, 대체로 가족센터와 통합 운영하는 방식이나 일부 별도 법인에서 독립적으로 운영하는 방식을 취한다. 여성가족부의 경우 일부 가족센터를 통해 1인가구지원사업을 운영하고 있다.

서울시 자료에 따르면, 2022~2024년 기간 동안 서울시 자치구별 1인가구지원센터에서 총 2만 5천692건의 프로그램 및 상담이 진행됐으며, 참여 인원은 15만 2천461명에 달하는 것으로 집계되었다(연합뉴스, 2025. 6. 16.). 2025년부터는 생활 여러 방면에서 취약성이 보이는 중장년 1인가구 지원을 보다 확대 운영해 나갈 계획이다.

서울시 자치구별 1인가구지원센터에서 운영하는 사업분야와 프로그램 내용은 〈표 10-2〉와 같다.

표 10-2 서울시 1인가구지원센터 사업분야 및 프로그램

분야		프로그램
교육·여가·문화	공통	1인가구의 사회적 적응을 위한 관계 형성 교육 ① 관계증진, ② 자기돌봄, ③ 적응지원, ④ 재무관리, ⑤ 생활밀착형, ⑥ 지역사회 탐방
	심리지원	나를 위한 그림책방, 토닥토닥, 나만의 동화만들기
	건강안전	요가, 헬스클럽, 탁구, 마라톤, 자기방어 훈련, 호신술
	주거경제	경제범죄 예방 교육, 돈굴리기 프로젝트, 홈키드 집수리
	취미여가	감성사진 담기, 같이 드로잉, 취미 공방
	반려동식물	우리집 가드너, 나의 동반자야, 완벽한 솔로생활
상담		1인가구의 생활상 문제해결을 위한 개인상담 및 집단상담 ① 자기발견, ② 자기돌봄, ③ 가족관계, ④ 심리 & 성격 검사

사회적 관계망	동아리사업, 자조모임, 1인가구봉사단, 여행 ① 모임주제–일상, 여가, 문화 등(예: 독서모임 등) ② 모임요건–1인가구 3인 이상, 월1회 이상 정기모임 활동 ③ 지원내용–모임활동에 필요한 재료비, 체험비 등 활동비
상담 멘토링	개인 및 그룹 멘토링 등을 통해 정서적 지지 및 관계형성 지원 ① 1:1 멘토링–멘토 · 멘티 맞춤형 매칭을 통한 심층상담 ② 그룹멘토링–둘레길 함께 걷기, 독서모임 등 소모임 ③ 강의식멘토링–유명인사의 경험 사례를 통한 관계형성

출처: 씽글벙글 서울(서울 1인가구 포털).

3. 사회복지관

사회복지관은 지역사회 내에서 일정한 시설과 전문인력을 갖추고 지역사회의 인적 · 물적 자원을 동원하여 지역사회복지를 중심으로 종합적인 사회복지사업을 수행하는 시설이다. 사회복지관은 지역사회 특성과 지역 주민의 복지 욕구에 대한 조사결과를 바탕으로 사회복지관의 업무와 지역사회의 특성에 적합한 사업 내용을 자율적으로 결정하되, 「사회복지사업법」 제343의5 및 동법 시행규칙 별표3에서 정하고 있는 사회복지관의 3대 기능(서비스제공기능, 사례관리기능, 지역조직화기능)을 균형 있게 수행하여야 한다(보건복지부, 2024).

사회복지관에서 가족을 대상으로 하는 사업으로는 가족기능강화 분야가 해당이 되며, 구체적 사업 영역으로는 가족관계증진사업, 가족기능보완사업, 가정문제해결 · 치료사업, 부양가족지원사업, 다문화가정, 북한이탈주민 등 지역 내 이용자 특성을 반영한 사업을 들 수 있다.

- **가족관계 증진사업**: 가족 간의 의사소통을 원활히 하고 각자의 역할을 수행함으로써 이상적인 가족관계를 유지함과 동시에 가족의 능력을 개발 · 강화하는 사업으로 교육 및 훈련 프로그램, 상담 및 검사 등이 포함된다.

- **가족기능 보완사업:** 사회구조 변화로 부족한 가족기능, 특히 부모의 역할을 보완하기 위하여 주로 아동·청소년을 대상으로 실시되는 사업으로 아동·청소년 대상 방과 후 보호 및 보육·교육, 진로탐색 및 지도, 사회성향상 집단 프로그램, 학교사회사업이 있다. 이러한 사업의 아동 대상 프로그램에서는 방과 후 아동보호 및 보육 서비스를 실시하고 있고, 청소년 대상 프로그램에서는 공부방 및 도서관 운영(학습 및 독서 지도 포함), 사회성향상, 감성교육, 심성 발달 프로그램, 진로 탐색 및 지도, 학교사회사업 서비스를 실시하고 있다.
- **가정문제 해결·치료사업:** 문제가 발생한 가족에 대한 진단·치료·사회복귀를 지원하는 것으로, 신체 및 정신장애인 교육·특수치료·사회적응 프로그램, 청소년 및 위기가정, 폭력·학대가정 개입 등 신체적 장애 관련 프로그램과 정신적 장애 관련 프로그램, 청소년 프로그램, 위기가정 문제 프로그램, 폭력·학대 프로그램이 시행되고 있다.
- **부양가족 지원사업:** 보호 대상 가족을 돌보는 가족원의 부양부담을 줄여 주고 관련 정보를 공유하는 등 부양가족을 지원하는 사업으로 치매노인 및장애인, 만성질환자 등 부양가족 지원 치매노인 가족 지원, 장애인 가족 지원, 만성질환자 부양가족모임, 장애아동 부모상담, 그 밖에 부양가족 지원사업 등이 있다. 그 밖에도 그 지역의 특성에 따라 다문화가정, 북한이탈주민 등 지역 내 이용자 특성을 반영한 사업들도 이루어지고 있다.

사회복지관은 가족을 대상으로 하는 서비스의 경우 가족센터와 유사한 서비스를 전달하는 기관으로서 이들 두 기관은 서로의 장단점이 있기 때문에 서로 유기적으로 연계되어 서비스를 제공하는 것이 효율적일 것이다. 사회복지관의 경우 사업 내용상 포괄성이 있으며 다양한 가족을 모두 아우르는 장점이 있다. 또한 복지관은 상대적으로 인지도가 더 높은 편이며, 가족센터의 경우 저소득층이 이용 대상이라는 사회적 인식이 없고 가족관계나 문화사업, 교육 사업 등을 수행함에 있어서 우선사업 대상자들을 우선적으로 선발해야 한다는 지침이 없어 대상자들의 접근성이 높은 편이다. 또한 기존의 약점으로 지적되었던 단독 건물이 아니라 협소하다거나 통합적 서비스 지원체계가 미비하다는 점, 보수적 가족관점이 강하다는 점 등이 지적되었으나(조현순, 정은, 2007) 이러한 점은 개선이 되고 있다.

4. 기타 가족서비스 기관

1) 위기가정 통합지원센터

위기가정 통합지원센터(소나무센터)는 서울시와 서울지방경찰청에서 운영하는 기관으로 폭력, 학대, 방임 등 위기가정을 발굴하고, 발견 · 신고된 위기가정에 대해 초기상담부터 통합적 사례관리, 서비스 연계와 복지서비스 제공, 사후관리를 제공한다.

이 센터는 '찾아가는 동주민센터' 서비스와 자치구의 '통합사례관리 사업', 경찰청의 '학대예방경찰관(Anti-abuse Police Officer: APO)', 자치구의 '통합사례관리사업'이 결합한 모델로, 자치구별로 운영 중인 통합사례관리사(1명)와 경찰서별로 배치된 학대예방경찰관(APO)(1~2명), 상담사(2~3명) 등 총 4~6명의 인력이 센터에 상주하며 위기가정을 지원한다.

112신고를 통해 경찰에 위기가정이 신고되면 학대예방경찰관(APO)이 관련 정보를 위기가정 통합지원센터에 공유하고, 상담사는 전화 초기상담을 통해 위기가정의 기본적인 실태를 파악하고, 통합사례관리사는 초기상담 정보를 토대로 각 가정을 방문해 문제진단 및 해결방안을 논의한다.

위기가정으로 판단 시 아동보호전문기관, 정신건강복지센터 등 전문기관을 연결해 주거나 복지 · 의료 · 교육 · 가정폭력 피해 전문상담, 법률상담 등 다양한 복지서비스 및 민간 전문기관을 연계 · 지원한다. '찾아가는 동주민센터'와 연계하여 위기가정 내 문제가 재발되지 않도록 모니터링과 사후관리를 진행한다(서울시 뉴스레터, 2020. 7. 17.).

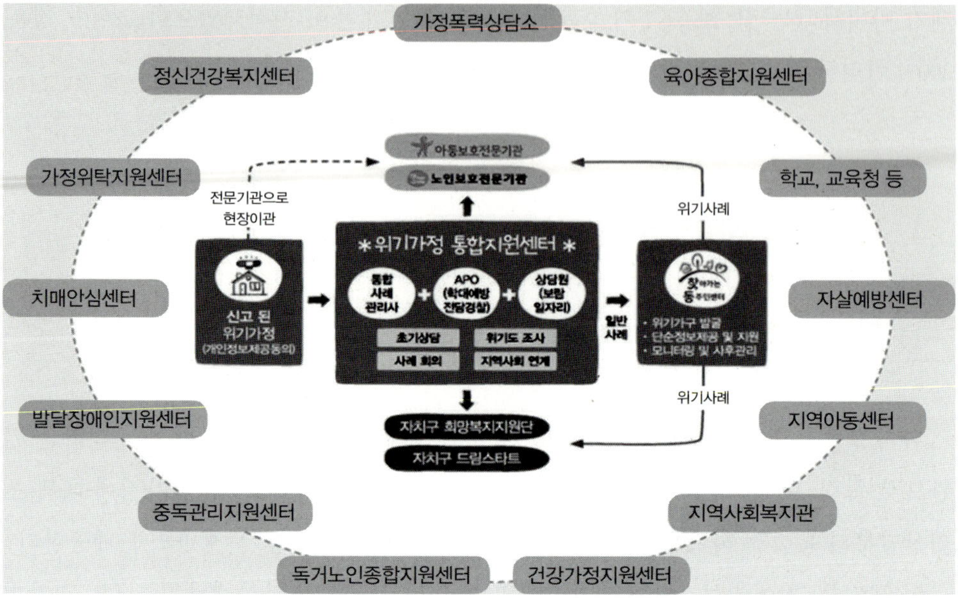

[그림 10-1] 위기가정 통합지원센터 지원체계

출처: 서울시 뉴스레터(2020. 7. 17.).

2) 가정위탁지원센터

가정위탁지원센터는 친부모의 사정으로 친가정에서 아동을 양육할 수 없는 경우, 일정기간 위탁가정을 제공하여 아동을 보호하고 양육하는 일을 지원하는 기관이다. 선진국에서는 대규모 보육시설보다는 가정위탁양육을 더 초점을 맞추고 있다.

보호 대상 아동을 보호 · 양육하기를 희망하는 가정에 위탁 양육함으로써 가정적인 분위기에서 건전한 사회인으로 성장할 수 있도록 지원하는 것으로 좀 더 아동 중심으로 복지 서비스를 지향하는 장점이 있다. 보호 대상 아동에 대한 구체적인 내용과 법적 근거는 다음과 같다.

- 보호 대상 아동 발생 시 가정보호를 우선하도록 하며, 특히 만 2세 미만 영아의 경우 가정보호 우선 실시 필요

- 보호 대상 아동을 보호 · 양육하기를 희망하는 가정에 위탁 양육함으로써가정적인 분위기에서 건전한 사회인으로 성장할 수 있도록 지원
- 보호 대상 아동 발생 시 가정보호를 우선하도록 하며, 특히 만 2세 미만 영아의 경우 가정보호 우선 실시 필요
- 「아동복지법」 제3조(정의), 제15조(보호조치), 제48조(가정위탁지원센터의설치 등), 제49조(가정위탁지원센터의 업무), 제59조(비용보조)
- 「국민기초생활보장법」 제4조 제3항(급여의 기준), 제7조(급여의 종류), 제10조(생계급여를 실시할 장소), 제14조의 2(급여의 특례) 및 동법 시행령 제5조(부양받을 수 없는 경우) 등 관련 조항
- 「의료급여법」 제3조(수급권자)
- 유엔아동권리협약 정신에 기초한 '선 가정보호, 후 시설보호'
- 2005년 「아동복지법」에 가정위탁에 대한 법적 근거 마련

표 10-3 전국 가정위탁지원센터(2025년 기준)*

아동권리 보장원	서울	부산	대구	인천	광주	대전	울산	세종	경기	강원	충북	충남	전북	전남	경북	경남	제주
1	1	1	1	1	1	1	1	–	2	1	1	1	1	2	1	1	1

* 아동권리보장원을 제외한 센터는 지역가정위탁지원센터

출처: 보건복지부 홈페이지(www.mohw.go.kr)에서 정리.

3) 드림스타트센터

드림스타트의 시작은 "공정한 복지(Welfare)와 교육(Education)의 기회를 제공함으로써 빈곤의 대물림을 끊고, 삶의 출발(Start)을 돕자"는 취지로 시작된 '위스타트(WE START)' 시민운동에서 비롯되었다. 이는 빈곤아동의 공정한 출발을 지원하는 미국의 헤드스타트, 영국의 슈어스타트 정책과 맥을 같이 한다. 이후 국가에서 관심을 가지게 되면서, 2007년 보건복지부가 위스타트의 통합사례관리 모델을 기반으로 '희망스타트' 사업을 전국 16개 지역에서 시범적으로 추진하였고 이후 전국적으로 확대되어

전국 시 · 군 · 구 229개소에서 운영되고 있다(보건복지부, 2025).

드림스타트센터는 정부의 지원이 이루어져 12세 이하(초등학생 이하) 취약계층 아동 및 가족, 임산부를 지원 대상으로, 맞춤형 통합서비스를 제공하여 모든 아동에게 공평한 출발 기회를 제공하고, 건강하고 행복하게 성장할 권리를 보장하기 위해 설립된 기관이다. 관할부처는 보건복지부이며, 설치 · 운영은 시 · 군 · 구에서 담당한다(보건복지부, 2025). 주요 사업으로는 아동통합사례관리, 자원관리, 아동복지서비스 통합 · 조정으로, 통합사례관리의 경우 가정방문을 통해 위기도 사정 · 후 지역자원과 연계한 통합서비스 지원, 정기적 점검 및 지속적인 모니터링이 포함된다.

드림스타트 장소는 시 · 군 · 구 청사 내에 전담조직을 설치해야 하며, 드림스타트가 청사 외 장소에 설치된 경우에는 아동복지 업무(복지서비스 지원, 아동보호, 학대 조사 등)의 통합 운영을 위해 청사 내에 전담조직을 별도로 설치하도록 한다. 또한, 서비스 수요 증가에 대응하고 대상자의 서비스 접근성을 높이기 위해 지방자치단체 예산으로 지역사무소를 추가로 설치할 수 있다(보건복지부, 2025).

생각해 볼 문제

1. 기타 가족서비스 전달체계 중 지역사회에서 운영하고 있는 기관을 찾아보고 어떤 서비스를 제공하고 있는지 파악해 봅시다.
2. 1번에서 제공되고 있는 서비스가 가족 문제를 해결할 수 있는지에 토론해 봅시다.

참고문헌

「한부모가족지원법」.

보건복지부(2024). 2024 사회복지관 운영 관련 업무처리 안내.

보건복지부(2025). 2025년도 드림스타트 사업 안내.

조현순, 정은(2007). 가족정책의 효율적 전달체계 운영을 위한 종합사회복지관의 가족 복지 사업과 건강가정지원센터사업의 비교연구. **한국비영리연구**, 6(3), 63-99.

[참고사이트]

보건복지부, https://www.mohw.go.kr

씽글벙글 서울(서울 1인가구 포털), https://1in.seoul.go.kr

서울시 한부모가족지원센터, http://www.seoulhanbumo.or.kr

서울시 뉴스레터(2020. 7. 17.). 가정폭력 · 학대 막는다! 위기가정 통합지원센터 확대.

연합뉴스(2025. 6. 16.). 서울시 '1인가구 지원센터'에 3년간 15만명, 외로움 해결사 역할.

제 5 부

건강가정사업의 실제

INTRODUCTION TO HEALTHY FAMILIES

제11장

건강가정사업의 실천 기술

이 장에서는 건강가정사가 실무자로서 갖추어야 할 기본적인 실천기술을 중심으로, 요구도 조사, 자원개발과 네트워킹, 효과적인 홍보 전략 등 건강가정 사업에서 필요한 기술들을 다룬다. 이를 통해 건강가정사업의 전문성과 실천력을 강화하는 데 필요한 실천적 기반을 제시한다.

1. 건강가정사업의 일반적 실천 기술

건강가정사가 클라이언트를 만나 이들의 욕구를 파악하고 이들에게 효과적으로 사정 및 개입하기 위해서는 구체적인 실천 기술에 앞서 어느 방향과 어떠한 원칙을 가지고 접근해야 하는가에 대한 질문을 할 수 있다.

「건강가정기본법」의 제3장 제21조에서 제33조까지 명시된 다양한 건강가정사업을 진행하고 서비스를 전달하기 위해서 건강가정사가 기본적으로 갖추어야 할 실천기술은 사회복지 분야에서 요구되는 기초 실천기술과 매우 비슷하다. 건강가정사업이 지역 주민에게 효과적으로 전달되기 위해서는 무엇보다 사업 진행자인 건강가정사가 전문가로서 기본적인 실천기술을 갖추고 있어야 하며, 이때 필요한 기술로는 관계 형성 기술, 의사소통 기술, 다른 기관들과의 관계망 형성 기술 등을 들 수 있다.

1) 관계 형성 기술

건강가정사가 건강가정사업을 수행하는 데 있어서 가장 중요한 일 중의 하나는 사업 수행상 만나게 되는 많은 개인이나 가족들과 편안하고 신뢰로운 관계를 맺는 것이라 할 수 있다. 이는 이후 건강가정사가 건강가정사업을 원활하게 수행하고 사업의 성과를 높이는 것과도 직결된다. 즉, 건강가정사의 관계 형성 기술은 건강가정사업 서비스가 다양한 도움을 필요로 하는 가족들에게 효과적으로 전달되게 하는 데 매우 중요하다. 건강가정사가 사업에 참여하는 가족과 상호 신뢰에 바탕을 둔 편안한 관계를 잘 맺기 위해서는 언어적 · 비언어적 의사표현에 대한 민감성과 상대방의 감정, 사고, 느낌에 공감하는 능력이 요구된다.

언어적 · 비언어적 표현에 대한 민감성이란 건강가정사가 서비스 이용을 원하는 개인이나 가족을 만나 초기에 관계를 맺을 때 그들이 보이는 언어적인 표현뿐만 아니라 얼굴 표정이나 신체의 자세나 움직임, 어투, 목소리 등과 같이 비언어적으로 표현되는 감정적인 메시지에 대해서도 민감하게 파악할 수 있는 능력이라 할 수 있다. 상대방이 언어적 · 비언어적으로 표현하는 메시지를 잘 파악할 수 있을 때 상대방의 사고와 정서 상태를 잘 이해할 수 있게 된다.

건강가정사에게는 서비스를 이용하려는 개인 및 가족이 느끼는 문제에 대한 감정이나 사고를 같이 느끼고 이해하는 공감 능력 또한 필요하다. 공감 혹은 감정이입(empathy)이란 건강가정사가 서비스를 이용하려는 개인이나 가족의 입장이 되어 그들이 느끼는 감정, 사고, 행동, 동기 등과 같은 내적 경험을 이해하는 것으로 건강가정사업 프로그램을 이용하려는 개인이나 가족과 좋은 관계를 맺는 데 필요한 기술이라 할 수 있다. 공감이 상대방의 감정을 읽으면서도 객관적으로 자신의 감정을 조절하여 상대에게 도움을 줄 수 있는 것이라 한다면(류경남, 최수정, 2006), 동정심(sympathy)은 상대방의 고통이나 문제에 대해 인간적으로 느끼는 연민과 같은 감정을 말한다. 때로 이러한 동정심의 표현은 건강가정사가 건강가정사업 대상자들과 인간적인 관계를 맺는 데 도움이 될 수 있다.

2) 의사소통 기술

건강가정사가 가족센터 등을 이용하고자 하는 지역 주민을 대하거나 또는 교육, 상담, 문화 사업을 통해 건강가정사업을 전달할 때, 그리고 같은 업무에 종사하는 실무자들과의 회의나 교류활동을 할 때 가장 중요하고도 필요한 기술이 바로 의사소통 기술이다. 건강가정사가 건강가정사업 전문가로서 의사소통 기술을 잘 구사할 때 건강가정사업의 효과는 배가된다고 할 수 있다. 의사소통 기술은 자신의 생각과 감정을 정확히 상대방에게 전달하고, 상대방이 표현하는 생각과 감정을 정확하게 수용하는 기술로 경청하는 기술, 말하는 기술, 질문하는 기술이 특히 중요하다.

(1) 경청하는 기술

경청하는 기술은 건강가정사가 서비스 대상인 개인이나 가족이 말하는 것을 주의 깊게 듣고 자유롭게 표현하도록 격려하며, 말하는 사람들로 하여금 자신이 이해받고 있다는 것을 알 수 있게 해 주는 것을 말한다. 경청을 잘하기 위해서는 구체적으로 다음과 같은 점을 주의해야 한다(엄명용, 노충래, 김용석, 2015).

① 상대방이 표면적으로 나타내는 말뿐만 아니라 그 이면에 숨겨져 있는 감정까지도 세심하게 살핀다.
② 분명하고 침착하며 흥미를 나타내는 어조를 구사한다.
③ 관심과 열린 마음을 갖고 상대방의 말을 잘 듣고 있다는 것을 나타내는 몸짓(표정, 눈빛, 고개 끄덕이기 등)을 적절히 사용한다.
④ 상대방이 한 말 중에서 불분명하거나 추가적인 정보가 필요하면 적절한 질문을 한다.
⑤ 무엇을 주장하거나 의견 제시를 위한 말보다는 상대방을 더 잘 이해하기 위한 말을 한다.

(2) 말하는 기술

건강가정사가 전문가로서 지역 주민 개인이나 가족을 대상으로 서비스를 전달하거나 직장 내에서의 업무 회의나 발표, 유관기관의 관계자들과 우호적인 관계를 형성하기 위해서 특히 정확하게 자신의 의사나 업무 내용을 전달하기 위해서 말하는 기술이 필요하다. 메시지를 전달하는 입장에서 말하는 기술을 위한 준비 사항으로는 다음과 같은 사항을 고려해 볼 수 있다(엄명용 외, 2015).

① 분명하고 단순한 언어를 사용한다. 또렷하게 이야기하되 너무 빨리 말하지 않는다.
② 언어적 표현과 비언어적 표현을 일치시킨다.
③ 듣는 사람이 자신의 말을 잘 따라오고 쉽게 이해할 수 있도록 길고 복잡한 메시지는 여러 부분으로 나누어서 이야기한다.
④ 이야기한 후 상대방이 의견을 피력하거나 질문을 하거나 피드백을 제공할 수 있는 시간을 주어 자신의 말이 제대로 전달되었는지를 확인한다.
⑤ 자신의 말을 어떻게 전달할 것인지를 미리 계획한다(메시지의 중간 부분은 왜곡될

가능성이 가장 높으므로 요점은 말의 맨 앞 또는 맨 뒤에 둔다).

⑥ 자신을 분명하게 소개한다.

⑦ 의사소통의 목적을 분명히 설명한다.

⑧ 상대방의 불분명한 비언어적 의사소통을 확인한다.

⑨ 자신이 듣고 이해한 것을 요약해서 정확하게 이해했는지 확인한다.

⑩ 불분명한 언어는 확인한다.

⑪ 질문에는 분명하게 답한다.

(3) 질문하는 기술

건강가정사가 건강가정사업 서비스를 전달하는 과정에서 서비스를 이용하는 대상자 개인이나 가족과 면담을 하면서 질문을 하는 것은 상대방의 문제와 욕구를 정확히 파악하고, 상대방이 말한 내용을 확인하며, 상대방이 미처 표현하지 못한 생각이나 감정을 더 잘 표현하도록 돕기 위한 것이다.

질문의 유형에는 개방질문과 폐쇄질문이 있다. 개방질문은 상대방이 자신의 생각이나 감정을 충분히 자유롭게 표현할 수 있도록 함으로써 많은 정보를 수집할 수 있다. 그러나 자신의 생각이나 감정을 언어로 표현하는 데 익숙하지 않거나 자신의 낮은 지적 수준에 대해 불안감을 가진 대상자의 경우에는 개방질문의 사용을 조심해야 한다. 폐쇄질문은 상대방이 '예' 혹은 '아니요'의 단답형으로 답하거나 간략하게 답할 수 있게 하는 질문으로, 사실적이거나 신속한 정보를 얻고자 할 때 유용하게 사용된다. 그러나 폐쇄질문은 상대방이 제한된 응답을 하게 되므로 분위기가 경직되거나, 응답을 하는 입장에서는 추궁당하는 느낌과 자신의 생각 또는 감정이 왜곡되거나 무시당하는 느낌을 받을 수 있다. 그러므로 건강가정사는 건강가정사업 서비스를 원하는 개인이나 가족을 면담하며 질문하는 과정에서 상대방의 특성과 면담 상황을 고려하면서 개방질문과 폐쇄질문을 적절하게 사용하는 기술이 필요하다. 그리고 궁극적으로 이러한 질문들을 통해 수집된 정보는 지역 주민 개인이나 가족에게 유용한 도움을 주고자 하는 것임을 건강가정사 자신이 인식하고, 건강가정사가 만나는 대상들에게 알릴 필요가 있다.

질문하는 기술에서 특히 주의할 점은 건강가정사가 원하는 일정 방향으로 응답을 유도하는 질문을 피하고, '왜'라는 질문보다는 '어떻게' '언제' '무엇'이라는 문구를 사용하여 구체적이고 분명하며 자연스러운 답을 하도록 하는 것이다. 또한 만나는 대상들이 말한 내용을 건강가정사 자신이 잘 이해했는지 확인하기 위해 질문을 하게 될 경우가 있는데, 이런 경우 솔직하게 자신이 이해하지 못했다는 것을 밝히면서 상대방이 구체적으로 의미하는 바가 무엇인지 다시 한번 말해 달라고 요청해야 한다. 이를 통해 건강가정사나 상대방 모두 상대방이 전달하는 내용을 명료화할 수 있다.

질문하는 기술은 경청하는 기술 및 말하는 기술과 더불어 의사소통에 필요한 기술로, 특히 언어적 소통 능력이 많이 요구되는 건강가정사에게는 건강가정사업의 중요한 기본 실천기술이라 할 수 있다. 이와 더불어 의사소통을 할 때 상대방에게 예의를 갖추어 존중하는 태도가 겸비되어야 할 것이다.

3) 다른 기관들과의 관계망 형성 기술

가족센터 등에서 근무하는 건강가정사는 기본적으로 지역 내 여러 유관기관, 예컨대 시 · 군 · 구의 센터 담당 부처와 교육지원청이나 보건소, 사회복지기관, 상담기관, 경찰서, 한부모가정 복지시설 등 다양한 지역 내 유관기관과 긴밀한 관계를 맺고 협조를 이끌어 낼 수 있어야 한다. 가족센터 등의 경우 지역사회 내 다른 복지 관련 기관에 비해 비교적 역사가 짧은 후발 기관이므로 해당 센터의 고유한 업무에 대해 소개하고 홍보하며, 지역 내 유관기관들과 경쟁관계가 아닌 협력관계에 있음을 강조할 필요가 있다.

이를 위해서 먼저 건강가정사는 자신이 담당하고 있는 센터에서의 사업 업무가 어떻게 유관기관과 관련이 있고, 해당 기관과 상호 협조체계를 구축하면 어떤 식으로 지역사회와 지역 주민의 삶의 질 향상에 기여하게 되며, 상호 기관 업무에 어떠한 긍정적인 시너지 효과를 가져오는지에 대해 유관기관의 담당자들에게 설득력 있게 설명하고 그들과 협력관계를 맺을 수 있어야 한다.

그리고 나서 유관기관과의 협조적인 관계가 이루어지면 각 해당 기관과의 협약서를 통하여 공식적인 협약관계를 맺는다. 협약관계를 맺은 후 가족센터 등을 중심으로 지역 내 유관기관 협의모임을 주선하여 지역사회 네트워크를 형성하는 정기 모임을 결성하고, 지속적으로 건강가정사업 업무와 관련된 도움과 정보를 교환하며 협조 및 지원 관계를 유지해 간다.

4) 전화상담 시 상황별 응대 기술

가족센터 등은 교육, 문화, 상담, 프로그램 및 아이돌봄지원사업 등 운영 시 전화를 통해 문의, 응대 하는 경우가 많기 때문에 전화상담에 대한 적절한 기술이 필요하다.

특히 상담사업에서의 전화상담은 내담자와의 라포 형성에 매우 중요한 역할을 하므로 전화상담 시 다음과 같이 상황별로 응대하면 좋을 것이다.

① 내담자의 말이 너무 작아 들리지 않을 때에는 내 목소리를 낮추어 상대방이 무의식적으로 크게 말할 수 있도록 유도한다.

② 통화 도중에 전화가 끊기면, 내담자가 오해하지 않도록 먼저 전화를 걸어 전화가 끊긴 사유를 이야기하도록 한다.

③ 흔히 전화가 잘 들리지 않으면 "여보세요."라는 말을 반복하는 경우가 많은데, "여보세요."라는 말은 상대방이 기분 나쁠 수 있으니 사용하지 않도록 한다. 상대방에게 다시 전화를 걸어 주기를 정중히 요청하거나, 번호를 안다면 전화를 끊고 다시 걸도록 한다.

④ 센터 업무 범위를 벗어나서 해결할 수 없는 내용일 때에는 정중하게 양해를 구하고 도움을 받을 수 있는 다른 기관을 안내해 준다.

⑤ 담당자가 출장으로 부재중일 때에는 통화 가능시간을 알려 주거나 메모를 받아, 센터 담당자에게 전달하고, 담당자는 복귀 후 메모사항을 확인하여, 전화를 드리도록 한다.

⑥ 담당자가 통화 중일 때에는 업무 중 통화가 길지 않을 경우 잠시 기다릴 것인가를 물어본다.

⑦ 메모를 받을 때 복창할 경우 한 자 한 자 정확히 발음한다. 이름을 복창할 경우, 성에는 자(字)를 붙이지 않는다.

5) 갈등 및 스트레스 관리기술

건강가정지원센터 상담실무자의 직무스트레스와 직무만족도에 관한 임춘희(2008)의 연구에 따르면, 직무스트레스에서 가장 스트레스를 많이 받는 것은 '월말보고서, 상담통계, 상담실적보고'에 관한 것으로 나타난다. 직무스트레스의 하위영역들은 모두 직무만족도와 유의미한 부적 상관을 나타냈으며, 특히 직장불안, 사업평가, 역량부족, 인간관계, (상담통계 및) 행정처리, 업무과중 스트레스 순으로 직무만족도와 유의한 부적 상관이 있었다. 이러한 결과는 특정 사업영역에 국한된 것은 아니며, 센터 내외부 사업평가, 조직 내 상사, 동료, 후배 건강가정사와의 인간관계 또는 조직 외부 환경과의 갈등과 상충, 행정처리, 업무과중 등으로 인한 스트레스 요인은 대체로 비슷하다고 볼 수 있다.

건강가정사와 유사한 사회복지사 역시 휴먼서비스 전문가 중에서도 특별히 업무로 인한 소진에 취약한 것으로 나타나고 있으며(조성숙, 2018), 이는 최근 실적 중심의 성과평가가 지속되고 복지서비스 공급 주체가 다원화되면서 이용자의 서비스 선택권 강화 및 경쟁심화, 종사자에 대한 처우나 인력 부족은 거의 개선되지 않는 점의 영향이 크다고 하겠다(곽숙영, 2018; 김요섭, 여영훈, 2021). '복지 효율성 강화정책'으로 인한 조직적 변화 요구(이인숙, 2017)는 가족센터에도 해당되어, 가족서비스 이용 인원에 대한 연인원, 실인원 파악 요구, 사업 환류과정 강화, 사업 성과를 측정하기 위한 방법으로 기존 산출지표 이외 성과지표 추가, 사전사후 조사 등 갈수록 가족서비스 성과측정에 대한 변화 요구 수준이 높아지고 있는 실정이다.

반면, 지역사회복지관 사회복지사의 경우 정체성과 업무 범위에 대해 갈등이 많고 역할의 보충적 성격으로 인해 클라이언트의 욕구를 충분히 채울 수 없는 한계를 감정노동으로 대신하면서 소진이 심각한데, 기관은 소진에 대한 책임을 개인에게 전가하는 경향이 있어서 사회복지사들이 건강관리나 취미활동, 동료의 지지, 사명감 강화 등 주로 개인적 차원에서 소진에 대처하는 것으로 나타난다(심용출, 나동석, 2015). 이러한 사회복지 실무자들의 소진 문제는 가족센터 실무자들에게도 해당될 수 있다.

2. 건강가정사업을 위한 요구도 조사 기술

일반적으로 가족이 가진 욕구는 공통적인 부분도 있지만 각 가족의 특성이나 가족센터가 속한 지역적 특성과 상황에 따라 다른 욕구를 가질 수 있다. 또한 시대와 상황이 변화함에 따라 가족들의 욕구도 변하게 된다. 이에 따라 과거에 성공적인 프로그램도 가족의 요구에 따라 달라질 수 있다. 실제로 현장에서 실무자들이 여러 자료를 토대로 사업 및 프로그램을 계획하더라도 주민들의 욕구를 잘못 판단하여 성공적이지 못한 프로그램을 운영하게 되는 경우가 있는데 이런 경우에는 사회적으로 할당된 자원을 낭비할 뿐만 아니라 지역사회 내의 문제를 해결하지 못하는 문제를 낳게 된다. 따라서 이러한 결과를 막기 위해 적절하고 정확한 요구도 조사가 필요하다.

1) 요구도 조사의 목적 및 내용

(1) 목적

요구도 조사는 욕구 조사라고도 하는데 일반적으로 센터가 속해 있는 지역사회 주민들이 어떤 욕구를 갖고 있으며, 이에 따라 어떤 서비스가 필요한지를 결정하기 위한 목적으로 수행된다. 요구도 조사 목적에 크게 4가지 정도의 목적으로 생각해 볼 수 있다.

① 욕구 자료 수집: 지역사회나 주민들이 갖는 문제의 심각성을 파악하고 문제와 관련된 기초 자료를 축적하기 위한 것

② 홍보 및 교육: 관심을 가지는 문제 및 욕구에 대해서 홍보, 교육의 목적으로 진행되는 것

③ 재원 신청 및 배분: 재원을 필요로 하는 측은 재원 신청의 실증적 근거로서, 재원을 제공하는 측에서는 자원 배분의 합리화의 필요성 때문에 이루어지는 것
④ 프로그램 개발 및 평가의 목적: 요구도 조사의 역할이 프로그램 평가의 역할과 맞물려 순환적으로 이루어지며 프로그램 결과 평가 후 프로그램의 문제점을 찾고 프로그램이 수정 · 디자인되는 경우, 또한 새로운 욕구가 감지되었을 때 새로운 프로그램 개발을 위한 과정 목적으로 이루어지는 것

욕구 자료 수집을 위한 요구도 조사는 실태조사와 유사하게 진행이 되지만 실태조사가 지역사회 혹은 서비스 대상자의 일반적인 내용을 포괄적으로 수집하는 반면에, 욕구조사는 욕구와 관련된 내용, 즉 욕구의 심각성과 지역의 일반적 자원 및 서비스 환경, 그리고 욕구를 가진 사람들의 일반적 특징, 서비스 환경과 문제점 등과 같은 내용들을 중점적으로 조사한다는 점에서 차이가 있다.

이러한 요구도 조사는 조사하는 주체에 따라 사용 여부가 달라질 수 있다. 조사가 통계청이나 기타 공공기관 혹은 다른 사회복지기관에서 이루어졌다면 이를 활용할 수 있겠지만 대체적으로 그 기관이 알고자 하는 정보가 구체적으로 조사되어 있는 경우는 드물다. 따라서 필요한 정보에 대해서는 기관에서 자체적으로 수집하게 되는 경우가 많다. 그러나 직접적인 조사를 수행하는 것은 비용과 시간이 많이 드는 과정이므로 최대한 정부나 다른 기관에서 조사한 자료를 활용하고, 추가적으로 이를 수행하는 것이 좋다.

(2) 내용

요구도 조사에는 기본적으로 인구 · 사회적 특성과 사업 및 프로그램의 요구도에 대한 사항이 포함된다. 일반적으로 인간의 욕구를 파악하기 위해 매슬로(Maslow)의 5단계 욕구 분류나 브래드쇼(Bradshaw)의 분류가 많이 인용되고 있다. 매슬로에 의하면 인간의 욕구는 5단계에 걸쳐 상위욕구와 하위욕구가 있으며, 하위욕구가 충족되지 않을 경우 상위욕구를 추구하지 않는 경향이 있다. 이러한 욕구를 건강가정사업에 적용하면 [그림 11-1]과 같이 생각해 볼 수 있다. 이는 하나의 예시로 건강가정

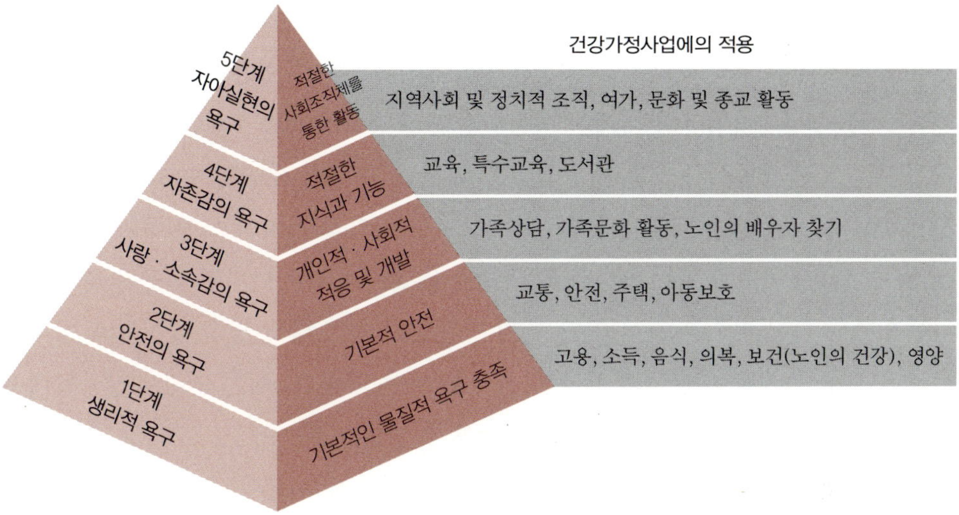

[그림 11-1] 매슬로의 욕구 5단계와 건강가정사업

출처: 서인해, 공계순(2004: 42)에서 재구성.

사는 각각의 단계에 해당하는 주민의 욕구를 충족시킬 수 있도록 사업을 기획하고 개발할 수 있다.

매슬로의 욕구 5단계설을 건강가정사업에 적용시켜 본다면 1단계의 경우 저소득층 밀집 지역에서 영양이 불균형한 아동이나 노인이 있는 경우 혹은 이들의 건강이나 고용이나 소득의 문제를 갖고 있는 가족의 경우 대체적으로 다른 기관으로의 의뢰(referral)나 연계가 필요하다. 2단계의 경우 안전에 대한 욕구를 반영한, '가족이 함께 배우는 자기방어 호신술 교육' 또는 날로 진화하는 '보이스피싱 예방 교육', '각종 사기 또는 잘못된 정보로부터 재산을 안전하게 지키는 재무교육'이 이에 해당될 수 있다. 3단계의 경우 가족에 대한 많은 프로그램들이 있을 수 있는데 가족상담이나 문화활동들, 구체적으로 결혼준비 예비부부교육 프로그램 등이 있을 수 있다. 4단계는 적절한 지식과 기능을 제공하는 것으로 가족을 대상으로 한 각종 교육 프로그램이 이에 해당될 수 있다. 마지막 5단계에서는 자아실현의 욕구로 많은 가족들은 자신들이 속한 지역사회의 활동을 통한 사회적인 일을 하고자 하는 욕구가 있을 수 있다.

브래드쇼의 욕구 분류를 살펴보면, 먼저 **규범적 욕구**(normative needs)는 전문가나 기존 자료에서 제시한 목표기준에 바탕을 둔 욕구를 의미한다. 이는 지역사회 내에서 표출되지 않은 욕구라 하더라도 건강가정사가 개발할 수 있는 영역의 욕구에 해당한다. 예를 들어, 지역사회 내에서 영양권장량을 충족시키지 못하고 있는 영유아를 위한 프로그램 개발이나 교통이나 안전을 위한 욕구 등이 해당될 수 있다. **인지된 욕구**(perceived needs)는 객관적인 욕구라기보다는 사람들 각자가 느낀 주관적인 욕구로 볼 수 있다. 마지막으로, **표출된 욕구**(expressed needs)는 인지된 욕구가 구체적인 행동으로 표현된 것으로 길이 없던 곳에 사람들이 많이 다닐 경우 길이 만들어지는 현상을 보면 그것을 사람들이 표출한 욕구로 보는 것이다. 이는 건강가정사업에서 가장 일반적으로 사용할 수 있는 욕구라고 볼 수 있다.

요구도 조사에서 기본적으로 포함되는 인구 · 사회적 특성과 사업 및 프로그램 요구도에 대한 사항 이외에 주민들이 기대하거나 이용하고 싶어 하는 서비스에 대한 부분으로 다음과 같은 내용을 고려해 볼 수 있다(오정수, 류진석, 2008에서 재구성).

① 가족과 관련된 사회문제 해결을 위해 제공되어야 하는 서비스에 관한 문항
② 지역사회 내의 가족원들이 확인된 문제를 해결하기 위해 느끼는 서비스의 필요성에 관한 문항
③ 가족문제를 해결하기 위해 지역사회 구성원이 이용할 수 있는 서비스 관련 문항
④ 이러한 서비스가 가족에게 접근 가능하게 되어 있는지를 파악할 수 있는 문항
⑤ 이러한 서비스를 받지 못하고 있는 구성원을 구분할 수 있는 문항
⑥ 부가적으로 제공되어야 하는 서비스 관련 문항

2) 요구도 조사 방법

앞에서 제시되었듯이, 요구도 조사 방법은 크게 직접적으로 조사를 하는 방법(설문지, 인터뷰, 공청회 등)과 간접적으로 다른 기관에서 사용한 2차 자료를 사용하는 방법으로 나눌 수 있다. 운영이 안정화된 가족센터 등의 경우 기존의 요구도 조사 자료를 참고하여 개선된 방향으로 요구도 조사를 할 수 있다. 그러나 개소한 지 얼마 되지 않

은 센터의 경우, 지역사회에 관한 다양한 통계자료와 타 센터의 요구도 조사 내용을 참고하여 지역사회 주민의 특성과 요구를 고려한 요구도 조사를 실시해야 한다.

(1) 직접 조사하는 방법

직접 조사하는 방법에는 대표적으로 설문지 조사가 있다. 이는 직접적으로 가족센터 등에서 필요한 부분을 설문지를 이용해 조사하는 것이다. 센터가 속한 지역 주민의 전반적인 욕구를 알아보기 위해서는 전체를 대상으로 조사할 수도 있지만, 시간과 비용 문제도 있으므로 직접적으로 센터에서 해결하고자 하는 문제가 있을 경우는 표적인구(target population)만을 대상으로 조사할 수도 있다. 예를 들어, 신혼기 부부를 위한 프로그램을 개발한다고 하면 이들만을 대상으로 조사를 하는 방법이다. 또한 설문지 조사 대상을 지역 주민으로 할 수도 있지만 실제로 이와 유사한 서비스를 제공하고 있거나 가족문제를 다루고 있는 기관 담당자 또는 관련 전문가들을 인터뷰하는 것도 좋은 방법이다. 이들은 해당 문제에 대해 가장 많은 생각과 고민을 했던 사람들이므로 이들이 좋은 자료를 제공하는 경우가 많다.

(2) 기존의 자료를 활용하는 방법

간접적으로 다른 기관에서 사용한 2차 자료를 사용하는 방법에는 정부의 대규모 가족 관련 조사나 각 기관이 속한 지자체의 조사, 그리고 유사 서비스를 제공하는 복지기관의 조사를 활용하는 방법이 있다. 구체적으로 살펴보면 다음과 같다.

① 정부의 대규모 가족 관련 조사: 기존에 조사된 자료를 활용하는 방법으로 정부에서 조사한 자료를 가장 기초적으로 참조하고, 그 밖에 시 · 도, 구청 등에서 조사된 자료들을 활용하는 것이다. 가령 여성가족부나 보건복지부와 같은 정부기관에서 실시한 대규모 가족실태조사 자료나 통계청의 사회지표 중에서 가족 관련 영역, 가계조사, 국민생활시간조사, 고령자 통계 등이 해당될 수 있다.

② 기관이 속한 지자체의 조사: 앞의 자료는 개괄적인 가족의 경향을 살펴볼 수 있지만 대규모 조사이니만큼 가족센터 등에서 알고자 하는 내용을 구체적으로 조사

하기가 어렵고, 매년 조사가 이루어지는 것이 아니라면 빠르게 변화하는 가족의 욕구를 잘 반영하지 못할 수도 있다. 또한 전국조사로는 지역마다 나타나는 지역 주민의 특성을 민감하게 파악하기 어려운 경향이 있다. 이에 따라 조금 더 구체적인 내용을 위해서는 센터가 속해 있는 시·도, 구청, 주민센터 등의 협조를 받아 관련 자료들을 수집하고 이를 활용하는 것이 좋을 것이다.

③ 유사 서비스 제공 복지기관: 가족센터 등이 속한 지역사회에는 이미 가족을 대상으로 서비스를 제공하는 공식적·비공식적 기관이 존재한다. 그들이 유사한 서비스를 제공하든 아니든 해당 지역에 대한 기초조사나 가족 관련 자료 조사를 이미 실시한 경우가 있을 것이다. 이는 시간과 비용을 줄일 수 있는 가장 좋은 방법이지만 기관에서 이러한 자료의 공개를 꺼린다면 특정 자료를 얻기가 무척 어려울 수 있다. 또한 기관의 특성이 달라 이용자에 대해 서로 다른 관점으로 접근할 가능성이 있으므로 신중하게 접근해야 할 것이다.

④ 기타: 그 밖에도 가족 정책 및 프로그램, 서비스 등 관련 연구논문을 참조하거나 외국의 가족 서비스 동향 등을 알 수 있는 저널, 신문 등을 통한 정보 또한 도움이 될 수 있다. 더불어 실제로 해당 지역사회에 나가 관찰을 하거나 이용자들과의 대화나 다른 기관의 사례, 모임 등에서의 의견도 도움이 될 것이다.

(3) 지역사회 공청회

지역사회 내의 주민들을 대상으로 공개적인 모임을 개최하여 다양한 집단의 의견을 들어 보는 방법이다. 물론 가족 관련 이슈와 욕구의 파악에서도 이러한 방법을 활용할 수 있다. 이는 다양한 집단과 계층의 사람들이 참여하게 됨으로써 특정 주제나 요구 사항에 대해 파악할 수 있게 된다. 이러한 요구조사의 장점은 상대적으로 적은 비용을 들여 다양한 집단의 욕구와 요구 사항을 파악할 수 있다는 점과 구조화된 설문지에서 파악될 수 없는 사항들을 파악할 수 있다는 점이다. 그러나 다양한 집단의 사람들이 참여하지 않을 경우 일부 집단의 의견만이 반영될 수 있는 가능성이 있으며 형식적으로 흐를 수도 있다는 단점이 있다.

3. 건강가정사업을 위한 자원개발 및 네트워킹

1) 가족센터의 자원개발

가족센터에서 활용가능한 자원은 속성에 따라서 물적 자원과 인적 자원으로 구분된다. 물적 자원은 정부보조금, 기업 · 개인의 후원금 또는 후원물품, 서비스 이용료 등 현금이나 현물을 들 수 있으며, 인적 자원은 시설 종사자, 자원봉사 인력, 지역사회 구성원 등 인력 또는 특정 인력의 기술적 능력 및 재능 등을 말한다(양용희, 2001).

많은 선행연구들에서 사회복지조직의 생존과 운영을 위해 정부 보조금 외에 자원개발에 대한 필요성을 강조해 오고 있는데, 실제 국가보조금이 수년 간 지방정부의 재정자립도에 따라 동결되거나 미미한 증가폭을 보이고 있으며 지역 간 편차가 크다는 발표도 있다(한국사회복지관협회 공청회, 2015).

이처럼 지방정부의 재정자립도와 지역사회 자원동원 능력 부족 등은 지역주민이 다양한 욕구를 충족시키기에 한계가 있으며, 따라서 지역사회의 다양한 조직들을 활용하는 전략이 중요한 과제라 할 수 있다. 즉, 사회복지공급을 위한 자원개발 및 다양화는 매우 중요한 화두이며, 이제 더 이상 정부만이 유일한 복지공급의 주체로 기능할 것이 아니라 시민, 단체 등 다양한 주체들이 상부상조하면서 국가가 제공하는 복지서비스의 소극적 시혜자의 입장에서 벗어나 적극적 수혜자의 역할도 수행하는 것과 맞물린다(정민자, 2006).

자원개발은 정부자원에만 의존할 수 없는 현실에서 주어진 과제이기도 하지만 넓은 의미에서 사회복지조직과 동일한 가치를 공유하는 사람들을 찾아내고, 그들과의 관계유지를 위한 과업들의 경영 과정이기도 하다(정현경, 2020 재인용).

한편으로 지역사회 자원개발은 다음에 살펴볼 네트워킹 사업의 한 사례로 포함될 수 있다. 이때의 네트워킹은 지역사회 유관기관 간 연계, 다양한 인적 · 물적 자원의 상호교환과 연계 등을 포함하는 개념이다(송혜림, 김소영, 2006).

지역사회 자원개발의 한 범주로 주민조직화 방안을 모색하는 것은 건강가정지원센터 등이 수행하는 사업의 다양화를 위해 필요하며, 한정된 예산과 자원으로 목표달성의 효과성을 높이기 위하여 자원창출이 요구되는 차원에서도 보다 집중적으로 연구 · 개발되어야 할 주제라 할 수 있다. 주민조직화를 통한 자원개발은 무엇보다 개인과 가정의 자원화 및 역량강화라는 차원에서 자율적인 주민의 참여를 독려하며, 참여를 통해 공동체 문화를 형성하고, 나아가 사회적 통합을 가능케 한다(송혜림, 김소영, 2006).

2) 가족센터의 네트워킹

네크워크란 여러 관계의 연결체계 혹은 망 모양을 이루고 있는 구조와 속성을 나타내는 용어다. 또한 조직 간의 사회적 관계를 구축하고 유지하도록 상호작용하는 활동, 공동 목적을 달성하기 위해 참여하는 부분들 간의 협력이나 상호작용이라 할 수 있다(박현식, 2006 재인용).

지역사회 네트워크는 특정 목적을 달성하기 위해 지역사회 내 관련 기관들 간에 협력적 관계를 형성하는 것을 의미하며, 목표를 달성하고 성장하는 데 필요한 자원과 정보를 확보하기 위해 지역사회의 개인이나 조직과 협력관계를 이루는 것이라고 할 수 있다. 복지공급의 주체로서 국가의 책임 및 부담이 커지고 이로 인한 문제가 발생하면서 가정과 지역사회, 지역 공동체, 기업, 봉사조직 등 다양한 주체들 그리고 이러한 주체들의 연계가 중시되는 과정에서 네트워크의 중요성도 부각되었다고 할 수 있다(정민자, 2006).

가족복지관련 사업을 이미 실시해 오던 기관과 서비스의 중복으로 인한 예산 낭비 문제점들을 해결하기 위해서는 가족센터가 여성복지 전문기관, 아동복지 전문기관, 노인복지 전문기관, 청소년복지 전문기관, 교육기관 그 외의 지역사회의 유관기관과 네트워크를 구축하고 네트워크 활동이 지속적으로 이루어질 수 있도록 적극적으로 노력해야 한다(송혜림, 장진경, 2004).

네트워크 구축은 사회복지 영역, 행정영역 등에서도 활발하게 검토되고 실천되는 과제로 지역사회조직화나 지역사회복지 차원에서의 지역자원개발, 주민조직화, 복지네트워크 구축 등이 포함된다. 이는 주민들의 다양한 복지 욕구를 충족시키기 위해 기존의 일방적인 수혜형식으로 한계가 있다는 자각과 더불어 다양한 자원을 창출하고 활용할 필요성 또 이를 위한 연계와 협력의 필요성이 대두된 것에 기인한다(송혜림, 김소영, 2006).

가족센터도 지역사회 유관기관들과의 효과적인 네트워크 구축을 통해 가족서비스 전문기관으로서의 위상을 보다 견고하게 할 수 있다.

4. 건강가정사업 홍보

건강가정사업은 일반 복지사업에 비해 역사가 길지 않은 편이므로, 지역 주민들에게 적극적인 홍보를 통해 건강가정사업을 알리려는 노력이 필요하다. 홍보는 건강가정사업의 본질은 아니지만, 시설 및 사업 활성화를 위해 반드시 필요한 보조장치이다.

건강가정지원센터 설립 초창기에는 '신생기관인 센터를 지역 주민들에게 어떻게 알리고 다가갈 것인가'가 주요 관심사였으며, 대체로 신문, 방송, 플랜카드, 팜플렛, 인터넷 홈페이지, 뉴스레터, 영상 등 매체를 통한 홍보활동과 캠페인, 공모전 등 이벤트를 통한 홍보방안이 사용되었다. 근래에는 기관 SNS를 활용한 홍보활동이 증가하고 있다.

[그림 11-2] 여성가족부 가족센터 홍보 광고

출처: 여성가족부(https://www.youtube.com/watch?v=d0lLR3GrVXk)

시 · 도 센터 홍보는 광역 단위 홍보 또는 시 · 군 · 구 센터 홍보를 지원하는 역할을 한다면, 시 · 군 · 구 센터는 세부 건강가정사업을 홍보하는 데 보다 주력하는 편이다.

① 광역 단위 홍보
- 건강가정사업, 시 · 군 · 구 센터 및 시 · 도 센터를 알릴 수 있는 캠페인
- 홍보물 제작 및 보급을 통한 광역단위 대국민 홍보 수행

② 시 · 군 · 구 센터 홍보 지원
- 시 · 군 · 구 센터에서 요청하는 홍보 지원
- 홍보 매체 개발 및 보급
- 시 · 군 · 구 센터 연계 캠페인 등

최근 가족센터는 예전에 비해 맞벌이 가정 증가, 시간빈곤 경향, 다양한 기관에서 운영하는 문화 프로그램의 증가로 건강가정사 실무자들이 프로그램 참여자 모집에 어려움을 겪고 있으므로 새로운 방식의 홍보 방안과 관련 업무역량을 지속적으로 개발하려는 노력이 필요하다.

특히 프로그램 홍보지 제작은 여전히 홍보의 기본사항으로, 시각적 디자인 요소도 중요하지만, 홍보지를 통해 전달하고자 하는 기본 정보가 정확하게 담길 수 있도록 해야 한다. 미리캔버스, 망고보드 등 홍보지 제작에 도움을 주는 인터넷 사이트 활용도가 높아지고 있고, 기본 기능 외 프리미엄 기능도 추가되고 있다. 또한 AI 및 소프트웨어 기능의 강화로 인해 일정한 노력으로도 전문가 못지않은 결과물을 만들어낼 수 있는 환경이 되어 가고 있다.

다만, 주의할 점은 디자인 요소, 글자체를 잘못 다운로드 및 사용한 홍보지를 인쇄하거나 온라인 게시가 이루어질 경우, 추후 저작권 시비가 발생할 수 있으므로, 반드시 출처를 확인하고, 사용에 있어 주의를 기울이도록 한다. 건강가정사 실무자의 사소한 실수가 기관 차원의 쟁송 문제로 확대될 수 있으므로 사용에 주의하도록 한다. 개인용, 교육용으로 사용 시에는 문제가 되지 않았다 해도 기관 차원에서의 사용은

문제 소지가 있음을 알아야 한다.

전국의 가족센터 건강가정사업 프로그램 홍보는 가족센터 홈페이지(www.familynet.or.kr) 프로그램 신청 메뉴에서 확인할 수 있다. 프로그램 구분은 가족센터프로그램, 가족상담, 다문화가족서비스, 온가족보듬으로 나뉘며, 그 외 지역 설정 또는 검색어 조회를 통해서도 원하는 프로그램을 쉽게 찾아볼 수 있다. 이용자들도 희망하는 프로그램이 있다면 홈페이지 내에서 바로 신청하기 버튼을 클릭할 수 있어, 센터로 전화하여 신청해야 하는 번거로움을 덜 수 있다. 다만, 홈페이지 회원가입을 해야 프로그램 온라인 신청이 가능한 점은 컴퓨터 사용이 익숙하지 않는 대상층(예: 다문화가족)에게는 또 다른 어려움이 되기도 하며, 현장에서는 이를 돕는 업무가 건강가정사들의 업무부담이 되기도 한다.

건강가정사업에 대한 다양한 홍보 활동도 중요 업무이자 실적인 만큼, 추후 가족서비스 실적시스템(www.familydb.or.kr) 내 공통관리 홍보실적으로 잘 입력해 두도록 한다. 이렇게 기록된 단위 프로그램별 홍보 실적은 연말에 모두 취합하여 센터 연간 결과보고서에 기록, 제출되어야 하므로 중요할 수 있다.

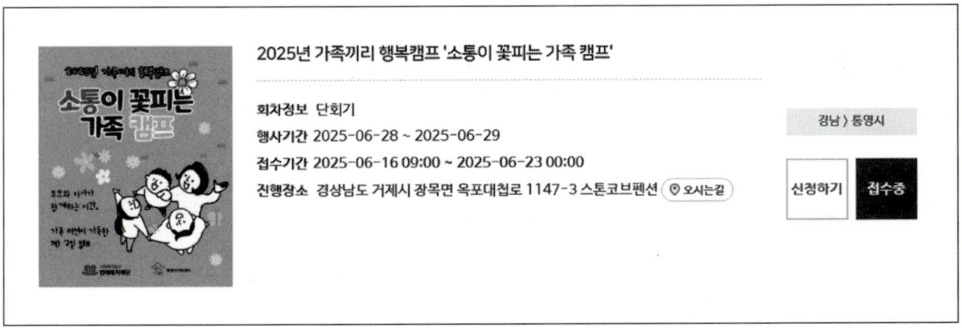

[그림 11-3] 가족센터 프로그램 신청

출처: 가족센터 홈페이지.

생각해 볼 문제

1. 가족센터만의 고유한 차별성을 잘 드러낼 수 있는 프로그램 한 가지를 설정하고, 이와 관련하여 요구도 조사를 한다면 어떤 조사 기술을 사용하는 것이 좋을지 생각해 보고, 함께 의견을 공유해 봅시다.
2. 본인이 거주하는 인근 지역 가족센터에서의 네트워킹 방식을 파악하기 위해 유관기관과의 협력사업 또는 프로그램 사례를 조사해 보고 그 성과에 대해 의견을 나눠 봅시다.

참고문헌

경기도여성가족재단(2022). 다양한 가족에 대한 인식개선 교육방향 및 과제. **이슈분석**, 제241호

곽숙영(2018). 사회복지 종사자 처우 개선 정책 방향. **보건복지포럼**, 266, 2-3.

김요섭, 여영훈(2021). 사회복지사의 일-삶 균형에 미치는 영향요인: 지역복지관 종사자 중심으로. **여가학연구**, 19(3), 1-25.

박현식(2006). 사회복지조직간 네트워크 구축의 장애 요인 연구: 탈북자 정착 지원을 중심으로. **사회복지정책**, 25, 203-223.

서인해, 공계순(2004). **욕구조사의 이론과 실제**. 경기: 나남.

송혜림, 장진경(2004). 건강가정지원센터의 조직과 운영방안. **가정과삶의질학회**, 22(5). 303-318.

송혜림, 김소영(2006). 건강가정지원센터 활성화를 위한 지역사회 자원개발의 가능성-주민조직화를 중심으로. **한국가족자원경영학회지**, 10(2). 1-18.

심용출, 나동석(2015). 지역사회복지관 사회복지사의 감정노동 경험 연구. **비판사회정책**, 49, 227-208.

양용희(2001). "지역사회 자원개발 및 활용: 지역사회 사회복지관을 중심으로". **동작구 연합직원세미나 자료**, 2001.

오정수, 류진석(2008). **지역사회복지론**. 서울: 학지사.

이인숙 (2017). 사회복지 실천현장의 신자유주의적 성과주의 역설. **한국사회정책**, 24(1), 239-275.

임춘희(2008). 건강가정지원센터 상담실무자의 직무스트레스 및 욕구충족이 직무만족도에

미치는 영향. 상담학연구 9(2), 317-337.

정민자(2006). 지역사회네트워크와 건강가정사업. 제3기 건강가정사 양성교육 자료집, 391-412.

정현경(2020). 사회복지조직의 자원개발 실태연구. 한국콘텐츠학회논문지, 20(6). 640-652.

조성숙 (2018). 사회복지사 소진의 인과순환구조 및 동태성 분석. 한국 시스템다이내믹스 연구, 19(1), 7-55.

최유미, 심성지(2008). 자원봉사조직의 네트워크 특성이 조직효과성에 미치는 영향에 관한 연구. 한국비영리연구, 6(3), 133-183.

한국사회복지관협회(2015). '지역사회복지관의 지속 가능 발전방안 모색' 공청회 자료.

한용외(2010). 다문화복지 조직 네트워크 특성이 조직효과성에 미치는 영향에 관한 연구. 숭실대학교 석사학위논문.

[참고사이트]

가족센터, https://www.familynet.or.kr

INTRODUCTION TO HEALTHY FAMILIES

제12장

건강가정사업의 실무(I): 프로그램 기획

이 장에서는 건강가정사업의 핵심이라 할 수 있는 건강가정 프로그램의 기획에 관하여 정의와 유형, 구체적인 단계에 대하여 살펴보고 건강가정사업 프로그램 개발의 예들을 제시하였다.

1. 프로그램 기획의 정의

1) 프로그램 기획의 정의

가족센터 등에서 실무자들이 가장 고민하는 것이 바로 센터사업 및 프로그램에 대한 기획과 개발일 것이다. 왜냐하면 센터만의 고유하고 차별화된 서비스의 특징과 우수성은 해당 사업과 프로그램을 통해 잘 보여 줄 수 있기 때문이다. 프로그램은 서비스 전달을 위한 도구가 되고 욕구 충족을 위한 수단으로서 기능하기 때문에 가장 핵심적이며 중요한 부분에 해당한다. 건강가정 프로그램이란 건강가정사업의 다양한 영역, 즉 교육 · 상담 · 문화, 정보 제공, 네트워킹, 직접적 지원 등을 포함한다(조희금, 송혜림, 성미애, 2007).

그리고 프로그램 기획은 계획을 수립하는 과정 또는 적절한 수단을 통해 목표를 달성하기 위한 미래의 가치에 대한 일련의 결정을 준비하는 전반적인 과정이다. 따라서 건강가정 프로그램 기획은 건강가정사업에 관한 서비스 전달을 위한 사업을 구체화시키는 일련의 과정이라고 정의할 수 있다.

2) 프로그램 기획의 유형

프로그램 기획은 크게 욕구 중심 기획, 문제해결 중심 기획, 참여 기획, 자원활용 중심 기획의 유형으로 분류할 수도 있다(오정수, 류진석, 2008). 이에 대해 구체적으로 살펴보면 다음과 같다.

(1) 욕구 중심 기획

프로그램에 참여할 대상에 대한 욕구를 중심으로 프로그램을 기획하는 것을 말한다. 예를 들어, 가족원이 함께하는 시간이나 자원의 부족으로 가족과 함께하지 못했던 문화생활에 대한 욕구가 있을 경우 부부가 함께 시간을 보낼 수 있도록 하는 프로그램이나, 자녀와 친한 친구 되기 등의 프로그램을 기획할 수 있다.

(2) 문제해결 중심 기획

목표 집단의 문제를 나열하고, 그것이 발생하는 원인을 근본적으로 해결하기 위하여 프로그램을 기획하는 것이다. 예를 들어, 많은 보육시설이 생겼지만 가정 특성별 시간제 돌봄 수요가 여전히 많은 것에 착안한 아이돌봄지원 사업이나 혹은 장애아를 돌보는 가족들의 소진 문제를 해결하기 위한 장애아가족 휴식지원 사업이 있다.

(3) 참여 기획

프로그램과 관련된 사람이 함께 참여하여 프로그램을 기획하는 방법이다. 예를 들어, 입양가족을 대상으로 하는 프로그램의 경우 이들의 욕구는 해당 가족들이 가장 잘 알게 된다. 이들의 자조 모임을 통해 나온 의견을 프로그램에 반영하거나 함께 담당자가 프로그램을 기획하는 것을 의미한다.

(4) 자원활용 중심 기획

관련 지역사회 및 집단이 인적 · 물적 자원을 최대로 활용할 수 있도록 프로그램을 기획하는 방법이다. 예를 들어, '아름다운 가게'처럼 중고물품을 기증받아 자원봉사자를 활용하여 그것을 판매한 후 그 수익금을 복지 시설 및 기관에 기증하는 프로그램과 같은 것이 있다. 재능기부를 통한 인적 자원을 활용하는 것도 예가 될 수 있다.

2. 프로그램 기획의 과정

1) 전반적인 과정

전반적으로 프로그램 기획 과정에는 여러 가지 고려해야 하는 요소가 있다. 예를 들어, 프로그램의 구성 요소로 ① 참가자, ② 활동 내용, ③ 실시 방법, ④ 장비와 도구, ⑤ 실시 기간, ⑥ 환경/장소, ⑦ 프로그램 담당자, ⑧ 경비/예산, ⑨ 프로그램 평가 계획 등을 고려할 수 있다(정무성, 정진모, 2001). 이러한 요소들을 고려하면서 일반적으로 프로그램이 기획되어 실행되는 과정을 살펴보면 [그림 12-1]과 같다.

1. 프로그램의 전반적인 틀 구성
(예: 문제 분석 및 욕구 측정, 프로그램 명, 목표 등 정하기)

↓

2. 세부적인 프로그램 내용 및 예산 작성

↓

3. 프로그램의 진행에 대한 전반적인 모든 준비 마치기
(예: 강사 및 장소 섭외)

↓

4. 홍보 활동
(표적집단을 구성하기 위한 홍보 활동)

↓

5. 프로그램 진행
(표적집단을 대상으로 MBTI, 심리검사, 가계도 그리기 등 진행)

↓

6. 중간평가
(피드백 받기)

↓

7. 프로그램 진행
(표적집단을 대상으로 의사소통 방법, 약속 정하기 등 진행)

↓

8. 종결 및 최종평가

[그림 12-1] 프로그램 기획의 전반적 과정

일반적으로 프로그램 기획 시 고려해야 할 체크리스트를 살펴보면 〈표 12-1〉과 같다. 센터에서 사업이나 프로그램을 기획할 때는 이러한 체크리스트에 제시된 내용들이 포함되도록 작성하면 좋을 것이다.

표 12-1 프로그램 기획 시 참고할 체크리스트

	구체적 내용	평가		
		상	중	하
1) 제목	① 대상이 명확한가?	3	2	1
	② 지향하고 있는 가치가 반영되었는가?	3	2	1
	③ 프로그램 내용과 일치하는가?	3	2	1
2) 교육욕구	① 욕구에 대한 객관적 근거가 있는가?	3	2	1
	② 교육 욕구를 반영한 프로그램인가?	3	2	1
	③ 사회문제의 우선순위는 높은가?	3	2	1
	④ 욕구의 지역성을 반영하였는가?	3	2	1
3) 대상자 범위	① 교육 프로그램에 참여할 대상의 범위가 명확하게 제시되었는가?	3	2	1
	② 일반집단 및 위기집단은 적합한가?	3	2	1
	③ 표적집단 선정이 적합한가?	3	2	1
	④ 클라이언트 집단의 수는 적절한가?	3	2	1
4) 목적	① 목적과 목표를 혼동하고 있지는 않은가?	3	2	1
	② 목적이 사회에 의미가 있는가?	3	2	1
	③ 하위 목표 달성을 통해 궁극적 목적을 달성할 수 있는가?	3	2	1
5) 설정된 목표	① 구체성(specific)	3	2	1
	② 측정가능성(measurable)	3	2	1
	③ 달성가능성(attainable)	3	2	1
	④ 결과지향성(result-oriented)	3	2	1
	⑤ 시간의 틀(time frame)	3	2	1

6) 전반적인 내용	① 포함되어야 할 내용(제목, 목표, 내용, 인적 자원, 물적 자원, 예산 등)이 잘 포함되어 있는가?	3	2	1
	② 장기적인 프로그램인가? (지속성)	3	2	1
	③ 목표를 달성할 수 있도록 구성되었는가? (적합성)	3	2	1
	④ 여러 욕구를 충족시킬 수 있는가? (포괄성)	3	2	1
	⑤ 다른 기관 및 사업과의 연관성이 있는가? (통합성)	3	2	1
	⑥ 특정 대상자를 소외시키고 있지는 않은가? (공평성)	3	2	1
	⑦ 추진 일정이 사업 대상 및 내용, 기관의 상황을 고려하고 있는가?	3	2	1
7) 예산 및 홍보	① 예산은 사업의 내용과 세부 항목이 연결되어 있는가? (사업 내용은 있으나 이를 뒷받침할 예산은 없는 경우)	3	2	1
	② 인건비나 사업비 등이 과다(소)하게 책정되어 있지 않은가?	3	2	1
	③ 홍보는 적절하게 이루어졌는가?	3	2	1
8) 참고문헌	① 본문의 인용이 정확한가?	3	2	1
	② 참고문헌은 인용 양식을 따르고 있는가?	3	2	1

2) 프로그램 기획의 구체적 단계

프로그램 기획의 단계는 크게 서비스 대상자 선정, 목표 설정, 개입전략 설계, 프로그램의 평가 순으로 진행된다.

(1) 서비스 대상자 선정

서비스 대상자는 일반집단, 위험집단, 표적집단, 클라이언트로 구분할 수 있다.

일반집단 (general population)	프로그램에 영향을 미칠 수 있는 집단으로, 클라이언트가 속한 관할 지역 혹은 행정지역 내에 있는 모든 사람이나 문제의 속성과 관련된 전 인구집단을 지칭한다. 일반집단은 해당 문제를 가질 수 있다고 생각되는 가장 포괄적인 대상 인구집단이다.
위험집단 (at-risk population)	일반집단 중 해당 문제에 대한 노출 위험이 있거나 욕구가 있는 집단으로, 일반집단 중에서 프로그램이 겨냥하고 있는 사회문제에 직접적으로 관련되어 있어 특정의 개입을 필요로 하는 사람들을 말한다.
표적집단 (target population)	위험집단의 하위집단으로 프로그램 대상이 되어야 하는 집단, 즉 프로그램의 영향이 미쳐야 하는 집단으로, 프로그램이제공하는 서비스의 성격과 개입전략이 표적집단을 선정하는 데 기준이 된다.
클라이언트(client)	표적집단 중 실제 프로그램에 참여하는 사람들을 말한다. 현실적으로 모든 표적집단이 서비스를 이용하기는 예산상으로 한계가 있으며 여러 상황상 어렵다고 볼 수 있다. 클라이언트 선정은 자발적인 참여를 원칙으로 하지만 상황에 따라서 적합한 자격조건을 가진 클라이언트를 선정하여 결정한다.

표 12-2 서비스 대상자의 예

대상 구분	서비스 대상자 산출 근거	단위 수(명)
일반집단	전국 다문화가족 중 결혼이민자	175,756명[1)]
위험집단	천안시 다문화가족 중 결혼이민자	2,793명[1)]
표적집단	천안시 결혼이민자가족 중 9세 이하 자녀를 둔 가족	997세대[2)]
클라이언트	표적집단 중 신청 가족에 한하여 20가정 선정	20가정

출처: 1) 지방자치단체 외국인주민 현황(행정안전부, 2022).
2) 9세 이하 다문화가구원수는 2,552명으로, 이 중 결혼이민자가족은 약 1/2에 해당하며(1,396명), 다문화가족 평균 자녀수가 1.4명이라 보고 997세대로 가정(천안시, 2022).

(2) 목표 설정

다음은 파악된 욕구나 문제를 해결하기 위한 목표를 설정하는 단계다. 이 단계에서 프로그램의 방향과 내용이 결정될 수 있으므로 예산이나 기타 대상자들의 참여도 등을 고려하여 실현 가능하고 정확히 기술하는 것이 좋다. 일반적으로 목적이 좀 더 장기적이며 포괄적으로 달성될 수 있는 것이라면 목표는 좀 더 단기적이며 구체적으로 달성되는 데 초점을 둔다. 일반적으로 건강가정사업의 계획서를 작성할 때는 사업이나 프로그램 전체의 목적을 기술하며 프로그램의 구체적인 부분에서는, 〈표 12-3〉, 〈표 12-4〉와 같이 목표를 기술하고 그 달성을 위한 하위 목표를 기술하기도 한다. 하위 목표로 기술되는 내용은 그것을 통해 상위 목표를 달성할 수 있는가를 따져 보아야 한다. 또한 기존에는 산출목표의 달성을 통해 기획한 프로그램의 소기에 목적과 목표를 달성한 것으로 간주하였으나, 근래에는 산출목표 달성이 곧 성과목표 달성을 의미하는 것이 아니며, 산출목표 달성을 통해 최종 성과목표 달성이 이루어졌는지 측정하고, 평가하는 과정을 중요하게 다루고 있다. 즉, 대표적인 산출목표라 할 수 있는 프로그램 진행 회기, 참여인원, 참여율, 탈락률 이외 일정 수준 이상의 만족도 수치를 획득했더라도, 〈표 12-4〉에서 보는 바와 같이, 당초 프로그램 계획 시 목표한 참여자의 내적기능, 인식, 태도, 행동 등에서의 긍정적인 변화가 실제 이루어졌는가 하는 성과목표의 달성여부가 중요하다는 것이다.

표 12-3 프로그램의 목표와 산출목표의 예

최종 성과목표	하위 성과목표	산출목표
참여학생의 진로성숙도 향상	1. 학생의 자기이해와 진로주체성 향상	1-1. 자기 이해와 진로주체성 프로그램 총 10회기 진행
		1-2. 동 프로그램 탈락률 5% 미만
	2. 학생의 진로탐색 역량 향상	2-1. 자신의 주도적 활동에 따른 탐색활동 15회기 진행
		2-2. 동 프로그램 참여율 90% 이상 유지
	3. 부모의 자녀 이해 증진	3-1. 개별상담 5회기 및 집단프로그램 5회기 진행
		3-2. 동 프로그램 참여율 90% 이상 유지

출처: 사회복지공동모금회 홈페이지.

표 12-4 성과목표의 차원과 초점

분류	초점	예시	비고
개인 차원	내적기능 향상	• 자아존중감 향상 • 우울 감소 등	척도 사용
	인식	• 차별에 대한 인식 • 인식에 대한 다양한 질적 연구	척도 사용 인터뷰 실시
	태도	• 성역할 태도변화 • 어머니의 양육태도 등	척도 사용
	행동	• 아동의 공격행동 변화 • 문제행동 변화 • 사회적 행동변화 • 건강행동 변화	척도 사용
사회 차원	사회적 인식	• 지역사회 인식변화	
	지역사회	• 지역주민의 응집력 • 네트워크 강화 • 지역사회빈곤율 변화	과정평가 척도 사용 네트워크분석

출처: 사회복지공동모금회 홈페이지.

표 12-5 프로그램의 성과목표와 산출목표의 예

	성과목표	산출목표	성과지표
1	가정 내 일-가정 양립 증대를 위한 가족 간 이해와 지지 향상	• 가족동반 프로그램 4회기 실시	• 가족 간 이해와 지지 수준 사전-사후 변화 5% 이상 향상 • 참여자 후기 중 가정 내 긍정적 변화 관련 내용 3건 이상
		• 연인원 60명 참여	
		• 프로그램 만족도 4.5점 이상(5점 만점)	
2	가족생활과 직장생활 간 관리 정보 습득을 통한 일-가정 양립 수준 향상	• 가족, 직장 생활 관련 정보교육 10회기 진행	• 일-가정 양립 수준 사전-사후 변화 5% 이상 향상
		• 연인원 50명 참여	
		• 프로그램 만족도 4.5점 이상(5점 만점)	

출처: 한국건강가정진흥원(2023: 107).

(3) 개입전략 설계

다음 단계는 이러한 목표를 달성하기 위해서 어떠한 방법을 사용해야 하는지 개입전략을 설계하는 것이다. 이때 고려되어야 할 것은 실현 가능한 경비나 예산, 환경과 장소, 장비와 도구, 사람들의 참여 가능 여부 등이다. 이러한 것들을 최대한 고려하여 욕구를 가지고 있거나 문제를 겪고 있는 많은 사람이 참여 할 수 있도록 프로그램을 기획해야 한다. 프로그램은 예상했던 것과 다른 많은 변수들(날씨, 명절이나 휴일 예정, 다른 기관의 프로그램 등)이 존재한다. 이러한 변수들을 얼마나 정확하게 예상하고 대처하느냐에 따라 프로그램의 성공 여부가 결정될 수 있을 것이다.

(4) 프로그램의 평가

마지막으로, 계획된 프로그램이 수행된 후에는 이와 관련한 평가가 이루어져야 한다. 건강가정을 위한 프로그램은 할당된 예산 내에서 수행되므로 반드시 그 프로그램이 얼마나 적절하게 효과적으로 이루어졌으며 비용 대비 효율성은 어떠하였는지 참여한 사람은 만족도가 높았는지에 대해서 평가해 보아야 한다. 건강가정사업과 관련해서는 기본적으로 여성가족부와 한국건강가정진흥원이 3년마다 평가계획을 수립하여 평가를 실시한다. 이때 센터의 운영 및 사업에 대한 전반적인 평가를 하게 되는데 프로그램의 적절성 여부가 평가에 포함된다.

외부 평가가 아니더라도 센터가 내부적으로 수행한 프로그램들에 대해 자체평가를 할 필요가 있다. 프로그램 평가의 일반적 기준으로는 적절성, 효과성, 비용 효과

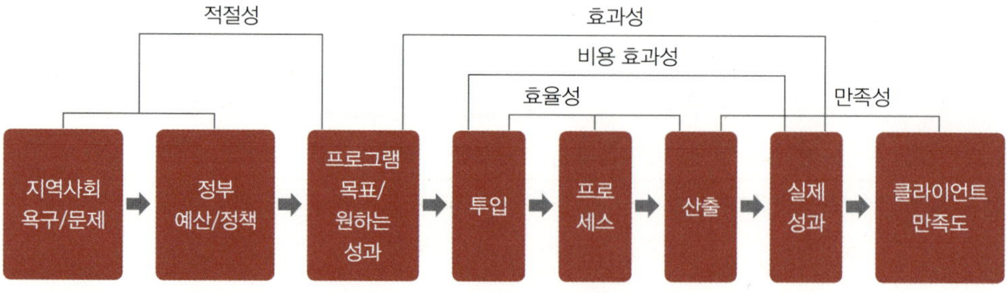

[그림 12-2] 프로그램 평가의 기준

출처: 김통원(2009: 116).

성, 효율성, 만족성 등을 들 수 있으며 이러한 기준들은 [그림 12-2]에서 보는 바와 같이 프로그램의 기획과 평가의 과정에서 적용되어야 한다(김통원, 2009).

- 적절성(appropriateness): '프로그램 목표/원하는 성과'가 '정부예산/정책'과 클라이언트 욕구문제에 동조하는 정도
- 효과성(effectiveness): 프로그램 성과가 프로그램 목표에 도달하는 정도
- 비용 효과성(cost-effectiveness): 금액으로 표현된 투입과 성과의 관계
- 효율성(efficiency): 프로그램 투입이 주어진 프로그램 산출 수준을 최소화하거나 최대화하는 정도
- 만족성(satisfaction): 프로그램에 대한 클라이언트의 만족 정도

① 성과평가

건강가정서비스에 대한 성과평가는 크게 객관적 평가와 주관적 평가로 나눌 수 있다. 객관적 평가는 행정내부의 합리성에 초점을 두고 투입 대비 산출의 양을 측정하는 효율성 평가를 위한 것이며, 주관적 성과평가는 수혜자 입장에서 목표에 대한 달성도, 즉 효과성에 중점을 두는 영향지향적 평가방식이다(문신용, 윤기찬, 2008). 건강가정복지서비스의 경우 서비스 목적 자체가 추상적이고, 계량화하기 어려운 측면이 있기 때문에 효과성을 중심으로 하는 주관적 성과평가가 용이할 수 있다(문신용, 윤기찬, 2008). 서비스 효과성(effectiveness)은 당초 의도한 목표와 서비스를 이용한 대상자에게 예측한 변화가 일어났는지를 측정하는 기준으로 복지서비스의 경우 지역주민의 삶의 질 향상이 목표이므로 서비스 품질에 대한 만족도 평가를 통해 측정할 수 있다(이화정, 2009).

표 12-6 센터 목적 및 목표, 성과목표, 산출목표

세부사업명	목적	목표	성과목표	산출목표
예) ① 유아기 아버지-자녀 관계증진 프로그램	① 유아기 아버지 역할이해를 통해 유아기 아버지-자녀 간 긍정적 관계를 증진한다	① (누가, 무엇을, 어떻게 한다) : (하위목표: 목표 진술에서 핵심요소 반영) -유아기부모자녀관계증진프로그램을 통해 유아기 아버지-자녀 간 친밀도를 높힌다. -가족기능변화 교육을 통해 현대사회변화된 아버지 역할을 이해한다.	• 삶의 질 변화, 지식, 기술, 태도의 변화, 행동변화, 조건 및 지위의변화 등 서비스 제공 후 이용자의 상태와 그 변화 정도 • 정량(양적) 또는 질적 예) 정량 -부모자녀친밀감 평균 점수 사전대비 사후 ○점 향상 질적 -참가자 소감, 만족도, 평가 등 변화된 내용	• 성과를 위한 활동, 참여율, 만족도 등 -○○○ 위한 ○○ ○○회 -○○% 이상의 ○○ -만족도 ○.○ 이상 예) -유아기 자녀와 놀이함께 하는 놀이활동 ○○회 * 출석률 80% 이상 * 만족도 4.0 이상 -아버지역할교육 ○○회 * 출석률 80% 이상 * 만족도 4.0 이상

출처: 한국건강가정진흥원(2024).

표 12-7 가족센터 등 프로그램 성과평가 예시

세부사업	성과목표	평가방법				비고
		성과지표	측정도구/자료원	자료수집 방법	자료수집 시기	
유아기 아버지-자녀 관계 증진프로그램	부모-자녀 친밀감 증진	부모자녀친밀감 평균 점수 사전대비 사후 5% 향상	-유아기 부모-자녀관계 척도/ 사전-사후검사지 -참가자 소감, 만족도, 평가 등 변화된 내용	사업전, 사업후 설문조사	사전(0월)/ 사후(0월)	
	아버지 역할 이해 향상	아버지역할 이해도 10% 증진	아버지 역할 척도/사전-사후 검사지	참가자 사전, 사후검사	사전(0월)/ 사후(0월)	

출처: 한국건강가정진흥원(2024).

② 자체평가

센터에서는 일반적으로 년간 사업계획이 어떻게 추진되고 있는지 중간 평가 및 최종적으로 어떻게 추진되었는지 종결평가 등 자체평가를 실시해야 한다. 이를 통해 산출목표 및 만족도를 포함하여 사업추진 결과상의 잘된 점을 분석할 수 있고 성과목표 달성도도 함께 평가한다.

자체평가는 센터 내부구성원들이 함께하는 방식으로 진행할 수 있고, 외부 자문위원, 참여자, 강사, 기타 외부평가 등으로 진행될 수도 있다.

표 12-8 자체평가(내부/외부)

구분	평가방법			
	참여대상	시기	내용	
사업기획				
중간/종결평가/평가회				
자문, 참여자, 기타 외부평가				

출처: 한국건강가정진흥원(2024).

세부사업별 부진한 점이 있다면, 가령 산출목표 미달성 시 해당 사유를 분석하고, 사업추진상 문제점과 애로사항 등을 분석하도록 한다. 이를 통해 향후에는 프로그램 실행단계에서 예상했던 것과 다른 많은 변수들이 있음을 감안하여, 소기의 목표를 최대한 달성할 수 있도록 발전방안을 수립하도록 한다. 자체평가 회의에서 논의된 결과들은 자체평가 보고서로 잘 정리해두고, 센터 3년 평가에서 중요한 증빙자료로 활용된다.

사업추진상 잘된 점은 강화하고, 부진한 점은 개선하기 위해 자체평가에서 나온 결과들은 반드시 차년도 사업계획에 반영하도록 한다. 이러한 과정을 '환류'라고 하며 센터 3년 평가에서도 매우 중요한 과정으로 평가된다. 해당사업을 차년도에 유지, 확

표 12-9 **전년도 사업평가 환류를 통한 개선방안**

사업구분	미흡 · 보완과제	개선방안 [유지], [확대], [축소], [신규]
	• • •	•

출처: 한국건강가정진흥원(2024).

대, 축소, 신규 운영을 결정하는 근거자료가 되기도 한다.

③ 센터 평가

여성가족부는 3년마다 평가계획을 수립하여 가족센터 등의 운영 및 사업에 대하여 평가를 실시한다. 최근에는 2023년에 실시되었으며(평가대상 기간: 2020~2022년, 3년), 2023~2025년 사업기간에 대한 센터평가는 2026년에 진행된다.

센터평가의 진행 순서는 대략 센터 자체적으로 실시하는 사전평정, 평가수행기관에서 현장으로 방문하여 실시하는 현장평가, 평가결과 개별센터 고지 및 이의신청, 평가 보고서 발간 및 우수센터 포상, 하위기관 컨설팅 순으로 최종 평가년도 연말경에는 센터평가가 종료된다.

평가추진체계는 여성가족부가 센터 평가 업무를 총괄하며, 시 · 도 지방자치단체는 시 · 도 공무원 평가위원 추천 및 평가관련 협력업무를 수행한다. 평가 수행기관은 평가 전반에 관한 평가 실무총괄을 담당하며 현장평가단과 포커스그룹, 평가지원

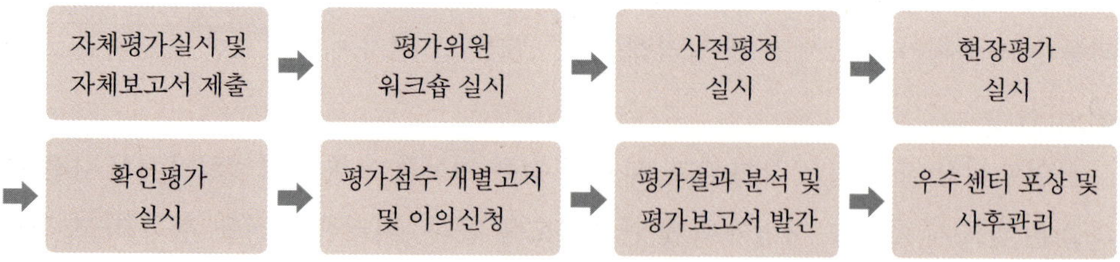

[그림 12-3] 가족센터 등 센터 평가 과정

단 등 평가위원회를 운영한다, 이전 평가에서는 한국건강가정진흥원이 평가 수행기관으로서 평가실무를 총괄하였다.

3. 프로그램 개발의 방향

건강가정사업 방향은 크게 두 가지로, 첫째, 다양한 가족지원 및 가족기능 지원 강화(한부모가족, 조손가족 등 다양한 가족이 참여할 수 있는 프로그램의 강화 및 가족이 함께하는 가족단위 프로그램 활성화), 둘째, 생애주기별 부모교육 등 가족교육의 활성화(관공서 · 공공기관 · 학교 · 기업 · 군부대 등 찾아가는 가족교육, 직장맘 남편을 위한 특화프로그램, 아빠의 육아참여를 확대할 수 있는 프로그램 또는 아빠자조모임)를 들 수 있다.

가족센터 사업영역은 건강가정사업 프로그램을 통해 가족의 어떠한 기능을 강화하고 문제예방 · 해결에 도움을 줄 것인지 중점을 두어, 크게 ① 가족관계 영역, ② 가족돌봄 영역, ③ 가족생활 영역, ④ 가족과 함께하는 지역공동체 영역 4가지로 나뉜다. 각 사업영역별 운영은 교육, 상담, 문화, 정보제공 등 다양한 방식을 구성하고 적용할 수 있다.

참고 12-1 2025년 추가된 가족센터 사업방향

- (집중서비스대상) 위기임산부 · 난임가족, 경계선지능아동가족, 조손가족, 가족돌봄청년, 노부모부양 가족, 장기거주외국인가족
- (지원대상 확대) 일반 · 다문화 가족 중심에서 일반, 다문화(외국인 · 난민 가족 포함), 한부모 · 조손가족, 맞벌이가정, 1인가구, 북한이탈가족 등으로 지원대상 확대
- (지원시간 확대) 주간 · 주중 중심에서 야간 · 주말까지 지원시간 확대
- (지원서비스 확대) 지역여건 및 정책 수요자 특성에 맞는 맞춤형 서비스 제공
  - * 맞벌이 가정의 일 · 가정 양립 지원, 다문화가족 자녀 성장지원 등 생애주기별 맞춤형 서비스 강화 등

출처: 여성가족부(2025).

가족센터는 주요 4가지 사업영역을 중심으로 각 영역의 세부 내용을 살펴보고자 한다. 세부 내용으로는 사업영역의 프로그램 방향과 프로그램의 설계에 고려되어야 할 부분을 이해할 수 있고, 이는 건강가정사업 프로그램 개발을 위한 기초를 제공한다.

1) 가족관계 영역 프로그램

(1) 프로그램 방향

크게 세 가지 방향으로, 첫째, 부모역할 및 가족관계 개선, 가족의사소통, 가족구성원의 역량강화를 위한 맞춤형 서비스를 지원한다. 둘째, 가족형태 · 생애주기 · 문제유형별 가족 갈등과 문제를 해결하고자 한다. 셋째, 성평등 · 인권의식 고취를 위한 교육 · 상담 · 문화프로그램 등을 운영한다.

(2) 프로그램 설계

가족관계의 경우 부모역할 지원, 부부역할 지원, 이혼전 · 후 가족지원, 다문화가족관계향상지원 등으로 구체화되며, 이는 다음 내용과 같다.

- 부모역할 지원: 영유아기–아동청소년기–성년기 자녀를 둔 부모의 생애주기 및 가족특성에 따른 부모됨의 의미, 올바른 부모역할 및 부모자녀간 관계 형성 방법, 자아존중감 향상, 역량강화 지원, 아버지 역할지원
  - –임신 · 출산(부모)지원: 임신, 출산 관련 교육 · 정보제공 · 문화프로그램 등을 제공
  - –영유아기 부모지원: 영유아 자녀 관련 부모역할 지원
  - –학부모지원: 초 · 중 · 고등학생 자녀 이해하기 및 소통 등 부모역할 지원
  - –예비부부 · 부모지원: 자기에 대한 이해, 결혼의 의미, 행복한 부부관계, 부모됨의 의미 등 역할 지원
  - –예비부부 · 부모대상 건전한 혼례문화 확산을 위한 교육 운영
  - –아버지 역할 지원: 일 · 가정 양립의 중요성 및 가정내 아버지 역할 지원, 자녀

와의 상호작용 방법 등에 대한 지원, 육아 및 가정생활에 적극적인 아빠들의 자조모임 운영, 아버지-자녀가 함께하는 돌봄 프로그램 등

- 부부역할 지원: 부부의 생애주기에 따른 양성평등한 부부역할지원
  - 부부갈등예방 · 해결지원: 양성평등하고 민주적인 가족관계지원, 가족발달 주기에 따른 생애설계와 역할 훈련, 배우자 이해, 부부갈등해결 등을 위한 생애주기별 부부교육, 부부상담 등의 서비스 제공
  - 노년기 부부지원: 노년기의 발달 및 가족관계의 특성 이해하기, 부부 및 부모 역할 재조정하기, 가정자원관리(가계재무, 시간관리 등) 관련 서비스 제공
- 이혼전 · 후 가족지원: 18세 미만의 자녀의 관점에서 이혼신청 가족 및 이혼 전 · 후 가족 대상 가족기능 강화를 위한 상담 교육 문화 서비스 등 제공
- 다문화가족관계향상지원: 다문화가족 부부간의 성평등, 가족간 성평등 인식 고취 등 성평등 교육, 다문화이해교육 및 인권감수성 교육 등
- 이중언어 교육지원: 영유아 자녀를 둔 다문화가족 대상으로 이중언어 환경 조성을 위한 이중언어 부모코칭, 부모 자녀 상호작용 프로그램, 이중언어 활용 프로그램을 지원하는 사업
- 다문화가족 자녀성장지원: 학령기 다문화가족 자녀 및 부모 대상 부모 자녀 관계 향상 프로그램 및 정체성 사회성 리더십 개발을 위한 맞춤형 프로그램 지원, 기존 서비스 기관과 연계 등

2) 가족돌봄 영역 프로그램

(1) 프로그램 방향

이 영역에서는 가족 구성원의 일시적 장기적 부재, 상황적 위기 등으로 가족기능이 약화된 가족에 대한 돌봄서비스를 지원하며, 가족 유형 특성에 따른 맞춤형 가족기능 강화 서비스를 제공하게 된다.

(2) 프로그램 설계

가족돌봄 프로그램의 경우 가족상담, 사례관리, 긴급위기지원, 교육 · 프로그램 및 자조모임으로 구체화되며, 그 내용은 다음과 같다.

- 가족상담: 생애주기에 따라 발생하는 가족 내 다양한 갈등을 해결하기 위하여 부모-자녀 간, 부부간 가족관계 개선, 비혼청소년 임신갈등상담, 이혼 전 · 후 가족상담 등 다문화가족 및 비다문화가족 대상 가족상담 제공(일반상담, 정보제공상담, 집단상담 등)
- 사례관리: 가족기능이 취약한 1인가구 · 한부모 조손가족 및 긴급위기가족 등에게 가족기능 및 역량강화를 도모할 수 있는 서비스 제공
- 긴급위기지원: 긴급위기 상황을 직면한 위기가족에 대한 심리 · 정서지원 및 긴급돌봄 등 지원
- 교육 · 프로그램 및 자조모임: 가족관계 향상을 위한 교육 · 문화프로그램 및 자조모임 등 사회적 관계망 형성 지원

표 12-10 가족 대상별 사업내용(안)

구분	프로그램(안)
1인가구	• (청년) 사회진입 예정자 독립생활 준비교육(정서 · 경제 · 생활유지 등) • (중장년) 자기돌봄, 일상생활 유지관리 및 생애후반기 진입준비 교육 • (노년) 독립한 성인자녀 등과의 긍정적 상호관계 유지를 위한 교육
노부모 부양가족	• 노인마음 이해하기, 노인과의 의사소통 전략 및 지원 교육 • 노인돌봄(보건, 영양, 건강운동 등) 교육 • 사고 및 긴급상황 대처방법, 미래돌봄계획, 죽음과 사별 준비 지원
손자녀 돌봄 조부모	• 연령별 손자녀 양육법, 발달특성 이해 교육 • 조부모의 삶, 건강, 마음 돌봄 프로그램 • 손자녀와 조부모 갈등 예방 및 긍정적 상호작용 교육
원가정 회복지원	• 부모역할 강화 및 관계개선 교육 • 올바른 부모 역할, 부모-자녀 의사소통, 생애주기별 양육방법 등 • 문화, 체험(캠프) 등 관계개선 프로그램

면접교섭 서비스	• 자녀 양육에 관한 합의사항 이행 교육 • 이혼으로 인한 자녀 심리정서적 문제이해 • 올바른 부모역할 교육, 올바른 의사소통 등 부부대화법 등

※ 집중서비스 대상: 위기임산부 · 난임가족, 경계선지능아동가족, 조손가족, 가족돌봄청년, 노부모부양가족, 장기거주 외국인가족

3) 가족생활 영역 프로그램

(1) 프로그램 방향

가족생활 프로그램의 경우, 가족특성에 따라 직장 내 고충상담 및 생활정보 제공, 초기정착지원 등의 맞춤형으로 운영되도록 하고 있다.

(2) 프로그램 설계

이 영역의 프로그램으로는 맞벌이가정 일 가정 양립지원, 다문화가족 초기정착지원 등의 다음과 같은 내용으로 설계하도록 되어 있다.

- 맞벌이가정 일 가정 양립지원: 직장 내 고충 및 가정 생활정보 등 맞벌이 가정의 일 가정 양립의 지원 프로그램 운영(지역 여건 · 특성에 따라 직장생활지원 또는 가정생활지원 선택 가능)
- 다문화가족 초기정착지원: 결혼이민자 한국어 교육 등 입국 초기 결혼이민자 및 그 가족을 대상으로 내 외부 자원 연계 등을 통한 다문화가족 초기정착 지원 서비스
- 결혼이민자 취업지원
  - (기존) 결혼이민자 취업기초 소양교육, 취업훈련 전문기관 연계, 자격증 · 면허증 반 운영 등 결혼이민자에 대한 취업지원 서비스
  - (신규) 가족센터 · 다문화가족지원센터에서 결혼이민자 대상 맞춤형 직업 사전교육(한국어, 직업소양, 컴퓨터 등)을 실시하고, 새일센터 등 직업훈련기관과 연

계해 결혼이민자의 강점을 살릴 수 있는 적합 · 유망 직종에 산출할 수 있도록 통합 지원

- 다문화가족 자녀지원: 취학 전 · 후 다문화가족 자녀들에게 기본적인 기초학습을 지원하고, 청소년기 다문화가족 자녀들을 대상으로 상담 · 진로설계 지원 및 중위소득 50% 초과 100% 이하의 다문화가족 자녀에게 교육활동비 지원

4) 가족과 함께하는 지역공동체 영역 프로그램

(1) 프로그램 방향

이 영역의 프로그램은 양성평등한 가족문화, 지역사회 공동체 문화, 가족친화 사회 환경 조성, 다문화인식개선 등, 또한 가족과 지역사회 연계 프로그램의 방향으로 운영되도록 하고 있다.

(2) 프로그램 설계

가족과 함께하는 지역공동체 영역의 경우 인식 개선 및 공동체 의식, 가족친화문화 프로그램, 가족봉사단 등의 내용으로 설계되어야 하며, 그 구체적 내용은 다음과 같다.

- 인식 개선 및 공동체 의식: 다문화가족, 한부모가족, 조손가족, 북한이탈 가족 등 다양한 가족의 특성 이해 및 편견해소 지원
  - (서비스방법) 가족단위 동아리 조성, 이웃 간 품앗이 조성, 캠페인, 자치활동 공간조성(공동육아나눔터 등), 지역사회협의체, 유관기관 네트워크 적극 활용 및 참여 추진, 기관이나 기업 등과의 가족지원 사업 협력, 지역 내 유관시설등과의 가족지원을 위한 가족서비스협의체 구성 등
- 가족친화문화 프로그램: 가족캠프, 가족축제, 가족체험활동 등 가족구성원 전체가 참여하는 프로그램 운영
- 가족봉사단(다문화가족나눔봉사단): 가족단위 자원봉사활동

- 공동육아나눔터 운영: 육아 공간 및 돌봄프로그램 제공, 이웃과 함께 자녀를 돌보는 돌봄품앗이 활동 조성 지원 등
  −(초기 공동체) 돌봄품앗이 운영 → (공동체 성장 · 발전) 돌봄공동체 양성
- 다문화가족 교류 소통공간: 다문화가족 자녀돌봄 및 성장 지원, 결혼이민자 자조 활동, 지역사회 통합 등 다문화가족의 사회 참여 소통을 위한 공간 지원
- 가족사랑의 날: 정시퇴근 문화 확산 등 캠페인, 매주 수요일 가족이 함께 참여하는 프로그램, 지역사회연계 가족친화 프로그램 운영 등
- 결혼이민자 정착단계별 지원 패키지: 한국생활 초기적응이 이루어진 결혼이민자를 대상으로 결혼이민자가 스스로 본인의 정착과정을 설계하고 관련 서비스 탐색, 실행계획 수립 등을 수행할 수 있도록 지원
- 다(多)함께 프로그램: 결혼이민자와 배우자, 배우자의 부모 등 다문화가족 구성원 간 상호이해를 강화하고 다문화가족의 긍정적 정체성 형성과 문화 공존을 유도

생각해 볼 문제

1. 프로그램 영역별 개발 과정에서 중요하게 고려해야 할 사항을 열거해 봅시다.
2. 조를 이루어 가장 잘된 우수 프로그램을 조사, 선정하여 그 이유를 토론해 봅시다.
3. 각 영역의 사업들 중 프로그램의 효과성을 평가하는 데 가장 적합한 방식이 무엇인지 설명해 봅시다.

참고문헌

김통원(2009). 사회복지 프로그램 기획과 평가. 서울: 신정.

문신용, 윤기찬(2008). 성과분석 평가의 이해: 공공서비스의 통합적 분석. 서울: 삼영사.

서인해, 공계순(2004). 욕구조사의 이론과 실제. 경기: 나남.

여성가족부(2025). 가족센터 사업 안내.

오정수, 류진석(2008). **지역사회복지론**. 서울: 학지사.

이화정(2009). 사회서비스 성과분석 및 영향요인: 산모신생아도우미 서비스에 대한 IPA 기법을 중심으로. 청주대학교 석사학위논문.

정무성, 정진모(2001). **사회복지 프로그램 개발과 평가**. 경기: 양서원.

조희금, 송혜림, 성미애(2007). **건강가정 현장실습**. 서울: 신정.

천안시(2022). 천안시 다문화 · 외국인가구통계 보고서.

한국건강가정진흥원(2022). 2022년 가족서비스 우수수기 및 우수프로그램 사례집.

한국건강가정진흥원(2023). 2023년 가족서비스 우수수기 사례집.

한국건강가정진흥원(2024). 가족센터(건가,다가센터) 평가준비 가이드(안).

행정안전부(2022). 지방자치단체 외국인주민 현황 통계.

[참고사이트]

사회복지공동모금회 홈페이지, https://chest.or.kr

INTRODUCTION TO HEALTHY FAMILIES

제13장

건강가정사업의 실무(II): 사례관리

이 장에서는 다양한 욕구를 가진 대상자 개인이나 가족에게 분산되어 있는 서비스 자원들을 연결시켜 가족지원서비스를 효과적으로 제공하는 건강가정사업에서의 사례관리에 대해 구체적으로 파악하고 사례관리의 예시를 통해 이해를 돕고자 한다.

1. 건강가정사업에서의 사례관리

최근 다양한 욕구를 가진 가족문제들에 대한 사례관리가 적용되는 영역이 확장되면서 각각의 가족에 대한 맞춤형 가족 사례관리의 필요성이 대두되고 있다. 가족센터(건강가정지원센터)에서도 취약 · 위기가족의 복합적 문제해결 및 욕구 해소를 위해, 그리고 가족의 기능회복과 정서적 · 경제적 자립 역량강화를 도모하는 것을 목적으로 지속적인 사례관리를 하고 있다. 그러므로 사례관리에 대해 다음과 같이 구체적으로 살펴보도록 한다.

1) 사례관리의 정의

사례관리(case management)는 한 사람의 사례관리자가 복합적 욕구를 가진 클라이언트에게 다양한 서비스 자원(공급체계)을 연결시켜 클라이언트가 사회생활상의 어려움을 극복할 수 있도록 돕는 사회복지실천의 한 방법을 말한다(정순둘, 2005). 즉, 사례관리란 복지 서비스가 필요하고 다양한 욕구를 가진 대상자 개인이나 가족에게 분산되어 있는 서비스 자원들을 연결시켜 그러한 개인이나 가족이 개인적 · 사회적으로 잘 기능할 수 있도록 돕는 복지 서비스를 제공하는 방법이다.

2) 건강가정사업에서 사례관리의 필요성

통합적인 가족복지사업을 지향하는 건강가정사업 부문에서는 최근 가족 중심 사례관리의 중요성에 주목하고 있으며 그 이유는 다음과 같다. 첫째, 탈시설화와 지역사회 중심의 다원적인 가족 서비스가 증가하고 있다. 둘째, 사회적 지지와 관계망의 필요성이 부각되고 있다. 셋째, 과거 개인 중심에서 가족과 가족환경 중심으로 복지 서비스의 접근방법이 변화하고 있다. 넷째, 지방자치제의 실시와 더불어 가족복지 서비스의 공급 주체가 다양화되고 있어서 종전의 단편적이고 일시적인 복지 서비스로는 전문적인 건강가정사업을 제공하는 데 한계가 있다(이만수, 김익균, 2008).

건강가정사업에서 사례관리를 하는 일차적인 목적은 다층적이고 복합적인 욕구를 가진 가족에게 가장 효과적이고 효율적인 방법으로 질 좋은 서비스를 제공함으로써 대상 가족이 최적의 기능을 하도록 하기 위한 것이라 할 수 있다. 건강가정사업에서 사례관리의 의의는 다음과 같이 생각해 볼 수 있다. 첫째, 사례관리는 건강가정사업 대상 가족의 삶의 질을 개선하고 향상시킬 수 있다. 둘째, 사례관리를 통해 대상 가족의 욕구에 적합한 개별적인 서비스를 지속적으로 제공할 수 있다. 셋째, 사례관리를 통해 대상 가족에 대해 분산적이거나 중복적으로 제공되는 서비스 체계를 조정하여 보다 나은 효과적인 서비스를 제공할 수 있다. 넷째, 사례관리를 통해 대상 가족의 복지 향상을 위해 지역사회 자원을 효과적으로 개발하고 분배할 수 있다.

결론적으로 건강가정사업에서의 사례관리는 파편적이고 분산적인 서비스를 연계하고 통합하여 서비스의 중복문제를 해결하고, 지원이 필요한 가족의 독특하고 복합적인 욕구에 적합한 전문적인 서비스를 제공한다는 점에서 건강가정지원센터의 사업 방향에 잘 부합된다고 할 수 있다. 하지만 현재의 건강가정지원센터에서 하고 있는 사례관리는 가족 사례관리를 실천할 수 있는 체계와 구조가 미흡하고, 임상과 행정적 기능을 수행할 수 있는 교육과 훈련 과정을 거친 실무자가 부족한 상황에서 가족 사례관리를 진행하는 데 있어 다양한 어려움과 혼란이 초래되고 있어 가족관계 지원과 긴급 돌봄 중심으로 고유의 기능을 가지는 가족 사례관리 개념과 모형 개발, 가족 사례관리자의 명료한 직무 설정, 전문성 및 역량 개발을 위한 교육 등에 대한 합의가 필요하다.

2024년 여성가족부 가족사업 안내(II)에 따르면, 다문화가족 특성화사업에 속해 있던 다문화가족 사례관리사업(2012~)이 온가족보듬사업으로 통합되었다. 또한 가족역량강화지원사업인 가족희망드림(2012~) 역시 온가족보듬사업으로 통합되었다. 기존 가족센터 등에서 다양한 취약·위기 가족을 대상으로 진행되던 사업들이, 대상에 따라 다른 사업명으로 분산되어 있던 것에서 온가족보듬사업으로 통합운영됨으로써 가족센터 등의 사례관리 사업이 보다 체계적으로 운영될 수 있는 기반이 마련되었다.

표 13-1 가족센터 취약·위기가족지원 관련 사업 통합 및 변경 내용

구분	2023년도	2024년도
사업명 (사업수행기관)	• 가족희망드림 지원사업(98개소) • 다문화가족 사례관리(176개소) • 가족상담전문인력(183개소) • 1인가구 사회적관계망 형성지원(36개소) • 청소년한부모 등 자립지원패키지(20개소) • 원가정회복지원(14개소) • 면접교섭 서비스(18개소)	• 취약 · 위기가족 지원 사업(온가족보듬사업)(220개소)

출처: 여성가족부(2024: 65).

3) 가족센터의 사례관리 구성 요소

(1) 가족센터의 가족 사례관리 대상

일반적으로 사회복지 분야에서 사례관리의 구성 요소는 서비스 대상인 클라이언트, 사례관리 서비스를 제공하는 사례관리자 그리고 현존하는 서비스 체계를 말한다(정순둘, 2005). 건강가정사업에서 사례관리의 구성 요소도 내용상 이와 동일하다고 할 수 있으나 서비스 대상이 개인이 아닌 가족이라는 점에서 차이가 있다고 할 수 있다. 즉, 건강가정사업에서의 사례관리 구성 요소로는 먼저 다양한 사회자원의 지원이 필요한 사례관리 대상 가족, 사례관리자(건강가정사), 서비스를 제공하는 기관이 자리한 지역사회 자원을 포함한 현존의 서비스 체계가 있다. 건강가정지원센터의 사례관리의 특징은 취약 · 위기가족의 특성을 고려한 현장중심적 가족 사례관리에 초점을 두고 있는데, 가족 사례관리는 이러한 취약 · 위기가족을 대상으로 지역사회 자원 활용 및 연계, 상담, 정보 제공, 평가 등을 통해 가족기능 회복과 심리 및 경제적 자립 역량을 강화하고자 한다(황성철, 곽종희, 2013).

또한 가족 사례관리 대상은 한부모 및 미혼모 · 부 가족, 조손가족, 다문화(북한이탈) 가족, 위기가족 등 취약 · 위기가족 전체인데, 기존의 지역사회 사례관리가 클라이언트 한 개인에 초점화된 것과는 달리 가족 사례관리에서는 가족구성원을 포괄하

참고 13-1 가족센터 사례관리 지원대상

○ 취약가족: 한부모가족, 조손가족, 노부모 부양가족, 손자녀 돌봄 조부모, 청소년(한)부모, 1인가구, 다문화가족, 방임(보호)아동 및 원가정, 이혼 위기 가족 등 가족기능 및 역량 강화를 위해 지원이 필요한 모든 가족

○ 긴급 · 위기가족: 재난 사고 등 경제 사회적 위기사건을 직면한 가족

–위기사건으로 긴급지원이 필요하다고 판단되는 경우

–사례관리 대상자 중 긴급위기 상황이 발생한 경우

–가족의 생계를 책임지고 있거나 가족 구성원에 돌봄을 제공하는 청소년

–질병, 위기상황 등으로 도움이 필요한 1인가구

출처: 여성가족부(2024: 70).

는 전체 가족을 대상으로 한다. 가족센터 사례관리 대상은 가족구성원 가운데 주양육자를 주클라이언트로 선정하는데, 이는 사례 신청자가 주클라이언트가 되는 일반 사례관리와 다른 점이라고 할 수 있다.

(2) 가족센터의 사례관리 구성

보통 가족 사례관리 단계는 사정(assessment), 서비스 계획(service planning), 직접 또는 간접 개입(direct or indirect intervention), 모니터링(monitoring), 검토 및 평가(reviewand evaluation)의 5단계로 구성된다고 할 수 있다(Moxeley, 1989). 이러한 단계별 접근은 일회적인 서비스가 아닌 지속적이기도 체계적으로 진행되어야 하는 가족 사례관리에서 중요하다고 할 수 있다. 특히 다양한 욕구를 가진 가족을 대상으로 단계별 접근이 이루어져야 하는 만큼 서비스 상황을 지속적으로 모니터링할 수 있는 체계가 필요한데, 효과적인 사례관리 수행을 위해서는 구조적 체계와 수행 요소에 대한 탐색이 필요하다. 또한 담당 부처별 및 기관별로 서비스의 중복을 방지하기 위해서라도 가족센터 취약 · 위기가족지원 사업의 가족 사례관리의 방향성과 체계, 각각의 수행 요소에 대한 명료화가 긴요하며, 현장의 사례관리자들에게 구체적인 지침을 제공하는 것이 중요하다고 할 수 있다.

(3) 가족센터의 가족 사례관리 과정

가족센터 사례관리에서는 가족위기 예방 및 가족원 간의 관계개선, 기능강화, 돌봄 등 안정적인 가족생활 유지에 초점 두기 때문에, 대상자가 함께 생활하고 있는 가족원 모두가 사례관리 대상이 된다. 특히 취약·위기가족 사례관리는 가족관계 및 가족기능 향상(특히 자녀돌봄) 및 자립역량의 강화에 있기 때문에 양육자와 자녀 또는 조부모와 손자녀로 구성된 2, 3세대 이상의 가족을 주 대상으로 한다. 가족센터의 가족 사례관리 실천 과정은 〈표 13-2〉과 같이 크게 10단계로 분류된다.

표 13-2 가족센터 가족 사례관리 실천 과정

① 대상자 발굴 → ② 초기상담 → ③ 사례관리 등록 → ④ 욕구 및 강점사정 → ⑤ 서비스 계획 → ⑥ 서비스 제공 → ⑦ 서비스 점검 → ⑧ 서비스 평가 → ⑨ 서비스 종결 → ⑩ 사후관리

① 1단계: 대상자 발굴

대상자 선정기준에 맞는 사례발굴을 위해 지역사회 다양한 기관과의 연계가 필요하다.

대상자 추천서

추천기관 (추천인)	○○○ 지역아동센터 ○○○초·중·고	담당자 (전화번호)	○○○ (02-1234-5678)
추천 대상자	○○○	서비스 유형	□ 온가족보듬사업 (위기상황:)
가구유형	□ 기준 중위소득 100% 이하 가구 □ 다자녀 가구(자녀 3명 이상) □ 한부모 가구 □ 맞벌이 가구 □ 청소년부모 □ 그 외( )		
서비스 신청경로	□ 기관내부의뢰 □ 타 가족센터 □ 고용·복지기관 □ 행정기관 □ 교육 관련기관 □ 보건의료관련기관 □ 주변인 소개 □ 홍보물 통해 직접 □ 기타( )		
추천사유			

[그림 13-1] 대상자 추천서 양식

출처: 여성가족부(2024: 102).

② 2단계: 초기 상담

가족센터에서 가족 사례를 발굴하여 사례 가족과 접촉하게 되면, 사례관리자는 초기 상담을 통해 사례 가족과 관련된 기초적인 정보를 수집한 후 센터 자체 내부 회의를 거쳐 사례로 등록할 수 있는지 사례의 적합성 판정을 하여야 한다.

가족센터 사례 가족으로 선정되기 위해서는, 첫째, 본 센터의 사례관리의 도입 취지(목적)와 부합 여부, 둘째, 발굴된 사례 가족의 문제가 복합적이고 다양한 문제 상황에 직면하였는가의 여부, 셋째, 대상 가족이 그들의 욕구와 문제를 해결하고자 하는 동기와 의지 여부 조건에 부합되어야 사례관리를 수행할 수 있다.

③ 3단계: 사례관리 등록하기

초기 상담을 통해 가족센터 사례관리 가족으로 선정된 후, 사례관리담당자가 본 센터에서 실시하는 가족 사례관리 서비스의 제공과정과 내용에 대해 사례 가족에게 설

서비스 이용 동의서

본인은 __________가 제공하는 서비스에 대해 충분히 이해하였으며, 서비스를 이용함에 있어 다음의 사항을 준수하고, 기관이 제공하는 서비스에 적극적으로 참여하고 협력할 것에 동의합니다.

- 개인 및 가족의 정보를 왜곡하지 않고 정확한 정보를 제공하며, 개인 및 가족의 정보에 변화가 있을 경우 담당자에게 알린다.
- 서비스 이용자는 초기면담 시 약속한 서비스 외 금품 등 선물요구, 개인용무 시 동행요구 등 서비스 관련 이외의 무리한 요구를 하지 않는다.
- 서비스 내용은 이용자 및 기관의 상황에 따라 변경될 수 있으며, 서비스 제공 과정에서 이용자와 사례관리 담당자는 상호 합의하에 서비스를 종결할 수 있다.
- 소득기준 산정 등과 관련하여 부정수급 등 문제가 발생할 경우 서비스가 중단될 수 있다.

……(중략)……

[그림 13-2] 사례관리 서비스 이용 동의서 양식

출처: 여성가족부(2024: 102).

명하고, 사례 가족이 자발적으로 참여할 것에 대한 동의를 얻고 나면 사례관리 등록을 하게 된다. 이때 가족 사례관리의 담당자와 사례 가족은 함께 서비스 제공 및 사례관리의 과정운영에 동의하여야 한다. 이 단계에서는 사례관리 담당자는 가족 사례관리가 무엇인지 그 목적과 취지 및 진행과정 등이 어떻게 이루어지는지에 대해 대상 가족원에게 자세히 설명하고 서로 간의 신뢰감을 형성하여 상호 간 역할을 명료화하여야 한다.

④ 4단계: 욕구 및 강점사정

가족센터 사례관리에 있어서 욕구 및 강점사정의 단계는 사례관리자와 대상자가 함께 대상자의 욕구에 관한 정보를 수집 및 분석하고 우선순위를 정하고 종합하는 과정이다. 이 단계는 서비스 계획의 구체적인 방안에 대한 기본 틀과 투입자원을 추정하기 위한 과정으로, 이후 단계를 성공적으로 수행하기 위해 대상 가족에 대한 욕구 및 강점을 상세히 파악하여야 하므로 대상자와 가족의 진술뿐만 아니라 이웃, 주변인, 친구, 친척, 복지담당 공무원, 사회복지 관련 기관(어린이집, 지역아동센터), 학교의 담당 교사로부터 다양한 정보를 수집하여 현재 가족들이 놓여 있는 상황을 객관적으로 정확하게 파악하는 노력이 필요하다.

⑤ 5단계: 서비스 계획

서비스 계획 수립 단계는 가족센터 사례관리 중간 단계로 욕구사정을 통해 작성된 욕구 목록을 실행으로 옮기기 위한 전략을 설정하는 단계로, 실제적 수행 과정의 밑그림, 즉 설계도 역할을 한다. 따라서 가족사례 관리자와 대상 가족에게 개입 과정의 방향을 명확히 제시해 주어 혼란 없이 변화 목표를 달성해 갈 수 있도록 도와주고, 서비스의 개입이 끝난 후 그 결과를 효과적으로 평가할 수 있게 해 준다.

따라서 가족 사례관리의 목적에 초점을 두고, 이것을 정확하게 달성할 수 있는 행위들로 순서대로 정렬하여 체계화하는 과정으로, 하위 목표와 전략을 단계화하고, 사례 가족과 사례관리자의 목표달성을 위한 역할을 규정하여야 하며 대상 가족의 욕구 변화 가능성을 고려하여 융통성 있게 서비스를 계획하는 것이 중요하다.

⑥ 6단계: 서비스의 제공(실행)

서비스의 제공은 서비스 계획을 실행하는 과정, 즉 대상 가족에게 적합한 서비스와 자원을 확보하여 직간접 서비스를 제공하는 과정으로 사례 가족, 사례관리 담당자, 자원망 간의 활발한 상호작용이 일어나게 된다. 이때 대상 가족에 대한 서비스 제공이 원활이 이루어지도록 센터 내외의 협조를 얻기 위해서는 센터장과 중간관리자(팀장)의 협조체계가 가장 중요하게 작용하게 된다.

⑦ 7단계: 서비스 점검

서비스 점검(monitoring) 과정은 가족 사례관리의 실행 계획에 정해진 서비스와 자원이 잘 제공되어 욕구가 충족되었는지를 확인하기 위한 과정이다.

이때 사례관리자는 가족 사례관리 과정에서 서비스 제공을 실행한 후 현재까지 무슨 일이 어떻게 진행되고 있는지를 확인하고 가족이 변화하는 과정을 지속적으로 파악하며 가족구성원의 변화뿐만 아니라 대상 가족을 둘러싼 주위 환경체계의 변화와 영향에 대해서도 파악하여야 한다. 보통 서비스 제공 시작 후 4개월마다 계획서를 점검(사례회의)하는 것이 바람직하며, 자료 수집–검토–분석–해석 및 대안 마련의 과정을 거쳐 체계적으로 수행되어야 점검과정을 통해 개입을 계속 유지할 것인지, 변경할 것인지, 중단할 것인지 혹은 재사정을 통해 새로운 사정과 계획을 실행할 것인지를 결정하게 된다.

⑧ 8단계: 서비스 평가

평가는 사례관리 과정에서 일련의 모든 과정, 즉 사례의 접수 초기부터 종결까지를 총체적으로 점검하고, 계획했던 목표가 어느 정도 어떻게 달성되었는가를 확인하는 지속적인 하나의 과정(process)이다. 또한 평가는 종결 여부를 결정짓는 과정이기도 하고 좀 더 진보된 다음 단계로 진입하기 위한 점검의 의미를 갖기도 한다.

가족 사례관리 과정에서의 평가는 사례관리 사례 가족의 욕구와 문제가 개입과 점검을 통해 목표 대비 어느 정도 개선 · 향상되었는지를 확인하는 과정으로 궁극적인 목적은 가족 사례관리의 사례 가족에게 더 나은 서비스를 제공하기 위한 방향으로 그 결과들을 환류하기 위해서다.

⑨ 9단계: 서비스 종결

사례관리의 종결은 가족센터 사례관리를 마무리하는 과정으로 가족 사례관리를 통해 대상 가족의 변화 목표나 개입으로 기대된 변화가 달성되어 더 이상 사례관리 서비스가 필요하지 않다고 판단이 될 경우(가족의 상황이 호전되거나 목표달성)에 종결에 대한 모색이 이루어진다. 또한 대상 가족이 사망하거나 이사, 3개월 이상의 연락두절 등 상황이 변경된 경우에도 예상치 않게 사례관리의 과정은 종결될 수 있으며, 간혹 사례 가족이 사례관리 과정을 수행하기 어려울 경우 가족의 요구에 의해 종결 요청을 받기도 한다.

⑩ 10단계: 사후 관리

사후 관리는 follow-up service나 after care라는 개념으로 혼용되기도 하는데, 서비스 종결하기 위한 목적으로 수행되며 보통 종결 이후 일정 기간 동안의 사후 관리 과정을 대상자에게 설명하고 동의를 얻은 뒤 진행된다. 사후 관리 과정에서 사례관리 담당자는 대상 가족의 변화 유지에 도움이 되는 지지적 상담과 정보를 제공하여 대상 가족이 심리적 안정과 함께 지역사회에의 적응에 도움을 주도록 한다. 담당자가 직접 사후 관리를 수행하기가 힘들면, 대상 가족 관련된 서비스 제공기관을 통해서 모니터링을 실시하고 대상 가족이 어려움을 다시 호소할 경우 재개입 사정(심층상담, 욕구 재사정 등), 재사정을 통해 사례관리를 다시 제공하도록 한다.

4) 사례관리자의 역할

가족센터에서 이루어지는 사례관리에서 공통적으로 강조하는 요소는 사례관리가 효과적으로 이루어지기 위한 능력과 기술을 갖춘 사례관리자의 기능과 역할이다. 모슬리(Moxley, 1989)에 의하면 사례관리자는 직접 서비스 기능으로서 실행자, 상담자, 안내자, 협력자, 진행자, 정보전문가, 지지자와 간접 서비스 기능으로서 중개, 연결,

조정, 옹호, 네트워크 개입, 기술적 지원과 자문 등 12가지 기능을 수행해야 한다. 국내에서도 사례관리자는 상담자, 교육자, 조정자, 옹호자가 주요 역할로 제안되었다(권진숙 외, 2016 재인용). 가족센터 등의 사례관리자로서 건강가정사는 무엇보다 대상 가족에게 도움을 줄 수 있는 지역사회 자원에 대해 정통해야 하며, 대상 가족이 도움을 신청하고 제공받는 절차에 대해서도 정확히 알고 있어야 한다. 또한 대상 가족에게 필요한 서비스가 지역사회 내에 존재하지 않을 경우 새로운 서비스 자원과 시스템을 개발할 수 있는 전략을 제안할 수 있어야 한다. 이러한 능력을 갖추는 것과 아울러, 사례관리자로서 건강가정사는 사례관리 대상 가족의 강점과 잠재력을 확인하고, 그들의 필요한 욕구에 지역사회 자원을 연결시킬 수 있어야 하며, 필요한 적절한 서비스가 실제로 전달되었는지를 확인하고 개입의 효과와 결과를 평가할 수 있어야 한다.

사례관리는 그 목적상 사업 대상 가족의 특성과 요구에 맞는 지역사회 서비스들을 연계하여 통합적이고 지속적으로 개별 가족에게 개별적인 서비스를 제공하고자 하는 건강가정사업의 방향과 부합된다. 이런 점에서 다양한 가족을 대상으로 한 사례관리는 매우 중요하며, 앞으로 건강가정사업에서 그 비중이 점차 강화될 것으로 예상된다.

2. 사례관리의 실제

다음은 실무에서 도움이 될 수 있도록 사례의 내용을 바탕으로 사례관리 작성 요령에 따라 작성된 종합정보 기록지와 사례관리 기록지를 예시한 것이다.

대상자	쩐티안(가명)(국적:)	담당자	○○○(○○○가족센터)
사례관리 대상 선정사유	전년도에 주민센터 의뢰로, 가족센터를 방문하여 회원가입을 한 결혼이민자 가족으로 한국어소통에 어려움을 겪어 센터 결혼이민자역량강화 교육을 연계함. 수업을 진행하면서 경제적인 어려움 및 자녀양육의 어려움, 사회적 고립감으로 힘든 상황임을 알게 되어 센터 교육 담당자가 사례관리로 연계함. -CT의 남편은 ○○폐차장에 근무했으나, 한 달 수입 209만 원으로 가족생계 유지가 어려워 일을 그만두고 일용직으로 근무하고 있음. -매월 고정지출 어린이집 원비, 월세, 의료보험 외, 식비 및 생활비를 포함하면 생활비는 턱없이 부족하고, 저축은 할 여력이 없음. -작년 자녀 임신으로 의료비, 검사비 등 경제적 부담이 큼. -CT의 한국어 소통이 잘 안 되어 병원, 은행, 장보기 등 일상생활에 어려움이 큼. 주변에 도와줄 지지체계가 없어 매우 힘들어함.		
접촉횟수	26회		
의뢰경위	□ 자발적요청 □ 직접사례발굴 ■ 기관내의뢰 ■ 타기관의뢰 □ 비공식지지체계의뢰 □ 기타		
대상자 욕구	□ 안전 □ 건강(질환장애및중독) ■ 일상생활유지 ■ 가족관계(부부 · 자녀문제) ■ 사회적관계(사회문제) ■ 경제 ■ 교육 □ 직업 □ 생활환경및권익보장		
	일상생활영역(병원, 은행, 마트 등 일상생활지원) 가족관계(자녀양육상담 및 코칭 연계) 사회적관계(정서적 지지망), 경제(기초생활영역 지원), 교육(한국어교육 지원)		
목표합의 도출과정	대상자와 협력을 통해 변화 목적을 분명히 하여 실현 가능한 목표를 도출하도록 노력함.		
목표	〈단기성과목표-3개월 이내〉 개인차원: 집합한국어수업을 통한 한국어 수준 향상 가족차원: 언어발달평가를 통한 한국어 발달수준 파악 및 연계		
	〈장기성과목표-6개월 이내〉 개인차원: 일상생활지지 연습을 통한 일상생활 능력 향상 및 한국말 일상생활 소통 가능 가족차원: 사례관리를 통한 한국사회의 적응 도모, 경제적 지원방법 도모		

대상자 성장배경	〈개인력〉 −1남 3녀 중 첫째로 태어남. −고등학교를 졸업하고, 남편과 결혼하면서 한국으로 오게 됨. −결혼 전까지 경제활동을 하여 가족생계를 도움. −비교적 밝은 성격이지만 언어가 잘 통하지 않는 상황에서 위축감이 있음. 〈가족력〉 −CT의 친정은 CT가 어렸을 때 아버지가 돌아가셔서 어머니가 혼자 4남매를 양육함. 이에 경제적 어려움은 컸으나, CT가 20대가 되면서 바로 경제활동을 통해 생활비를 보태었고, 현재는 동생들도 직장에 다니면서 형편이 전보다 나아짐. −친정 어머니와 동생들과의 관계는 좋은 편으로, 가족 모두 건실한 생활을 함. 다만 현재 CT가 경제적 어려움으로, 가족들이 걱정할까 염려되고 미안한 마음에 연락을 자주 못하고 있음.
대상자 가계도	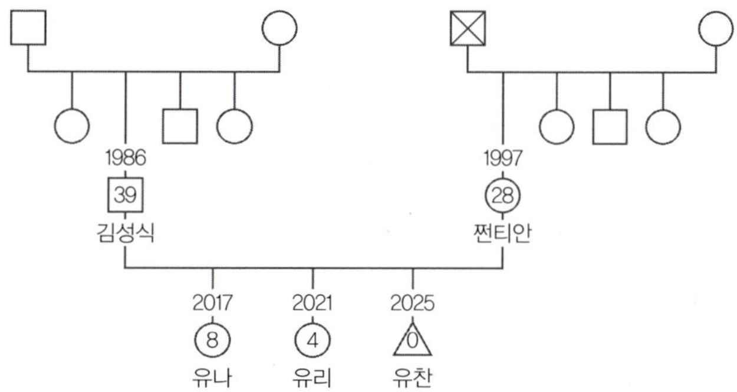
대상자의 강점과자원	−CT의 강점은 긍정적이며 어려움을 극복할 능력과 의지가 있음. −집안 내에서 힘이 있음(남편이 CT의 말을 잘 듣고 따라줌). −모성애가 강함.
장애물사정	주변에 가족이 없는 것이 힘듦(친정 방문도 어려운 상황).

<table>
<tr><th rowspan="4">개입계획표
(실행기관, 기간,
빈도, 기대되는
변화 등)</th><th>개입목표</th><th>실행기관</th><th>방법</th><th>빈도</th><th>기대효과</th></tr>
<tr><td>경제적 안정</td><td>한국펄벅재단
한국전력공사
○○지부
○○병원
○○어린이집
○○시청</td><td>외부 후원
연계</td><td>후원 시 연계
(5회 이상)</td><td>후원 연계를
통한 가정 내
경제상황 안정</td></tr>
<tr><td>일상생활기능
강화</td><td>○○가족센터
시립도서관</td><td>센터 내·
외부 연계</td><td>수시연계
(10회이상)</td><td>한국어일상생
활 소통가능,
문화여가활동
기회 확대</td></tr>
<tr><td>정서적 지지</td><td>○○가족센터</td><td>센터 내부
연계</td><td>수시연계
(10회이상)</td><td>사회적관계망
형성</td></tr>
<tr><th>과정요약</th><td colspan="5">4월 –한국펄벅재단 긴급물품지원 연계
–한국어수업 연계
5월 –○○교회 백미후원 연계
–한국건강가정진흥원 양육가정물품지원 키트 연계
6월 –○○어린이집 연계(둘째 자녀 안내 내년부터 다니기로 함.)
–임산부 친환경 농산물 제공사업 연계
–한방병원 의료지원사업 연계(저신장, 저체중 자녀 한약연계)
–CT 자녀 언어발달 평가 연계
7월 –시립도서관 북스타트지원사업연계
–바우처 기저귀/조제분유지원사업연계
–시청 출산육아용품지원 연계
8월 –행복플러스 찾아가는 가족교육 1회기 연계
9월 –시청 추석명절 현금지정기탁 연계
–행복플러스 찾아가는 가족교육 2회기 연계
–주거문제(시공사, 주택공사 채무관계로 인한 보증금 관련 문제 해결)
10월 –행복플러스 찾아가는 가족교육 3, 4회기 연계
11월 –한국전력공사 반찬지원사업 연계
이외 병원, 출입국사무소, 은행, 건강보험공단 등 수시 동행</td></tr>
</table>

전체적 변화와 성장	기본적인 대화는 이해할 수 있게 되고 한국어로 소통하려고 노력함. –영유아건강검진을 제외한 기본적인 병원검진, 마트, 은행 등은 혼자 다닐 수 있게 됨. –대화를 할 때 사례관리사와 영어로 주로 대화했는데 번역기를 사용하는 빈도 수가 점차 줄어듦. –아이들이 한국말이 빨리 늘 수 있도록 부모님이 집에서 자녀에게 한국말로 대화할 수 있도록 안내했는데, 첫째의 한국말이 많이 늘게 됨. –CT가족에게 끊임없는 지지로 스스로 할 수 있다는 생각을 할 수 있게 됨. –기존에는 한국에서 아이들만 키우고 지냈는데, 둘째를 어린이집 보내고 나면 공부를 더 하여 취업을 희망함. –CT가 사례관리사와의 라포 형성이 매우 잘되어 든든한 지지자라고 생각하고 주변자원을 사례관리사를 통해 잘 활용할 수 있게 됨. –지역사회 민간단체 및 지자체 연계로 가정에 필요한 물품을 연계하였고, 생활물품연계로 가정경제상황 안정에 기여함.
담당자 견해	–CT와 라포 형성이 잘 되고 사례관리사와 CT 연령대가 비슷하여 친구처럼 편안하게 생각하여 사례관리도 잘 진행할 수 있었던 것 같음. –CT의 욕구가 경제문제부터, 일상생활, 사회적 관계 등 포괄적이어서 지원 가능한 자원을 최대한 발굴, 신청 연계함. 경제적으로 큰 금액지원은 아니지만, CT 가정에 마중물 역할을 충분히 한 것으로 보임.
논의사항	① 가족의 상황이 단기간에 해결될 것 같지 않아 오랜 기간을 예상했던 사례였는데, 올해 계획했던 목표 달성을 하게 됨. 그럼에도 불구하고 첫째 자녀의 학습문제, 둘째의 성장문제(더딘 성장속도) 등과 관련 추가 사례관리가 필요할 것으로 보임. ② 특히 주변 사회적 지지망이 센터 사례관리사밖에 없는 상황으로, 사례관리가 종결되고 나면 다시 고립과 우울감으로 일상생활이 어려워질 수 있다는 우려가 있음. 사례관리사에게 의지를 많이 해 왔는데(일상생활 질문 등) 사후관리나 네트워크로 관리만으로 어려울 수 있다는 우려가 있음.

(1) 종합정보 기록지 작성 요령

① 접수 번호: 사례접수 번호를 기입한다.

② 접수 기준: 신규 접수는 신규, 사후 관리로 재등록된 사례는 기존에 표기한다.

③ 접수 담당자: 사례접수 담당자의 성명을 기록한다.

④ 사례 발굴 경로/사례 상담 장소: 사례를 발굴하게 된 경로(센터 내부/외부)와 사례 가족을 처음 만난 장소를 선택하여 기입한다.

⑤ 면접 대상자에 대한 기본 정보: 면접자의 성명, 성별, 연령, 연락처, 주소 등을 기록한다.

⑥ 사례 가족에 대한 기본 정보: 면접 대상자와 모든 가족원의 성명과 연령, 결혼 상태, 동거 여부, 학력, 직업, 건강 상태 및 질병명과 장애명 등을 파악한다.

⑦ 가족 유형: 사례관리자가 해당 항목에 기입한다.

⑧ 경제상황: 수급 유무, 가계소득(월평균), 부채, 소득원의 종류에 대해 기입한다.

⑨ 가족의 근로 여건: 현재 근로상태와 근로활동의 장애 요인, 직업력과 문해능력 등을 기록한다.

⑩ 주거환경: 주거소유 형태와 난방 방식을 해당란에 기입한다.

⑪ 가계도/생태도: 가계도와 생태도는 다른 사례관리자도 상황을 파악할 수 있도록 정확히 기입하도록 한다.

⑫ 사례 가족의 도움 요청 내용: 사례 가족이 요청하는 어려움과 도움을 필요로 하는 내용을 우선순위에 따라 먼저 기록하도록 한다.

⑬ 담당자 평가: 사례 가족의 진술과 객관적 정보를 중심으로 긴급도에 따라 기록한다.

⑭ 사례 가족 판정: 센터의 가족 사례관리 서비스의 대상으로 적합한지를 접수 담당자의 판단에 따라 기록한다. 센터의 대상자가 아니거나 요구하는 서비스와 목적이 부합되지 않을 경우에는 '외부 기관으로 의뢰' 대상으로 분류하고, 센터의 가족 사례관리의 목적에 적합한 경우에는 긴급 · 위기 정도에 따라 단순이용자, 일반 사례관리 사례 가족, 긴급위기가족으로 나누어 해당란에 기입한다.

(2) 사례관리 과정 및 사례관리 기록지 작성

① 인테이크 과정을 통해 내담자의 기초 정보를 수집하고 사례관리를 위한 준비를 하였다.

② 내담자에 대한 가족관계, 주위 환경 등을 내담자의 가계도와 생태도를 통해 욕구 및 강점 사정을 하고 서비스 계획을 수립하였다.

③ 내담자가 호소하는 문제 및 욕구를 파악하고 지역사회 및 주위 환경의 자원망을 활용하여 서비스 제공을 하였다. 내담자가 제시하였던 문제와 사례관리 담당자가 사정한 문제들이 모두 해소되고 가족 모두 결과에 만족하여 사례관리를 종결하였다.

생각해 볼 문제

1. 건강가정사업에서 사례관리의 목적과 필요성에 대해 생각해 봅시다.
2. 건강가정사업에서 사례관리가 특히 필요한 사업 대상에 대해 생각해 봅시다.

참고문헌

권진숙(2004). **사례관리: 개념과 기술**. 서울: 학지사.

권진숙, 김상곤, 김성경, 김성천, 김혜성, 민소영, 박선영, 박지영, 백은령, 유명이, 유서구, 이기연, 조미숙, 조현순, 황성철(2016). **사례관리론**. 서울: 학지사.

류경남, 최수정(2006). **가족 상담 심리 용어사전**. 서울: 학지사.

엄명용, 노충래, 김용석(2008). **사회복지실천기술의 이해(2판)**. 서울: 학지사.

여성가족부(2025). **가족사업안내(II)**.

이기연(2010). **사례관리 주요 과정의 이해**. 사례관리 전문가교육-실무자 기초과정(한국사례관리학회 편). 서울: 학지사.

정순둘(2005). **사례관리 실천의 이해**. 서울: 학지사.

한국건강가정진흥원(2015). **가족 사례관리 매뉴얼**.

한국건강가정진흥원(2017). 2017년도 건강가정지원센터 사업 안내.

황성철, 곽종희(2013). 통합사례관리 모형의 군사회복지실천 적용에 관한 연구. **한국군사회복**

지학, 6(2), 125-159.

Moxley, D. P. (1989). Perceptions of case Management Services of Elderly People. *Health Social Work, 14*(3), 196-203.

제14장

건강가정현장실습

이 장은 건강가정사업을 실시하는 기관에서의 현장실습과 관련하여 현장실습의 목표와 현장실습과정 중에 필요한 내용에 대해 소개하고자 한다. 이를 통해 건강가정현장실습의 전반적인 과정과 내용을 이해하고, 예비 건강가정사로서 현장업무에 필요한 지식과 태도를 사전에 준비하도록 하는 데에 그 목적이 있다.

1. 건강가정현장실습[1]의 개요

1) 건강가정현장실습의 개념

건강가정현장실습은 건강가정사 자격증 취득을 위해 필수적인 과정에 해당하지는 않으나「건강가정기본법」에 따른 기본 이수교과목에 포함된다. 이는 건강가정사로서 건강가정사업의 전문가가 되어 현장에서 일하기 위한 경험을 쌓을 수 있는 과정으로, 현장교육, 현장실습 및 훈련, 실습교육 등이 이에 해당한다. 건강가정현장실습은 예비 건강가정사가 대학에서 습득한 이론적 지식을 실무에 적용하고 실무를 경험함으로써 이론과 실제를 통합하고 전문성을 함양하는 기회를 제공한다는 점에서 중요한 의미를 갖는다. 그러나 가족센터는 시군구별 1개소가 설치되어 있는 경우가 많아, 실습지를 정하는 것이 제한적일 수 있으므로 이를 염두에 두고 미리 실습지를 미리 알아보는 것이 좋다.

2) 건강가정현장실습의 목적

건강가정현장실습의 전반적인 목적은 크게 몇 가지로 설명된다. 첫째, 학생이 대학교에서 습득한 지식과 기술, 가치가 어떻게 구현되는지에 대해 현장실습을 통해 경험하게 됨으로 현장 전문가인 건강가정사로의 포괄적 지식을 습득할 기회를 갖게 된다. 둘째, 현장에서는 대학에서 학습할 수 있는 한정적인 상황이나 사례가 아니라, 다양한 상황이 발생할 수 있다. 이때 대학에서 배운 이론을 클라이언트와 지역사회,

1) 건강가정현장실습과 관련해서는 과거 건강가정지원센터 운영 당시 운영가이드북에 제안되었으나, 현재 가족센터의 운영 가이드가 되는 여성가족부의 가족센터 지침에는 이에 대한 내용이 포함되어있지 않다. 이에 여기서는 한국건강가정진흥원(2012)의 2012년도 운영 가이드북에서 제시한 내용을 최근으로 업데이트하여 제시하였다.

그리고 해당 조직에 어떻게 적용해야 하는지를 학습하게 된다. 예를 들어, 프로그램을 기획-실행-평가에 이르는 과정을 학습함으로 기존의 지식과 기술, 가치를 수정할 기회를 제공받고 새로운 것을 깨달아 이해의 폭이 넓어지게 된다. 이때 클라이언트를 직접 응대하면서 건강가정사로서 책임감 있는 전문인으로의 태도를 기를 수 있다. 마지막으로, 또한 자신이 학습한 내용을 직접 실천하면서 해당 분야에 대한 적성이 있는가를 검증해 볼 수도 있다.

요약 건강가정현장실습의 목적

- 건강가정사로의 포괄적 지식을 습득할 기회를 갖는다.
- 다양한 상황과 맥락에서 발생되는 사례에 대해 이론을 어떻게 현장에서 적용하는지에 대한 전문적인 기술과 실무능력을 키울 수 있다.
- 건강가정사로서 클라이언트를 대하는 전문인으로서의 태도를 기를 수 있다.
- 현장에서 직접 실천이 이루어지면서 해당 분야에 대한 적성이 있는지를 통해 진로를 탐색해 볼 수 있다.

3) 건강가정현장실습의 주체와 역할

건강가정현장실습의 주체는 실습을 받는 **실습생**과 실습을 실시하는 **가족센터 등**[2]과 **실습지도자(슈퍼바이저)**, 그리고 실습이 이루어지도록 지도하는 **대학(실습담당 교수)**으로 구성된다고 할 수 있다. 각 주체의 역할을 정리하면 다음과 같다.

(1) 실습생

실습생은 실습지에서 봉사하는 자원봉사자와 함께 가족센터 등의 직원인 건강가

2) 가족센터가 통합되지 않은 경우 건강가정지원센터와 다문화가족지원센터, 가족센터SOC 모두가 해당될 수 있어 이 장에서는 가족센터 등으로 통일한다.

정사와 건강가정사업을 이용하는 이용자 중간에 위치하며, 건강가정사의 업무를 수행하는 동시에 자원봉사자의 업무를 수행할 수도 있다. 그러나 자원봉사자의 업무를 수행하는 경우라도 실습생은 자원봉사자와는 달리 업무에 대한 사고의 비판적 분석을 함께하며, 업무 수행에 대해 실습지도자 및 실습기관의 지도·감독 및 평가를 받는다는 차이가 있다.

한편, 가족센터에서 현장실습을 하게 되는 실습생으로서 가져야 할 자세로는 먼저 실습생은 현장실무를 배우는 학생으로서 최대한 성실하고 겸손하며 책임감 있는 태도로 행동해야 한다. 아울러 대학에서 요구하는 여러 가지 실습과제와 센터에서 요구하는 업무를 충실히 이행해야 한다. 실습생으로서 대학에서 배운 이론들과 자신의 개인적인 능력을 실습 업무에 적용하여 실습과정을 자신의 능력을 충분히 발휘하는 기회로 활용할 수 있어야 한다.

다른 한편으로 실습생은 학생이자 예비 사회인, 예비 직장인이라는 자세로 적극적으로 현장실무를 습득하고, 자신에게 맡겨진 업무를 최선을 다해 완수하며, 실습 센터에서 근무하고 있는 종사자들에게 예의를 지키고 조화로운 인간관계를 맺는 것이 중요하다. 이와 함께 실습생은 기본적으로 실습하는 기관에서 정한 규칙과 질서를 존중하고, 업무와 관련된 시간과 일정을 준수하여야 한다. 또한 실습하는 기관에서 외부로 유출하는 것을 금하는 업무와 관련된 사항에 대해서는 약속을 지켜 실습 기관에 피해를 주는 일이 없도록 주의해야 한다. 무엇보다 가족센터 등은 대민 서비스를 제공하는 기관이므로 실습생이라 하더라도 센터에서 만나게 되는 지역 주민들에게 가능한 한 밝고 친절한 태도를 보이는 것이 중요하다.

(2) 실습지도자 및 실습기관

실습기관은 원활한 실습 진행을 위해 실습환경을 조성하고, 센터의 실습지도자가 실습 준비 및 진행 업무에 최선의 노력을 기울이도록 업무 분담 및 협조를 하도록 지원하고 있다. 실습지도자는 가족센터 등 팀장급 이상 또는 가족에 관한 연구 및 실무 경력 3년 이상의 자격을 갖춘 사람으로 지정하고 있다.

① 실습지도자의 업무

- 기관 오리엔테이션
- 실습지도 전반에 대한 관리 및 책임
- 실습계획의 수립
- 실습 오리엔테이션(기관 소개 포함)
- 실습지도일지 작성
- 실습생 출석관리
- 실습에 대한 슈퍼비전 제공
- 실습과제 수합 및 관리

② 실습기관의 역할

- 실습지도의 목표, 방향, 지도방침 결정
- 실습지도를 담당할 실습지도자를 선정하여 사전교육 실시
- 실습생 수용 능력(강의실, 휴게실, 시설 공간과 집기 비품 등)을 확보하고, 실습지도를 위한 사업계획 수립

표 14-1 실습생 및 실습기관(실습지도자) 자격기준

- 실습생의 자격기준
  '건강가정현장실습' 과목을 이수하면서 건강가정사 이수 교과목 중 전공 및 관련 과목 각각 3과목 이상 이수한 자가 실습을 받는 것을 권장하나, 실습지도자의 판단에 따라 재량적으로 실습생을 선발할 수 있음
- 실습기관의 자격기준
  -「건강가정기본법」 제35조에 따라 건강가정사업을 행하는 건강가정지원센터
  -자격 있는 실습지도자가 있는 기관
  -실습지도자에게 업무 조정 및 인센티브를 줄 수 있는 기관
- 실습지도자의 자격기준
  -건강가정지원센터 팀장급 이상 또는 가족에 관한 연구 및 실무 경력 3년 이상인 자

출처: 한국건강가정진흥원(2012: 50).

- 실습지도 내용은 기초적인 이론보다는 실천을 경험할 수 있도록 구성
- 효율적인 실습이 되도록 해당 대학과 협조체계 유지
- 실습생에게 실습 내용, 실습기관의 특성, 실습생의 역할과 책임 등에 대한 오리엔테이션 실시

(3) 대학(실습담당교수)

실습지도는 일차적으로 해당 실습기관의 실습지도자를 통하여 이루어지고 있으나, 건강가정현장실습 교육은 대학에서 교과목의 일환으로 실시되므로 대학은 구체적인 실습과제 수행을 지도하고 실습지도자와 실습생의 관계를 조정하는 역할을 하게 된다. 다른 자격증 사회복지사나 보육교사 현장실습에서는 실습생이 실습지를 선택하게 되나 가족센터 등의 경우 실습지 선정부터 대학의 교수자가 담당하는 경우가 있으므로 이에 대해서는 융통적으로 적용해야 할 것이다.

① (선택) 실습과목 담당교수의 실습지 컨택
② 행정 공문 발송
③ 효율적인 실습이 되도록 해당 실습기관과 협조체계 유지
④ 성적 처리를 위한 서류 수합(실습생의 출석부, 실습지도일지 등)
⑤ 실습 후 이론적인 지도

2. 건강가정현장실습의 운영

1) 현장실습의 관리

건강가정사업 수행 현장의 경우에는 실습생의 현장실습의 관리를 위해 실습관리의 과정을 단계별로 파악할 필요가 있다. 실습관리의 과정을 구체적으로 살펴보면 다음과 같다.

(1) 행정처리

① 실습지도 분야 결정

- 각 부서에 실습지도에 대한 협조를 구함
- 부서별로 각 업무 상황과 인력을 고려하여 실습 내용과 실습생 인원 책정

② 실습생 모집

- 실습지도자는 가족센터 등 및 관련 기관 홈페이지 등의 매체를 통해 모집 광고
- 각 대학의 관련 학과에 모집 공문 발송

③ 실습생 면접

- 실습신청 접수기간이 종료되면 신청자들에게 면접일자 공고
- 면접은 공개 경쟁을 통한 선발의 목적이 아니며, 실습신청자와 실습지도자가 현장실습에 대한 욕구 일치를 확인하는 과정임

④ 실습생 확정

- 학생이 제출한 신청서와 면접결과를 종합하여 최종 확정 후 개별적으로 통보
- 확정된 실습생의 학교에서 실습 의뢰 공문을 받아야 하며, 이에 대한 회신공문을 실습생의 학교로 발송해야 함
- 실습을 거절하는 경우도 통보하는 것이 바람직함

(2) 실습지도 계획서 작성

실습지도를 담당한 센터의 실습지도자가 실습목적과 실습기간, 그리고 사업영역별 실습지도 계획과 학교 및 실습생의 준비사항을 정리한 실습지도 계획서를 작성함

(3) 오리엔테이션

① 실습과정 전반에 대한 안내, 직면하게 될 문제점과 어려움 및 적절한 행동지침

등에 대한 교육 필요

② 실습생의 자세와 역할, 기관 소개, 프로그램 계획과 평가 등 기본적인 요소 교육

2) 현장실습의 내용과 형식

건강가정현장실습에서 현장실습은 크게 필수적인 내용과 선택적인 내용으로 구분

표 14-2 건강가정현장실습의 구성과 내용

<table>
<tr><th colspan="2">구분</th><th>내용</th><th>과제물</th></tr>
<tr><td rowspan="4">필수</td><td>오리엔테이션</td><td>• 기관 소개
• 지역 소개
• 대상집단의 이해
• 실습생의 자세와 역할
• 실습 일정과 과제 안내</td><td>지역사회분석 보고서(선택)</td></tr>
<tr><td>행정 업무</td><td>• 각종 기안서(공문, 품의서 작성 및 결재 과정 참여)
• 기관 운영과 관련된 규정 검토
• 사업수행 절차(매 사업별 계획서, 실행서, 만족도 조사, 피드백 등의 절차를 체계화하는 과정 및 관련되는 문서 관찰)</td><td>관련 서식 작성 및 제출</td></tr>
<tr><td>프로그램 보조 진행</td><td>• 가족생활 교육 프로그램 보조 진행
• 가족문화 프로그램 보조 진행
• 기타 센터의 특화사업 보조 진행</td><td>프로그램 계획서, 평가서, 과정일지, 기타 해당 자료</td></tr>
<tr><td>실습 평가회</td><td>• 과제에 대한 슈퍼비전
• 실습생의 자세 등 전반에 대한 슈퍼비전</td><td>실습평가서</td></tr>
<tr><td>선택</td><td>선택</td><td>• 지역사회 조직사업(지역사회 자원 개발, 주민교육, 건강가정 네트워크 구축)
• 지역사회 홍보 활동
• 프로그램 개발 및 평가
• 사례관리
• 타 기관 방문 및 지역 탐방</td><td>활동기록서(프로 그램 계획서, 프로그램 평가서, 사례관리 기록서, 기관방문 보고서, 지역탐방 보고서 등)</td></tr>
</table>

출처: 한국건강가정진흥원(2012: 51-52).

된다(〈표 14-2〉 참조).

3) 현장실습의 단계

건강가정현장실습은 총 64시간의 방문실습 중 48시간 이상은 가족센터 등을 통해 실습하고, 나머지 시간은 가족과 관련된 서비스 제공 기관의 실습으로도 인정되며, 실습은 센터 상황에 따라 학기 중 혹은 방학 중 실습이 가능하다(〈표 14-3〉 참조). 현장실습은 방문실습 준비 단계, 방문실습 단계, 실습 종결 및 평가 단계로 구분할 수 있으며, 앞에서 제시된 실습 주체의 역할을 단계별로 제안하면 〈표 14-4〉와 같다.

표 14-3 건강가정현장실습의 실습시간

- 여성가족부 「건강가정사 자격요건에 관한 지침」 별첨 1 '건강가정현장실습 표준교과 개요'에 근거
  - 방문실습 2학점(64시간) 이상 포함되도록 교과 구성
  - 총 64시간 방문실습 중 48시간 이상은 건강가정지원센터를 통해 실습하고, 나머지 시간은 가족과 관련한 서비스 제공 기관의 실습도 인정
    - * '사회복지 현장실습'은 48시간 이상 건강가정지원센터에서 실습할 경우 '건강가정현장실습'의 동일 교과목으로 인정 가능
- 실습생은 센터의 상황에 따라 모집하며, 학기 중 실습과 방학 중 실습으로 구분하여 진행함
  - 학기 중 실습: 주 1일 8시간, 6주(48시간)로 진행하는 것을 원칙으로 함(48시간 이상 가능)
  - 방학 중 실습: 1일 8시간, 연속된 6일(48시간)로 진행하는 것을 원칙으로 함

출처: 한국건강가정진흥원(2012: 143).

표 14-4 건강가정현장실습 단계별 역할

진행 과정	실습생	실습기관(실습지도자)	대학(실습담당 교수)
방문실습 준비 단계	• 센터 선택 • 방문과 면접 • 실습 전의 재학습 • 행정처리	• 행정처리 • 실습지도 계획 수립 • 오리엔테이션 • 공통교육	• 실습센터 선정 • 실습센터 배정 • 행정처리 • 오리엔테이션
방문실습 실행 단계	• 실습업무 실시 • 실습과제의 수행 • 실습과제의 기록	• 실습생 개별면담 • 부서별 교육 • 실습업무 실시 • 실습업무 점검	• 실습 상황 점검
방문실습 종결 및 평가 단계	• 실습의 종결 • 자기평가서 작성	• 실습생 평가 • 실습지도 평가 • 행정처리	• 성적 평가 • 실습 교육 평가

출처: 조희금, 송혜림, 성미애(2007)에서 수정.

4) 현장실습의 기록과 평가

실습현장에서의 기록은 체계적인 실습의 효과를 극대화할 수 있는 도구가 된다. 따라서 현장에서의 경험을 구체적으로 기록하고 평가하는 것은 매우 중요한 단계다. 다음은 현장실습을 준비, 진행, 종결 및 평가하는 단계에서 실습생과 센터(실습지도자) 및 학교(실습전담 교수)가 실습기간 동안 꼭 작성해야 하는 서류의 예시다(〈표 14-5〉 참조). 또한 실습생 모집 및 실습비에 대한 사안도 사전에 확인해야 할 것이다.

표 14-5 가족센터 등 방문실습에 필요한 서류

구분	서류		
	실습생	실습기관(실습지도자)	대학(실습담당 교수)
방문실습 준비단계	• 실습신청서 • 실습생 서약서	• 실습생 모집 공고문 • 실습지도계획서	• 실습의뢰서 • 실습생 명단

방문실습 단계	• 실습일지 • 개별/공통 과제물(선택) • 기관분석보고서(선택)	• 실습생 출석부 • 실습요약서	• 실습일정기록부
방문실습 종결단계	• 자기평가서 • 실습발표평가서(선택)	• 실습평가서(대학발송용) • 실습평가 요약서 • 수료증(선택)	

출처: 한국건강가정진흥원(2012)에서 수정.

3. 현장실습 지도감독

건강가정현장실습에서 지도감독(슈퍼비전)이란 전문적인 지식, 기술, 경험 등을 갖춘 현장 전문가가 훈련을 이수하는 실습생에게 가족센터 등 운영 및 건강가정사업에 대한 지식, 실천기술을 제공하는 것을 말한다. 실습기관의 지도감독에 따라 학생들의 실습에 대한 만족도가 달라지는데 그만큼 실습기관의 지도감독은 실습생에게 중요한 역할을 차지한다. 현장실습에서는 센터를 중심으로 실습지도자와 실습생 간의 지도감독과 학교에서 실습담당 교수와 실습생 간의 지도감독으로 구분될 수 있는데, 여기에서는 가족센터 등에서 실습담당자가 실습생을 지도감독하는 경우만 살펴보고자 한다.

1) 행정적 지도감독

행정적 지도감독의 목표는 가족센터 등에서 실습생이 효과적으로 업무를 수행할 수 있는 환경을 제공하는 것으로, 이를 위한 지도감독의 내용으로 다음의 내용이 포함된다.

① 사업계획서 작성
② 예산 수립과 집행

③ 기록, 문서수발, 관리, 사무
④ 기안문, 보고서 등의 작성과 유형화
⑤ 자재, 비품 등의 관리대장 작성
⑥ 각종 일지 작성 등

2) 교육적 지도감독

교육적 지도감독은 학교에서 배운 이론 등의 교육적 내용을 현장에 적용해 볼 수 있게 하는 것으로, 이를 위해서 다음과 같은 내용을 지도감독의 내용으로 구성할 수 있다.

① 건강가정 기초 이론 관련 내용
②「건강가정기본법」「건강가정기본법 시행령 및 시행규칙」등의 건강가정사업 관련 법
③ 건강가정정책과 전달체계
④ 가족센터 등의 역할과 조직
⑤ 건강가정사업의 종류, 유형, 내용, 특성
⑥ 건강가정사의 역할과 기능 등

3) 지지적 지도감독

지지적 지도감독이란 실습생이 새로운 환경과 업무에 직면하면서 발생되는 정신적 · 정서적 스트레스에 대해 적절한 격려와 지지를 통해 업무 수행의 효과성을 높이기 위한 것으로, 다음과 같은 주제를 중심으로 지도감독의 내용을 구성할 수 있다.

① 실습과정에서의 힘든 상황과 부정적 경험 등을 표현할 수 있는 의사소통 체계 마련

② 실습을 마친 선배들과의 경험 교환
③ 다른 실습생과의 정보교환 체계
④ 실습을 통한 긍정적 경험과 실습 효과에 대한 강화

실습생들은 슈퍼바이저가 열정적이며 편안한 소통을 통한 슈퍼비전에 대해 긍정적 평가를 하고 있었으며, 그것이 결국 진로 선택에 영향을 미치기도 하였다는 연구결과가 있는데(이선형, 임춘희, 2024), 이는 그만큼 지지적 지도감독의 의미가 중요함을 의미한다.

4. 건강가정사의 자격과 역할

1) 건강가정사의 자격

건강가정사는 건강가정사업을 수행하는 데 필요한 관련 분야의 학식과 경험을 가진 전문가다. 건강가정사가 되기 위해서는 법에서 정한 교과목을 이수해야 하며, 건강가정사로서의 기본적인 역할을 숙지하며 태도를 갖추는 것이 필요하다(이수해야 할 교과목은 〈표 14-7〉 참조).

표 14-6 건강가정사 자격

건강가정사 자격(「건강가정기본법」 제35조)
② 센터에는 건강가정사업을 수행하기 위하여 관련 분야에 대한 학식과 경험을 가진 전문가(이하 "건강가정사"라 한다)를 두어야 한다. ③ 건강가정사는 다음 각 호의 요건을 모두 갖춘 사람이어야 한다. 〈개정 2018. 1. 16.〉 1. 대학 또는 이와 동등 이상의 학교를 졸업할 것 2. 제1호에 따른 학력 취득과정이나 그 밖에 여성가족부장관이 인정하는 방법으로 사회복지학 · 가정학 · 여성학 등 여성가족부령으로 정하는 관련 교과목을 이수할 것

표 14-7 건강가정사가 되기 위하여 이수해야 하는 관련 교과목 (제5조 관련)

구분		교과목
핵심과목(5)		건강가정론, (건강)가정(족)정책론, 가족상담(및 치료), 가정(족)생활교육, 가족복지론, 가족과 젠더, 가족(정)과 문화, 건강가정현장실습, 여성과 (현대)사회, 비영리기관 운영관리 중 5과목 이상
관련과목(7)	기초이론(4)	가족학, 가족관계(학), 가족법, 아동학, 보육학, 아동(청소년)복지론, 노년학, 노인복지론, 인간발달, 인간행동과 사회환경, 가족(정)(자원)관리, 가계경제, 가사노동론, 여가관리론, 주거학, 생애주기 영양학, 여성복지(론), 여성주의이론, 정신건강(정신보건사회복지)론, 장애인복지론, 가정생활복지론, 상담이론, 자원봉사론, 성과 사랑, 법여성학, 여성과 문화, 일과 가족(정), 사회복지(개)론 중 4과목 이상
	상담 · 교육 등 실제(3)	생활설계상담, 아동상담, 영양상담 및 교육, 소비자 상담, 주거상담, 부모교육, 부부교육, 소비자교육, 가정생활과 정보, 가계재무관리, 주택관리, 의생활관리, 지역사회 영양학, 프로그램 개발과 평가, 사회복지실천기술론, 지역사회복지론, 연구(조사)방법론, 부부상담, 집단상담, 가족(정)과 지역사회, 여성과 교육, 여성과 리더십, 여성주의상담, 사회복지실천론, 위기개입론, 사례관리론 중 3과목 이상

2) 건강가정사의 역할과 직무

건강가정사는 「건강가정기본법」에 근거한 가족센터 등의 전문인력으로서 그 역할은 크게 세 가지 수준에서 규정되었다. 즉, 「건강가정기본법」이 지향하는 철학과 이념의 실천자이자 건강가정사업의 전달자이고, 가족센터 등의 운영자로서의 세 가지 역할이 건강가정사의 역할로 규정되었다. 그러나 「다문화가족지원법」의 제정에 따라 다문화가족지원센터에서 근무할 수 있는 법적 자격으로서의 건강가정사가 포함되어 그 역할은 보다 포괄적으로 변화되었다.

건강가정사의 직무를 「건강가정기본법 시행령」 제4조에 명시된 것을 중심으로 살펴보면 다음과 같다. ① 가정문제의 예방 · 상담 및 개선, ② 건강가정의 유지를 위한 프로그램의 개발, ③ 건강가정교육[민주적이고 양성(兩性)평등적인 가족관계 교육]을 포함, ④ 가정생활 문화운동의 전개, ⑤ 가정 관련 정보 및 자료 제공, ⑥ 가정에 대한 방문 및 실태 파악, ⑦ 아동보호 전문기관 등 지역사회 자원과의 연계, ⑧ 그 밖에 건강가정사업과 관련하여 여성가족부장관이 정하는 활동 등이 있다.

참고 14-1 건강가정사의 정의

건강가정사는 '「건강가정기본법」과 「다문화가족지원법」 같은 가족법과 가족정책이 지향하는 철학과 이념을 이해하고, 건강가정 구현을 위한 건강가정사업을 기획하고 진행하며, 사업 프로그램을 통해 지역 주민에게 직접적으로 가족과 관련된 서비스를 전달하는 전문가'이다.

3) 건강가정사가 갖추어야 할 태도 및 자세

건강가정사가 갖추어야 할 태도 혹은 자세로는 다음과 같은 것을 생각해 볼 수 있다.

- 인간과 가족에 대한 애정과 이해가 깊고, 개인과 가족의 삶의 질이나 복지향상에 대한 관심과 사명감이 있어야 한다.
- 개인보다는 가족단위에, 가족의 결손보다는 가족의 강점 개발을 위한 관점을 가져야 한다.
- 「건강가정기본법」「다문화가족지원법」「아이돌봄지원법」「남녀고용평등과 일 · 가정 양립지원에 관한 법률」 등 가족과 관련된 법이나 현재와 미래의 가족정책의 비전과 방향에 대한 전문적인 지식과 이해를 갖추어야 한다.
- 건강가정사 스스로 가족친화적이고 양성평등적인 의식과 태도를 가지고 있어야 한다.
- 다양한 개인의 생활방식, 다양한 형태의 가족과 다문화나 다문화가족에 대한 이해와 존중심이 있어야 하며, 고정관념이나 편견, 선입견을 갖지 않아야 한다.

- 지역 주민을 위한 대민 서비스에 필요한 친절한 태도와 서비스 정신, 대인관계 능력이 있어야 한다.
- 클라이언트의 욕구에 맞는 사업 및 프로그램을 기획하고 추진하며 실행할 수 있는 직무능력을 갖추어야 한다.
- 같은 조직 내의 다른 구성원들과 원활하게 의사소통할 수 있는 인간관계능력이 있어야 한다.
- 업무의 전문성 강화와 자기계발을 위해 지속적으로 노력해야 한다.
- (중간관리자급 이상인 경우) 조직운영과 인적관리에 대한 이해와 조직과 환경이 변화할 경우 이에 대한 적응 능력이 필요하다.

그 밖에도 건강가정사는 직업상 다른 가정의 행복을 돌보아 주는 일을 하므로 자칫 업무에 대한 몰두나 업무 과중으로 정작 자신이나 자신의 가족생활을 돌보지 못하는 모순된 상황을 초래하기 쉽다. 그러므로 건강가정사로서의 업무가 다른 사람이나 가족의 건강과 행복에 기여하는 동시에 건강가정사 자신과 가족의 행복 증진에도 기여할 수 있도록 일과 가정생활의 균형감각을 유지할 수 있도록 노력해야 하며, 업무에

참고 14-2 코로나 19 유행에 따른 가족센터 등의 운영과 서비스 방식의 변화

코로나 19 유행이 장기화되면서 가족센터의 운영과 서비스 제공방식에도 영향을 크게 받게 되었다. 가족센터뿐 아니라 많은 공공기관의 경우 사회환경 변화에 따라 큰 변화를 겪을 것으로 예상되는 바, 가족센터의 경우에도 이러한 사회변화에 능동적으로 대응하기 위한 노력이 이루어지고 있다. 코로나 19로 인해 사업 및 프로그램 진행 방식의 변화를 조사하였는데, 센터 휴관 중 비대면 전환 시 진행방식으로 가장 많이 이루어졌던 것은 줌 등의 실시간 비대면 방식(49.5%), 가정에서 가족들이 함께할 수 있는 키트 제공(31.7%), 밴드 등 SNS 활용이나 동영상 녹화, 전화상담(10.9%)의 순인 것으로 나타났다. 이와 같이 건강가정사는 급격한 사회환경에 변화에 따른 다양한 변화 방식으로의 접근에 대해 유연하고 열려 있는 사고가 필요하며 클라이언트의 욕구에 민감하게 반응할 수 있어야 한다는 점을 들 수 있다.

출처: 진미정, 고선강, 박정윤(2021).

따른 스트레스나 소진감, 사기 저하에 대처할 수 있는 자기만의 스트레스 대처방법이나 휴식방법을 개발해 나가는 것도 필요하다.

4) 건강가정사의 과제

현재 건강가정사 관련 내용은 2003년 법 제정 이후 관련 법(시행령, 시행규칙 포함)이 한 번도 개정되지 않고 20여 년간 유지되고 있다. 그러나 그동안 가족센터 등의 사업이 급격히 확장됨에 따라 건강가정사의 직무 또한 변화되고 있다. 건강가정사의 전문화와 차별화를 위한 국가자격으로 정비되어야 할 필요가 있으며 자격제도를 좀 더 체계화 할 필요가 있다(진미정, 2024). 특히 현대 사회에서 가족건강성의 중요성이 더 높아짐에 따라 가족을 지원하는 서비스 기관이 증가하는 추세임에 따라 이들을 지원하는 인력도 전문역량을 증가시킬 필요가 있다. 또한 건강가정사는 국가 자격증임에도 불구하고 자격증이 발급되지 않는 데에서 학생들은 혼란을 느끼고 있으므로 학생들의 혼란을 줄이기 위해서는 국가 차원의 건강가정사 자격증 발급 문제도 해결되어야 할 것이다(이선형, 임춘희, 2024).

마지막으로, 최근 연구에서 건강가정사 자격 이수를 위해 교과목을 개설하고 있는 상당수의 4년제 대학에서는 건강가정현장실습 교과목을 운영하고 있지 않은 것으로 나타나(이선형, 2024), 현장실습을 통해 실무를 경험하고 건강가정사업 현장에 취업하고자 하는 학생들의 선택이 상당히 제한되어 있다. 이에 따라 가족센터 등에서는 건강가정사업에 대한 이해와 전문지식을 갖춘 역량 있는 실무자들을 찾기가 어려운 상황이 예상되며 학생들 입장에서도 가족센터의 실무 경험을 쌓고 전공을 탐색하는 기회를 얻기 어려운 상황에 놓이게 된다. 이에 따라 건강가정사 전문성 강화를 위해서는 건강가정현장실습이 좀 더 내실화 있게 이루어져야 할 필요가 있을 것이다.

생각해 볼 문제

1. 건강가정현장실습 시 실습생으로서의 역할과 자세에 대하여 서로 토론해 봅시다.
2. 건강가정현장실습 시 실습생으로서 해야 하는 필수적인 업무와 선택적인 업무에 대해 파악해 봅시다.
3. 관심 있는 가족센터 등을 선정하여 방문(혹은 온라인 조사)한 후 그 기관이 속한 지역사회 분석보고서를 작성해 봅시다.

참고문헌

이선형(2024). 건강가정사 개설 교과목 분석을 통한 건강가정사 전문성 강화 방안-4년제 대학을 중심으로. 2024 한국가족자원경영학회 온라인 추계학술대회 발표자료집.

이선형, 임춘희(2024). 가족센터 건강가정현장실습 경험을 통해 살펴본 건강가정사 자격관리의 내실화 방안. 가족자원경영과 정책, 28(4), 23-38.

진미정(2024). 건강가정사 양성 및 고용 발전방안. 대한가정학회 춘계학술대회 발표논문, 41-53.

진미정, 고선강, 박정윤(2021). 코로나19 시기 건강가정-다문화가족지원센터 운영 실태 및 비대면 프로그램 지속 의향 영향 요인 탐색. 가정과 삶의 질 학회, 39(1), 97-111.

한국건강가정진흥원(2012). 2012년도 건강가정지원센터 운영 가이드북.

[참고사이트]

여성가족부, www.mogef.go.kr

부록

부록 1 건강가정기본법

[시행 2024. 9. 27.] [법률 제20417호, 2024. 3. 26., 타법개정]

여성가족부(가족정책과) 02-2100-6282

제1장 총칙

제1조(목적) 이 법은 건강한 가정생활의 영위와 가족의 유지 및 발전을 위한 국민의 권리 · 의무와 국가 및 지방자치단체 등의 책임을 명백히 하고, 가정문제의 적절한 해결방안을 강구하며 가족구성원의 복지증진에 이바지할 수 있는 지원정책을 강화함으로써 건강가정 구현에 기여하는 것을 목적으로 한다.

제2조(기본이념) 가정은 개인의 기본적인 욕구를 충족시키고 사회통합을 위하여 기능할 수 있도록 유지 · 발전되어야 한다.

제3조(정의) 이 법에서 사용하는 용어의 정의는 다음과 같다. 〈개정 2018. 1. 16.〉

1. "가족"이라 함은 혼인 · 혈연 · 입양으로 이루어진 사회의 기본단위를 말한다.
2. "가정"이라 함은 가족구성원이 생계 또는 주거를 함께 하는 생활공동체로서 구성원의 일상적인 부양 · 양육 · 보호 · 교육 등이 이루어지는 생활단위를 말한다.

2의2. "1인가구"라 함은 1명이 단독으로 생계를 유지하고 있는 생활단위를 말한다.

3. "건강가정"이라 함은 가족구성원의 욕구가 충족되고 인간다운 삶이 보장되는 가정을 말한다.
4. "건강가정사업"이라 함은 건강가정을 저해하는 문제(이하 "가정문제"라 한다)의 발생을 예방하고 해결하기 위한 여러 가지 조치와 가족의 부양 · 양육 · 보호 · 교육 등의 가정기능을 강화하기 위한 사업을 말한다.

제4조(국민의 권리와 의무) ① 모든 국민은 가정의 구성원으로서 안정되고 인간다운 삶을 유지할 수 있는 가정생활을 영위할 권리를 가진다.

② 모든 국민은 가정의 중요성을 인식하고 그 복지의 향상을 위하여 노력하여야 한다.

제5조(국가 및 지방자치단체의 책임) ① 국가 및 지방자치단체는 건강가정을 위하여 필요한 제도와 여건을 조성하고 이를 위한 시책을 강구하여 추진하여야 한다.

② 국가 및 지방자치단체는 제1항의 시책을 강구함에 있어 가족구성원의 특성과 가정유형을 고려하여야 한다.

③ 국가 및 지방자치단체는 민주적인 가정형성, 가정친화적 환경조성, 양성평등한 가족가치 실현 및 가사노동의 정당한 가치평가를 위하여 노력하여야 한다.

제6조(다른 법률과의 관계) 국가는 건강가정사업과 관련되는 다른 법률을 제정 또는 개정하는 경우에는 이 법에 부합되도록 하여야 한다.

제7조(가족가치) 가족구성원은 부양 · 자녀양육 · 가사노동 등 가정생활의 운영에 함께 참여하여야 하고 서로 존중하며 신뢰하여야 한다.

제8조(혼인과 출산) ① 모든 국민은 혼인과 출산의 사회적 중요성을 인식하여야 한다.

② 국가 및 지방자치단체는 출산과 육아에 대한 사회적 책임을 인식하고 모 · 부성권 보호 및 태아의 건강보장 등 적절한 출산 · 육아환경을 조성하기 위하여 적극적으로 지원하여야 한다. 〈개정 2016. 5. 29.〉

제9조(가족해체 예방) ① 가족구성원 모두는 가족해체를 예방하기 위하여 노력하여야 한다.

② 국가 및 지방자치단체는 가족해체를 예방하기 위하여 필요한 제도와 시책을 강구하여야 한다.

제10조(지역사회자원의 개발 · 활용) 국가 및 지방자치단체는 건강한 가정구현에 기여할 수 있도록 지역사회자원을 최대한 개발하고 활용하여야 한다.

제11조(정보제공) 국가 및 지방자치단체는 자녀양육, 가족교육 · 상담 등 가족구성원에게 건강한 가정생활을 영위하는데 도움이 되는 정보를 최대한 제공하고 가정생활에 관한 정보관리체계를 확립하여야 한다. 〈개정 2020. 5. 19.〉

제12조(가정의 날) 가정의 중요성을 고취하고 건강가정을 위한 개인 · 가정 · 사회의 적극적인 참여분위기를 조성하기 위하여 매년 5월을 가정의 달로 하고, 5월 15일을 가정의 날로 한다.

제2장 건강가정정책

제13조 삭제 〈2011. 9. 15.〉

제14조 삭제 〈2011. 9. 15.〉

제15조(건강가정기본계획의 수립) ① 여성가족부장관은 관계 중앙행정기관의 장과 협의하여 건강가정기본계획(이하 "기본계획"이라 한다)을 5년마다 수립하여야 한다. 〈개정 2005. 3. 24., 2008. 2. 29., 2010. 1. 18., 2011. 9. 15.〉

② 기본계획에는 다음 각호의 사항이 포함되어야 한다. 〈개정 2018. 1. 16.〉

1. 가족기능의 강화 및 가정의 잠재력개발을 통한 가정의 자립 증진 대책
2. 사회통합과 문화계승을 위한 가족공동체문화의 조성
3. 다양한 가족의 욕구충족을 통한 건강가정 구현
4. 민주적인 가족관계와 양성평등적인 역할분담
5. 가정친화적인 사회환경의 조성
6. 가족의 양육 · 부양 등의 부담완화와 가족해체예방을 통한 사회비용 절감
7. 위기가족에 대한 긴급 지원책
8. 가족의 건강증진을 통한 건강사회 구현
9. 가족지원정책의 추진과 관련한 재정조달 방안
10. 1인가구의 복지 증진을 위한 대책

③ 기본계획은 국무회의의 심의를 거쳐 확정한다.

④ 여성가족부장관은 확정된 기본계획을 지체없이 국회 소관 상임위원회에 보고하고, 관계 중앙행정기관의 장 및 지방자치단체의 장에게 통보하여야 한다. 〈개정 2005. 3. 24., 2008. 2. 29., 2010. 1. 18., 2011. 9. 15., 2020. 5. 19.〉

제16조(연도별 시행계획의 수립 · 시행 등) ① 여성가족부장관, 관계중앙행정기관의 장 및 지방자치단체의 장은 매년 기본계획에 따라 건강가정시행계획(이하 "시행계획"이라 한다)을 수립 · 시행 및 평가하여야 한다. 이 경우 관계중앙행정기관의 장 및 지방자치단체의 장은 그 시행계획 및 추진실적을 매년 여성가족부장관에게 제출하여야 한다. 〈개정 2005. 3. 24., 2008. 2. 29., 2010. 1. 18., 2011. 9. 15.〉

② 시행계획의 수립 · 추진 및 평가에 관하여 필요한 사항은 대통령령으로 정한다.

제17조(시·도별 시행계획의 조정 등) ① 여성가족부장관은 기본계획에 기초하여 지방자치단체별 시행계획을 조정하고 그 이행상황을 점검하여야 한다. 〈개정 2005. 3. 24., 2008. 2. 29., 2010. 1. 18., 2011. 9. 15.〉

② 여성가족부장관은 지방자치단체별 시행계획이 기본계획 및 중앙행정기관의 시행계획에 위배되는 경우에는 해당 지방자치단체의 장에게 이를 변경하도록 요구할 수 있다. 〈개정 2005. 3. 24., 2008. 2. 29., 2010. 1. 18., 2011. 9. 15., 2016. 12. 20.〉

제18조(계획수립의 협조) ① 여성가족부장관, 관계중앙행정기관의 장 및 지방자치단체의 장은 기본계획 또는 시행계획의 수립·시행을 위하여 필요한 때에는 관계 공공기관·사회단체 그 밖의 민간기업체의 장에게 협조를 요청할 수 있다. 〈개정 2005. 3. 24., 2008. 2. 29., 2010. 1. 18., 2011. 9. 15.〉

② 제1항의 규정에 의하여 협조요청을 받은 자는 특별한 사유가 없는 한 이에 응하여야 한다.

제19조(교육·연구의 진흥) ① 국가 및 지방자치단체는 건강가정과 관련된 연구를 진흥하고 전문가를 양성하여야 한다.

② 국가 및 지방자치단체는 건강가정을 위한 교육프로그램을 지속적으로 개발·제공하여야 한다.

제20조(가족실태조사) ① 국가 및 지방자치단체는 개인과 가족의 생활실태를 파악하고, 건강가정 구현 및 가정문제 예방 등을 위한 서비스의 욕구와 수요를 파악하기 위하여 3년마다 가족실태조사를 실시하고 그 결과를 발표하여야 한다. 〈개정 2020. 5. 19.〉

② 제1항에 따른 가족실태조사에는 1인가구의 연령별·성별·지역별 현황과 정책 수요 등에 관한 사항이 포함되어야 한다. 〈신설 2018. 1. 16.〉

③ 제1항의 규정에 의한 가족실태조사를 위하여 필요한 사항은 여성가족부령으로 정한다. 〈개정 2005. 3. 24., 2008. 2. 29., 2010. 1. 18., 2018. 1. 16.〉

제3장 건강가정사업

제21조(가정에 대한 지원) ① 국가 및 지방자치단체는 가정이 원활한 기능을 수행하도록 지원하여야 한다.

② 제1항의 규정에 의하여 지원하여야 할 사항은 다음 각호와 같다.

1. 가족구성원의 정신적 · 신체적 건강지원
2. 소득보장 등 경제생활의 안정
3. 안정된 주거생활
4. 태아검진 및 출산 · 양육의 지원
5. 직장과 가정의 양립
6. 음란물 · 유흥가 · 폭력 등 위해환경으로부터의 보호
7. 가정폭력으로부터의 보호
8. 가정친화적 사회분위기의 조성
9. 그 밖에 건강한 가정의 기능을 강화 · 지원할 수 있는 관련 사항

③ 국가 및 지방자치단체는 임신 · 출산 · 수유 및 육아와 관련된 모 · 부성권 보장을 위한 육아휴직 및 유급휴가시책이 확산되도록 노력하여야 한다. 〈개정 2016. 5. 29.〉

④ 국가 및 지방자치단체는 한부모가족, 노인단독가정, 장애인가정, 미혼모가정, 공동생활가정, 자활공동체 등 사회적 보호를 필요로 하는 가정에 대하여 적극적으로 지원하여야 한다. 〈개정 2007. 10. 17.〉

⑤ 제2항 및 제4항의 규정에 의한 국가 및 지방자치단체의 지원에 관한 세부적 사항은 관계법률이 정하는 바에 의한다.

제21조의2(위기가족긴급지원) ① 국가와 지방자치단체는 「재난 및 안전관리 기본법」 제3조제1호에 따른 재난 중 대통령령으로 정하는 재난에 의하여 가족의 부양 · 양육 · 보호 · 교육 등 가족기능이 현저하게 저하된 경우 원활한 가족기능을 수행하는 데에 긴급하게 필요한 범위에서 지원(이하 "위기가족긴급지원"이라 한다)을 하여야 한다.

② 위기가족긴급지원의 종류 및 내용은 다음 각 호와 같다.

1. 아이돌봄지원, 가사돌봄지원 등 가족돌봄
2. 가족상담, 집단프로그램, 자조모임 운영 등 가족의 심리 · 정서지원
3. 법률구조, 의료지원, 복지서비스 등 연계
4. 그 밖에 여성가족부장관이 필요하다고 인정하는 지원

③ 제2항의 지원기간은 1년 이내로 한다. 다만, 제2항제2호의 심리 · 정서지원의 지원기간은 3년 이내로 하되, 필요한 경우 1년의 범위에서 한 번 연장할 수 있다.

④ 위기가족긴급지원의 절차 및 방법 등에 필요한 사항은 대통령령으로 정한다.

⑤ 「긴급복지지원법」 등 다른 법률에 따른 이 법의 지원내용과 동일한 내용의 지원을 받고 있는 경우에는 이 법에 따른 지원을 하지 아니한다.

[본조신설 2016. 5. 29.]

제21조의3(위기가족긴급지원에 관한 정보의 이용) 여성가족부장관 또는 지방자치단체의 장은 위기가족긴급지원을 위하여 필요한 경우 국가 및 지방자치단체, 공공기관에서 확보하고 있는 위기가족긴급지원 관련 성명, 주소, 연락처 등의 정보를 요청할 수 있으며, 수집된 정보를 가공 또는 이용할 수 있다.

[본조신설 2016. 5. 29.]

제21조의4(위기가족긴급지원에 대한 비용의 지원) 국가와 지방자치단체는 위기가족긴급지원에 필요한 비용의 전부 또는 일부를 지원할 수 있다.

[본조신설 2016. 5. 29.]

제22조(자녀양육지원의 강화) ① 국가 및 지방자치단체는 자녀를 양육하는 가정에 대하여 자녀양육으로 인한 부담을 완화하고 아동의 행복추구권을 보장하기 위하여 보육, 방과후 서비스, 양성이 평등한 육아휴직제 등의 정책을 적극적으로 확대 시행하여야 한다. 〈개정 2011. 9. 15.〉

② 국가 및 지방자치단체는 다양한 가족형태를 고려하여 아동양육지원사업 시책(아이돌보미 서비스를 포함한다. 이하 같다)을 수립 · 시행하여야 한다. 〈신설 2011. 9. 15.〉

③ 국가 및 지방자치단체는 아동양육지원사업을 예산의 범위에서 지원할 수 있다. 〈신설 2011. 9. 15.〉

④ 국가 및 지방자치단체는 가사노동의 가치에 대한 사회적 인식을 제고하고 이를 관련 법·제도 및 가족정책에 반영하도록 노력하여야 한다. 〈개정 2011. 9. 15.〉

제23조(가족단위 복지증진) ① 국가 및 지방자치단체는 사회보험·공공부조 등 사회보장제도의 운용과 관련하여 보험료의 산정·부과, 급여 등을 운용함에 있어서 가족을 지지하는 시책을 개발·추진하여야 한다.

② 국가 및 지방자치단체는 경제·사회, 교육·문화, 체육, 지역사회개발 등 각 분야의 제도·정책 및 사업을 수립·추진함에 있어 가족을 우대하는 방안을 강구하여야 한다.

제24조(가족의 건강증진) 국가 및 지방자치단체는 영·유아, 아동, 청소년, 중·장년, 노인 등 생애주기에 따르는 가족구성원의 종합적인 건강증진대책을 마련하여야 한다. 〈개정 2011. 9. 15.〉

제25조(가족부양의 지원) ① 국가 및 지방자치단체는 영·유아 혹은 노인 등 부양지원을 요하는 가족구성원이 있는 가정에 대하여 부양부담을 완화하기 위한 시책을 적극적으로 강구하여야 한다.

② 국가 및 지방자치단체는 질환이나 장애로 가족내 수발을 요하는 가족구성원이 있는 가정을 적극 지원하며, 보호시설을 이용할 수 있도록 전문보호시설을 확대하여야 한다.

③ 국가 및 지방자치단체는 가족구성원중 장기요양을 필요로 하는 질병이나 사고로 간병을 요할 경우 가족간호를 위한 휴가 등의 시책을 마련하여야 한다.

제26조(민주적이고 양성평등한 가족관계의 증진) ① 국가 및 지방자치단체는 부부 및 세대간에 가족갈등이 있는 경우 이를 예방·상담하고, 민주적이고 양성평등한 가족관계를 증진시킬 수 있도록 가족지원서비스를 확대하고, 다양한 가족생활교육·부모교육·가족상담·평등가족홍보 등을 추진하여야 한다.

② 국가 및 지방자치단체는 가정폭력이 있는 가정의 경우 가정폭력피해자와 피해자 가족에 대한 개입에 있어 전문가의 체계적인 개입과 서비스가 이루어지도록 노력하여야 한다.

제27조(가족단위의 시민적 역할증진) ① 국가 및 지방자치단체는 가족의 결속력과 가족구성원의 발전을 위하여 가족이 시민으로서의 역할을 증진할 수 있는 기회와 서비스를 제공하여야 한다.

② 국가 및 지방자치단체는 가족단위의 자원봉사참여가 확대되도록 노력하여야 한다.

제28조(가정생활문화의 발전) ① 국가 및 지방자치단체는 건강가정의 생활문화를 고취하고 그에 대한 지원정책을 수립하여야 한다.

② 국가 및 지방자치단체가 지원하여야 하는 건강가정의 생활문화는 다음 각호의 사항을 포함한다.

1. 가족여가문화
2. 양성평등한 가족문화
3. 가족단위 자원봉사활동
4. 건강한 의식주 생활문화
5. 합리적인 소비문화
6. 지역사회 공동체문화
7. 그 밖에 건강가정의 생활문화와 관련된 사항

제29조(가정의례) ① 개인과 가정은 건전한 가정의례를 확립하도록 노력하여야 한다.

② 국가 및 지방자치단체는 건전한 가정의례를 확립하기 위한 지원정책을 수립하여야 한다.

제30조(가정봉사원) ① 국가 및 지방자치단체는 건강한 가정을 유지하기 위하여 필요한 경우에는 가정을 방문하여 가사 · 육아 · 산후조리 · 간병 등을 돕는 가정봉사원(이하 "가정봉사원"이라 한다)을 지원할 수 있다.

② 가정봉사원은 여성가족부령이 정하는 바에 따라 교육을 받아야 한다. 〈개정 2005. 3. 24., 2008. 2. 29., 2010. 1. 18.〉

③ 국가 및 지방자치단체는 가정봉사원에게 예산의 범위안에서 일정금액을 지급할 수 있다.

④ 가정봉사원의 지원에 관하여 필요한 사항은 여성가족부령으로 정한다. 〈개정 2005. 3. 24., 2008. 2. 29., 2010. 1. 18.〉

제31조(이혼예방 및 이혼가정지원) ① 국가 및 지방자치단체는 이혼하고자 하는 부부가 이혼전 상담을 받을 수 있게 하는 등 이혼조정을 내실화 할 수 있도록 필요한 조치를 강구하여야 한다.

② 국가 및 지방자치단체는 이혼의 의사가 정해진 가족에 대하여 이들 가족이 자녀양육 · 재산 · 정서 등의 제반문제를 준비할 수 있도록 도움을 주는 지원서비스를 제공하도록 하여야 한다.

③ 국가 및 지방자치단체는 이혼한 가족에 대하여 양육비에 대한 집행력의 실효성을 강화하고 그 적용대상을 확대하도록 하여야 한다.

제32조(건강가정교육) ① 국가 및 지방자치단체는 건강가정교육을 실시하여야 한다.

② 제1항의 규정에 의한 교육내용에는 다음 각호의 사항이 포함되어야 한다.

1. 결혼준비교육
2. 부모교육
3. 가족윤리교육
4. 가족가치실현 및 가정생활관련 교육 등

③ 제1항의 규정에 의한 건강가정교육에 관하여 필요한 사항은 여성가족부령으로 정한다. 〈개정 2005. 3. 24., 2008. 2. 29., 2010. 1. 18.〉

제33조(자원봉사활동의 지원) 국가 및 지방자치단체는 건강가정과 관련되는 자원봉사활동사업을 육성하고 장려하여야 한다.

제4장 건강가정전담조직 등

제34조(건강가정사업의 전담수행) 여성가족부 및 지방자치단체는 건강가정사업에 관한 업무를 전담하여 수행할 수 있도록 하여야 한다. 〈개정 2005. 3. 24., 2008. 2. 29., 2010. 1. 18., 2011. 9. 15.〉

제34조의2(한국건강가정진흥원의 설립 등) ① 다양한 가족의 삶의 질 제고 및 가족역량 강화를 위한 가족정책을 효율적이고 체계적으로 지원하기 위하여 한국건

강가정진흥원(이하 "진흥원"이라 한다)을 설립한다.

② 진흥원은 법인으로 한다.

③ 진흥원은 그 주된 사무소의 소재지에서 설립등기를 함으로써 성립한다.

④ 진흥원의 정관에는 다음 각 호의 사항이 포함되어야 한다. 〈신설 2020. 5. 19.〉

1. 목적
2. 명칭
3. 주된 사무소가 있는 곳
4. 자산에 관한 사항
5. 임원 및 직원에 관한 사항
6. 이사회의 운영
7. 사업범위 및 내용과 그 집행
8. 회계
9. 공고의 방법
10. 정관의 변경
11. 그 밖에 진흥원의 운영에 관한 중요 사항

⑤ 진흥원이 정관의 기재사항을 변경하려는 경우에는 여성가족부장관의 인가를 받아야 한다. 〈신설 2020. 5. 19.〉

⑥ 진흥원에는 정관으로 정하는 바에 따라 임원과 필요한 직원을 둔다. 〈개정 2020. 5. 19.〉

⑦ 진흥원은 다음 각 호의 사업을 한다. 〈개정 2020. 5. 19.〉

1. 가족상담 및 가족교육 사업
2. 가족친화 사회환경 조성사업
3. 아이돌봄 및 자녀양육지원 사업
4. 삭제 〈2024. 3. 26.〉
5. 다문화가족, 한부모가족, 조손가족 등 취약 가족의 역량강화 지원 사업
6. 다문화가족의 사회통합지원 사업
7. 제35조의 건강가정지원센터, 「다문화가족지원법」 제12조의 다문화가족지원센

터 및 「가족친화 사회환경의 조성 촉진에 관한 법률」 제19조의 가족친화지원센터의 사업 관리 및 종사자 교육훈련

8. 가족사업 관련 대내외 교류 및 협력 사업
9. 가족정책 및 사업개발을 위한 조사, 연구
10. 제1호부터 제9호까지의 사업에 부수되는 사업 또는 이와 관련하여 국가기관 등으로부터 위탁받은 사업
11. 그 밖에 진흥원의 목적달성을 위하여 정관으로 정하는 사항

⑧ 정부는 예산의 범위에서 진흥원의 사업과 운영에 필요한 경비를 출연할 수 있다. 〈개정 2020. 5. 19.〉

⑨ 진흥원은 「기부금품의 모집 및 사용에 관한 법률」에도 불구하고 자발적으로 기탁되는 금품을 사업목적에 부합하는 범위에서 접수할 수 있으며 접수 절차 등에 관한 사항은 진흥원의 장이 별도로 정한다. 〈신설 2016. 3. 2., 2020. 5. 19.〉

⑩ 진흥원에 관하여는 이 법에서 규정한 것을 제외하고는 「민법」 중 재단법인에 관한 규정을 준용한다. 〈개정 2016. 3. 2., 2020. 5. 19.〉

[본조신설 2014. 3. 24.]

제35조(건강가정지원센터의 설치) ① 국가 및 지방자치단체는 가정문제의 예방 · 상담 및 치료, 건강가정의 유지를 위한 프로그램의 개발, 가족문화운동의 전개, 가정관련 정보 및 자료제공 등을 위하여 건강가정지원센터(이하 "센터"라 한다)를 설치 · 운영하여야 한다. 〈개정 2011. 9. 15.〉

② 센터에는 건강가정사업을 수행하기 위하여 관련분야에 대한 학식과 경험을 가진전문가(이하 "건강가정사"라 한다)를 두어야 한다.

③ 건강가정사는 다음 각 호의 요건을 모두 갖춘 사람이어야 한다. 〈개정 2018. 1. 16.〉

1. 대학 또는 이와 동등 이상의 학교를 졸업할 것(법령에 따라 이와 같은 수준 이상의 학력이 있다고 인정되는 경우를 포함한다)
2. 제1호에 따른 학력 취득과정이나 그 밖에 여성가족부장관이 인정하는 방법으로 사회복지학 · 가정학 · 여성학 등 여성가족부령으로 정하는 관련 교과목을 이수

할 것

④ 센터의 조직·운영 및 건강가정사의 자격·직무에 관하여 필요한 사항은 대통령령으로 정한다.

⑤ 센터의 운영은 여성가족부령이 정하는 바에 의하여 민간에 위탁할 수 있다. 〈개정 2005. 3. 24., 2008. 2. 29., 2010. 1. 18.〉

⑥ 국가 및 지방자치단체는 센터의 설치·운영에 필요한 비용의 전부 또는 일부를 지원할 수 있다. 〈신설 2020. 5. 19.〉

제35조의2(유사명칭의 사용금지) 이 법에 따른 센터가 아닌 자는 건강가정지원센터 또는 이와 유사한 명칭을 사용하지 못한다.

[본조신설 2011. 9. 15.]

제5장 보칙

제36조(민간단체 등의 지원) 국가 및 지방자치단체는 건강가정사업을 수행하는 단체 또는 개인에 대하여 필요한 비용의 전부 또는 일부를 보조하거나 그 업무수행에 필요한 지원을 할 수 있다.

제37조(과태료) ① 제35조의2를 위반한 자에게는 300만원 이하의 과태료를 부과한다.

② 제1항에 따른 과태료는 대통령령으로 정하는 바에 따라 여성가족부장관 또는 지방자치단체의 장이 부과·징수한다.

[본조신설 2011. 9. 15.]

부칙 〈제20417호, 2024. 3. 26.〉 (양육비 이행확보 및 지원에 관한 법률)

제1조(시행일) 이 법은 공포 후 6개월이 경과한 날부터 시행한다.

제2조 부터 제7조까지 생략

제8조(다른 법률의 개정) 건강가정기본법 일부를 다음과 같이 개정한다.

제34조의2제7항제4호를 삭제한다.

부록 2 가족기능 척도

가족기능 척도(□사전, □사후)

성명		등록번호	

	가족기능	전혀 그렇지 않다	그렇지 않은 편이다	그저 그렇다	그런 편이다	매우 그렇다
1	우리 가족은 서로 돕고 의지하는 편이다.	①	②	③	④	⑤
2	우리 가족은 중요한 결정사항에 있어서 가족 모두의 의견을 존중하는 편이다.	①	②	③	④	⑤
3	우리 가족은 상당히 친한 편이다.	①	②	③	④	⑤
4	우리 가족에서는 자녀들도 가족규칙에 대해 의견을 제시할 수 있다.	①	②	③	④	⑤
5	우리 가족은 서로를 사랑하며 부드럽게 대하는 편이다.	①	②	③	④	⑤
6	우리 가족은 서로서로 진심을 표현하는 편이다.	①	②	③	④	⑤
7	우리 가족은 서로 같이 화합하여 문제를 해결하는 편이다.	①	②	③	④	⑤
8	우리 가족은 어려움이 생겼을 때 가족보다는 제3자와 문제를 해결하는 편이다(역점수).	①	②	③	④	⑤
9	우리 가족은 각자의 제안을 들어주고 개개인의 의견을 존중하는 편이다.	①	②	③	④	⑤
10	우리 가족은 취미생활을 같이하는 편이다.	①	②	③	④	⑤
11	우리 가족은 의견차이가 있어도 서로 간의 사랑이 줄지는 않는다.	①	②	③	④	⑤
12	우리 가족은 가족 규칙을 바꾸는 것이 상당히 힘든 편이다(역점수).	①	②	③	④	⑤
13	우리 가족은 개개인이 무엇을 하든지 유연하고 개방적인 입장을 가지는 편이다.	①	②	③	④	⑤

〈계속〉

	가족기능	전혀 그렇지 않다	그렇지 않은 편이다	그저 그렇다	그런 편이다	매우 그렇다
14	우리 가족은 의도는 좋겠지만 서로 간의 간섭이 심한 편이다(역점수).	①	②	③	④	⑤
15	우리 가족은 각자가 개별적으로 문제에 대해 결론을 내릴 수 있게 해 주는 편이다.	①	②	③	④	⑤
16	우리 가족은 한번 결정한 사안을 바꾸는 것이 상당히 힘든 편이다(역점수).	①	②	③	④	⑤
17	우리 가족은 각자의 있는 그대로를 인정해 주는 편이다.	①	②	③	④	⑤
18	우리 가족은 서로 오해하는 경우가 많은 편이다(역점수).	①	②	③	④	⑤
19	우리 가족은 서로 간에 좋지 않은 감정들을 많이 가지고 있는 편이다(역점수).	①	②	③	④	⑤
20	우리 가족은 대화할 때 상대방의 말을 끊고 음성을 높이는 경우가 많은 편이다(역점수).	①	②	③	④	⑤
21	우리 가족은 일에 있어서 계획과 결정을 잘 하지 못하는 편이다(역점수).	①	②	③	④	⑤

* 총점으로 계산

** 점수가 높을수록 가족이 기능적인 것을 의미함

출처: 여성가족부(2025) 가족사업안내.

부록 3 사업계획서(서식)

20○○년도 ○○센터 사업계획서

Ⅰ. 개요

운영기관	(위탁기관명:)
운영방식	위탁 (비영리법인 □, 사회복지법인 □, 학교 □) 직영 □
운영기간	20○○. 1. 1. ~
지역적 특성	※ 가족유형별 현황, 지리적 특성 등 지역특성 요약 기재
사업목적 및 운영 방향	○ ○ ○ ○ ○
20○○년 주요 사업계획	○ ○ ○ ○ ○ ※ 지역특화사업으로 진행되는 프로그램의 경우, 본 연간계획서 내에 운영계획을 구체적으로 작성 요망

1. 사업개요

가. 추진근거/관련근거

☐ 관련법 등 기재

1.

나. 사업목적

☐

☐

다. 지역적 특성

※ 지역사회의 인구학적 분포, 지리적측면 등 실태조사 또는 요구도 조사 자료를 인용하여 작성

☐

라. 전년도 사업추진 실적 및 성과

사업구분	사업실적	사업성과
세부사업명	• • •	• • •

마. 전년도 사업환류 및 개선방안

사업구분	미흡 · 보완과제	개선방안
세부사업명	• • •	• • •

2. 세부사업 추진계획

가. (예)가족관계

□ 사업내용 및 방법

2. ○

–

□ 세부 추진계획

구분	프로그램명	예상인원	추진시기	비고

□ 평가방법

구분	성과지표명	평가도구	목표치

나. …이하 사업 추가하여 작성가능

3. 인력현황

담당자(직위)	담당업무내용	비고

4. 홍보계획

□

5. 안전사고 예방 및 긴급대응 계획

□

6. 기대효과

□

※ 세부사업 추진계획을 통한 기대효과 세부적으로 기술(개조식)

II. 예산 사용계획

○ 센터 기본운영비 * 국비에 추가사업비 포함하여 작성

(단위: 천 원)

<table>
<tr><th colspan="3" rowspan="3">구분</th><th rowspan="3">산출내역</th><th colspan="6">사업비</th></tr>
<tr><th rowspan="2">계</th><th rowspan="2">국비</th><th colspan="2">지방비</th><th rowspan="2">자부담</th><th rowspan="2">외부 지원금</th></tr>
<tr><th>시 · 도</th><th>시군구</th></tr>
<tr><td rowspan="25">센터운영비</td><td colspan="2">총계</td><td></td><td></td><td></td><td></td><td></td><td></td><td></td></tr>
<tr><td rowspan="6">인건비</td><td>소계</td><td></td><td></td><td></td><td></td><td></td><td></td><td></td></tr>
<tr><td>급여</td><td></td><td></td><td></td><td></td><td></td><td></td><td></td></tr>
<tr><td>제수당</td><td></td><td></td><td></td><td></td><td></td><td></td><td></td></tr>
<tr><td>퇴직금 및 퇴직적립금</td><td></td><td></td><td></td><td></td><td></td><td></td><td></td></tr>
<tr><td>사회보험 부담비용</td><td></td><td></td><td></td><td></td><td></td><td></td><td></td></tr>
<tr><td>기타후생 경비</td><td></td><td></td><td></td><td></td><td></td><td></td><td></td></tr>
<tr><td rowspan="3">업무 추진비</td><td>소계</td><td></td><td></td><td></td><td></td><td></td><td></td><td></td></tr>
<tr><td>기관운영비</td><td></td><td></td><td></td><td></td><td></td><td></td><td></td></tr>
<tr><td>회의비</td><td></td><td></td><td></td><td></td><td></td><td></td><td></td></tr>
<tr><td rowspan="8">운영비</td><td>소계</td><td></td><td></td><td></td><td></td><td></td><td></td><td></td></tr>
<tr><td>여비</td><td></td><td></td><td></td><td></td><td></td><td></td><td></td></tr>
<tr><td>수용비 및 수수료</td><td></td><td></td><td></td><td></td><td></td><td></td><td></td></tr>
<tr><td>공공요금</td><td></td><td></td><td></td><td></td><td></td><td></td><td></td></tr>
<tr><td>제세공과금</td><td></td><td></td><td></td><td></td><td></td><td></td><td></td></tr>
<tr><td>차량비</td><td></td><td></td><td></td><td></td><td></td><td></td><td></td></tr>
<tr><td>기타운영비</td><td></td><td></td><td></td><td></td><td></td><td></td><td></td></tr>
<tr><td rowspan="3">시설비</td><td>소계</td><td></td><td></td><td></td><td></td><td></td><td></td><td></td></tr>
<tr><td>자산취득비</td><td></td><td></td><td></td><td></td><td></td><td></td><td></td></tr>
<tr><td>시설장비유지비</td><td></td><td></td><td></td><td></td><td></td><td></td><td></td></tr>
<tr><td rowspan="4">사업비</td><td>소계</td><td></td><td></td><td></td><td></td><td></td><td></td><td></td></tr>
<tr><td></td><td></td><td></td><td></td><td></td><td></td><td></td><td></td></tr>
<tr><td></td><td></td><td></td><td></td><td></td><td></td><td></td><td></td></tr>
<tr><td></td><td></td><td></td><td></td><td></td><td></td><td></td><td></td></tr>
</table>

출처: 여성가족부(2025). 가족사업안내.

부록 4 사업결과보고서(서식)

20○○년도 ○○센터 사업결과 보고

1. 사업개요

<table>
<tr><td>센터명</td><td colspan="3"></td></tr>
<tr><td>사업기간</td><td colspan="3"></td></tr>
<tr><td rowspan="4">사업비</td><td rowspan="4">총 천 원</td><td>국비</td><td>천 원(%)</td></tr>
<tr><td>시도비</td><td>천 원(%)</td></tr>
<tr><td>시군구비</td><td>천 원(%)</td></tr>
<tr><td>기 타</td><td>천 원(%)</td></tr>
<tr><td>사업목적</td><td colspan="3"></td></tr>
<tr><td>사업내용</td><td colspan="3"></td></tr>
<tr><td>사업실적</td><td colspan="3">(가)</td></tr>
<tr><td>사업성과</td><td colspan="3"></td></tr>
<tr><td>환류계획</td><td colspan="3">(나)</td></tr>
</table>

2. 사업 추진실적(총괄)

3. ○ 수행사업 및 지역주민 참여인원(연인원)

구분	총계	가족관계	가족돌봄	가족생활	가족과 함께하는 지역공동체
사업 수	건				
회기 수	회기				
참여인원	명				
만족도	점				

3. 사업 영역별 추진실적

가. 가족관계

1) 추진실적

구분	프로그램명	내용	계획	실적	만족도	비고

※ 비고: 사업계획과 추진실적의 차이가 있을 경우에는 그 부진사유 등 기재

2) 사업운영성과

나. …이하 사업 추가하여 작성가능

4. 사업추진성과

〈작성요령〉

○ 통합서비스에 대한 성과를 종합적인 시각에서 구체적으로 기술(통합운영 이전과 비교하여 달라진 점 등)

○ 사업추진의 전 · 후 대비를 통한 비교평가 형태로 작성

구분	성과지표명	목표치	실적치	목표대비 달성율(%)

○ 언론보도 내용 등

○ 작성형식은 서술 · 개조식으로 객관화된 자료 제시

※ 추진사업 성과물은 시 · 도(시 · 군 · 구) 자체 보관토록 함

5. 자체평가

〈작성요령〉

○ 사업추진결과 잘된 점(만족도 포함)

○ 부진한 점, 사업추진상 문제점 및 애로사항 등

○ 향후 사업추진을 위한 발전 방안 등

6. 추진사업 성과물(증빙자료)

번호	자료유형	성과물 명칭	수량	비고
1	보고서			
2	책 자			
3	프로그램			
4	포스터			
5	홍보물			
…				

※ 추진사업 성과물은 시 · 도(시 · 군 · 구) 자체 보관토록 함

출처: 여성가족부(2025). 가족사업안내.

〈자료유형〉 보고서, 발간책자, CD, DVD 등 저장매체, 뉴스레터, 리플릿, 기타 관련 사업 제작물, 행사사진첩, 행사 언론보도 자료 등

부록 5 만족도 조사(서식)

만족도 조사

그동안 프로그램/상담에 참여해 주신 여러분께 진심으로 감사드립니다.
여러분의 의견을 조사하여 더 나은 프로그램으로 발전시키기 위해 몇 가지 질문을 하오니 바쁘시더라도 성의껏 답해 주시기를 부탁드립니다.

○○○센터

❖ 다음 문항을 읽고 자신의 생각과 가장 가까운 곳에 ✓표 해 주세요.

문항	매우 그렇지 않다	그렇지 않다	보통 이다	그렇다	매우 그렇다
1. 프로그램/상담 내용은 내 가족의 실제 생활에 도움이 되었다.					
2. 강사(진행자)/상담자는 프로그램/상담을 잘 진행하였다.					
3. 프로그램/상담 진행환경은 만족스러웠다.					
4. 프로그램/상담 진행시간은 참여하기에 적절하였다.					
5. 프로그램/상담 진행과정은 전반적으로 만족스러웠다.					
6. 기회가 된다면, 다른 프로그램에 또 참여하고 싶다.					
7. 다른 사람들에게 본 프로그램/상담 이용을 권하고 싶다.					

❖ 다음 란에 ✓표 하거나, 여러분의 주관적 의견을 적어 주세요.

성별	□ 남 □ 여	연령	만 ( )세
혼인여부	□ 미혼 □ 기혼 (자녀수 ______ 명)		
센터가 실시한 다른 프로그램의 참여경험			□ 있다 □ 없다
도움이 되었던 점			
개선해야 할 점			
원하는 교육/상담 내용			
이용가능한 시간대			

– 끝까지 답변해 주셔서 진심으로 감사드립니다. –

출처: 여성가족부(2025). 가족사업안내.

부록 6 사례관리 종합정보 기록지(서식)

종합정보 기록지

<table>
<tr><td>등록번호</td><td colspan="6"></td><td>담당자</td><td colspan="3"></td></tr>
<tr><td>등록기준</td><td colspan="6">□ 신규 □ 기존</td><td>작성일</td><td colspan="3">년 월 일</td></tr>
<tr><td>정보제공자</td><td colspan="10">□ 본인 □ 가족( ) □ 기타( )</td></tr>
<tr><td>성명</td><td colspan="6"></td><td>성별</td><td colspan="3">□ 남 □ 여</td></tr>
<tr><td>생년월일</td><td colspan="6">년 월 일</td><td>전화번호</td><td colspan="3"></td></tr>
<tr><td>주소</td><td colspan="10"></td></tr>
<tr><td rowspan="6">가족사항</td><td>관계</td><td>성명</td><td>연령</td><td>결혼
상태</td><td>동거
여부</td><td>학력</td><td>직업</td><td>건강상태</td><td>장애명</td><td>질병명</td></tr>
<tr><td></td><td></td><td></td><td></td><td></td><td></td><td></td><td>□ 건강
□ 장애
□ 질병</td><td></td><td></td></tr>
<tr><td></td><td></td><td></td><td></td><td></td><td></td><td></td><td>□ 건강
□ 장애
□ 질병</td><td></td><td></td></tr>
<tr><td></td><td></td><td></td><td></td><td></td><td></td><td></td><td>□ 건강
□ 장애
□ 질병</td><td></td><td></td></tr>
<tr><td></td><td></td><td></td><td></td><td></td><td></td><td></td><td>□ 건강
□ 장애
□ 질병</td><td></td><td></td></tr>
<tr><td></td><td></td><td></td><td></td><td></td><td></td><td></td><td>□ 건강
□ 장애
□ 질병</td><td></td><td></td></tr>
<tr><td>가구유형</td><td colspan="10">□ 모자가구 □ 부자가구 □ 미혼모부자가구
□ 조손가구 □ 청소년부모 □ 일반가구 □ 기타( )</td></tr>
<tr><td>수급유형</td><td colspan="10">□ 중위소득 100% 이하 □ 교육급여(중위 50% 이하) □ 주거급여(중위 43% 이하)
□ 의료급여(중위 40% 이하) □ 생계급여(중위 30% 이하) □ 기타( )</td></tr>
</table>

<table>
<tr><td rowspan="2">주거 형태</td><td>환경</td><td colspan="6">□ 월세(보증금 /월세) □ 전세(보증금 :) □ 자가
□ 영구임대 □ 무상임대 □ 기타( )</td></tr>
<tr><td>난방</td><td colspan="6">□ 기름 □ 도시가스 □ LP가스 □ 전기 □ 기타( )</td></tr>
<tr><td colspan="2" rowspan="2">경제상황</td><td>가계 소득</td><td>□ 월 평균 ( )만 원</td><td>부채</td><td>□ 약 ( )만 원</td><td>총재산</td><td>( )만 원</td></tr>
<tr><td>소득원</td><td colspan="5">□ 연금 □ 공공부조 □ 저축 □ 가족지원
□ 근로수입(주소득원:) □ 기타 ( )</td></tr>
<tr><td colspan="4">가계도</td><td colspan="4">생태도</td></tr>
<tr><td colspan="4"></td><td colspan="4"></td></tr>
<tr><td rowspan="2">가구주의 근로능력 및 여건</td><td>문해 능력</td><td>□ 유
□ 무</td><td>근로 활동 장애 요인</td><td colspan="4">□ 1. 노령(65세 이상)
□ 2. 신체/정신건강악화(특정질환이 있는 경우)
□ 3. 대인관계의 어려움 □ 7. 근로능력, (취업)기술부족
□ 4. (창업희망시)자금부족 □ 8. 일자리정보부족
□ 5. 부채/채무 □ 9. 기타( )
□ 6. 가족구성원의 보육/장애/간병 등 돌봄부담</td></tr>
<tr><td>직업력</td><td colspan="6">□ 근로활동경험전무 □ 무직+경력단절기간 3년 이상
□ 무직+경력단절기간 3년 이내 □ 근로활동중
(사회적일자리/자활근로/희망근로 등)
□ 근로활동중(일반업체+비정규직) □ 근로활동중(일반업체+정규직)
□ 기타( )</td></tr>
<tr><td>아동학대 징후발견</td><td colspan="7"></td></tr>
<tr><td>도움요청 내용</td><td colspan="7"></td></tr>
<tr><td>종합 의견</td><td colspan="7">※ 다문화 가족의 경우 추가 기재
• (출신국)
• (접수경로)
• (타기관 이용이력)
• (문해능력) 이하 택일
□ 충분한 의미 전달/이해가능함
□ 쉬운 문장 중심으로 기본적인 소통 가능
□ 쉬운 단어만 전달/이해 가능
□ 거의 안 됨
□ 전혀 안 됨</td></tr>
</table>

출처: 여성가족부(2025). 가족사업 안내.

부록 7 맞벌이 가정의 가족건강성 척도

영역(문항 수)	문항 내용	
경제적 안정 (6문항)	우리 가족이 생활하기에 적절한 수입(근로소득, 임대소득, 아동수당 등)이 있다.	
	우리 가족은 수입을 고려하여 계획적으로 지출한다.	
	우리 가족은 부채 때문에 경제적으로 매우 힘들다.	+
	우리 가족의 미래를 위한 경제적 준비를 하고 있다.	
	우리 가족은 비상 상황에 사용할 수 있는 목돈을 가지고 있다.	
	우리 가족은 현재 경제적으로 매우 어렵다.	+
안정적 기본생활 (5문항)	우리 가족은 안정적으로 생활하는 거주 공간이 있다.	
	우리 가족의 주거공간은 청결하고 청소 상태는 만족스럽다.	
	우리 가족은 건강하고 균형적인 식사를 한다.	
	우리 가족은 식사를 함께하려고 노력한다.	
	우리 가족은 세탁을 제때 하지 못해서 깨끗한 옷을 입지 못할 때가 많다.	+
가족역할 공유 및 평등한 가족관계 (10문항)	우리 부부는 가사일을 공평하게 분담한다.	
	우리 부부는 가사나 자녀돌봄 때문에 갈등과 불화가 있다.	+
	나는 나의 배우자가 필요로 할 때 잘 도와준다.	
	나의 배우자는 내가 필요로 할 때 잘 도와주는 것 같다.	
	직장일과 가정일로 인해 나는 배우자보다 내가 더 포기하고 희생하는 것이 많다고 생각한다.	+
	나는 가족들과 서로에게 감사함이나 애정표현을 전달한다.	
	우리 부부는 서로가 다름에 대해서 인정한다.	
	우리 부부는 가정생활에 필요한 역할을 적절히 배분하고 있다	
	우리 가족은 함께 뭉쳐 어떤 일을 하기를 좋아한다.	
	우리 가족은 서로 매우 친하다.	

열린 대화 (7문항)	우리 부부는 서로 자신의 의견을 말할 수 있다.
	우리 부부는 위기가 닥치면 서로에게 도와달라고 말할 수 있다.
	우리 부부는 개방적인 대화를 한다.
	우리 부부는 일상적인 일이나 문젯거리에 대해 숨김없이 이야기한다.
	우리 부부는 힘들 때 서로 도와달라고 말한다.
	나는 배우자와의 의사소통에 큰 불만이 없다.
	나의 배우자는 우리 부부의 의사소통에 큰 불만이 없는 것 같다.
휴식 여가 공유 (5문항)	우리 부부는 규칙적으로 함께하는 운동이 있다.
	우리 가족은 여가시설 이용이나 여가 프로그램 참여를 충분히 하고 있다.
	우리 가족은 비교적 자주 여가활동을 함께한다.
	우리 가족은 함께 여가를 보내기를 좋아한다.
	우리 가족이 즐겁게 함께하는 취미생활이 있다.
자녀의 성장발달 지원 (12문항)	나는 아이의 의견을 존중하고 격려하는 편이다.
	나의 배우자는 아이의 의견을 존중하고 격려하는 편이다.
	나는 아이에게 사랑한다는 표현을 자주 한다.
	나의 배우자는 아이에게 사랑한다는 표현을 자주 한다.
	나는 아이를 있는 그대로 수용한다.
	나의 배우자는 아이를 있는 그대로 수용하는 것 같다.
	나는 아이에게 문제가 있을 때 어떻게 해결해야 할지 잘 알고 있다.
	나의 배우자는 아이에게 문제가 있을 때 어떻게 해결해야 할지 잘 알고 있다.
	나는 좋은 부모가 되는 데 필요한 지식과 기술을 잘 알고 있는 것 같다.
	나의 배우자는 좋은 부모가 되는 데 필요한 지식과 기술을 잘 알고 있는 것 같다.
	나는 부모로서 해야 할 일을 잘 하고 있다.
	나의 배우자는 부모로서 해야 할 일을 잘 알고 있는 것 같다.
합리적인 자원관리 (5문항)	나는 가정생활에 필요한 일들을 미리 계획하며 준비한다.
	나는 우리 집 살림살이에 필요한 정보를 적극적으로 검색하고 활용한다.
	우리 가족은 환경보호, 자원재활용 등을 생각하며 의식주 소비를 한다.
	자녀 돌봄 기관(예: 어린이집, 방과후돌봄 등)의 서비스에 대한 충분한 정보를 가지고 기관을 이용하고 있다.
	자녀를 맡길 만한 돌봄 기관(예: 어린이집, 방과후돌봄 등)이나 서비스가 없다. +

<table>
<tr><td rowspan="10">일/가정
조화
(10문항)</td><td>나는 집안일이나 직장일이 밀려 항상 무언가에 쫓기는 기분이다.</td><td>+</td></tr>
<tr><td>나의 배우자는 집안일이나 직장일이 밀려 항상 무언가에 쫓기고 있는 것 같다.</td><td>+</td></tr>
<tr><td>나는 직장일 때문에 주위 사람들에게 관심을 가질 여유가 없다.</td><td>+</td></tr>
<tr><td>나의 배우자는 직장일 때문에 주위 사람들에게 관심을 가질 여유가 없는 것 같다.</td><td>+</td></tr>
<tr><td colspan="2">나는 일, 가정의 균형을 잡고 산다.</td></tr>
<tr><td colspan="2">나의 배우자는 일, 가정의 균형을 잡고 사는 것 같다.</td></tr>
<tr><td colspan="2">나는 직장일로 아무리 바빠도 가족과 함께할 시간을 만든다.</td></tr>
<tr><td colspan="2">나의 배우자는 직장일로 아무리 바빠도 가족과 함께할 시간을 만든다.</td></tr>
<tr><td colspan="2">나는 직장과 관련된 일 그리고 가정과 관련된 일을 똑같이 중요하다고 생각하는 것 같다.</td></tr>
<tr><td colspan="2">나의 배우자는 직장과 관련된 일 그리고 가정과 관련된 일을 똑같이 중요하다고 생각하는 것 같다.</td></tr>
<tr><td rowspan="7">시민의식과
자원봉사
(7문항)</td><td colspan="2">나는 자원봉사활동을 원하는 만큼 하고 있다.</td></tr>
<tr><td colspan="2">나의 배우자는 자원봉사활동을 원하는 만큼 하고 있는 것 같다.</td></tr>
<tr><td colspan="2">우리 부부는 사회문제나 현안에 대해 관심을 갖고 실천한다.</td></tr>
<tr><td colspan="2">나는 정기적으로 참여하는 (자조)모임이 충분하다.</td></tr>
<tr><td colspan="2">나의 배우자는 정기적으로 참여하는 (자조)모임이 충분한 것 같다.</td></tr>
<tr><td colspan="2">나는 자발적으로 후원, 기부 등을 하고 있다.</td></tr>
<tr><td colspan="2">나의 배우자는 자발적으로 후원, 기부 등을 하고 있는 것 같다.</td></tr>
</table>

※ +표는 반대로 측정될 문항

출처: 송혜림, 고선강, 강은주(2023). 자녀가 있는 맞벌이 가정의 건강성 척도 개발 연구. **한국가족자원경영학회**, 27(3), 1-19.

부록 8 우수프로그램 사례(I): 가족관계 영역

사업명: 생애 주기별 아버지 역할 지원 [요즘 아버지] 시리즈

센터명: 사천시 가족센터

사업의 필요성

- 사회학적 배경
  - 맞벌이 가구 돌봄 공백 호소, 조부모교육의 필요성 대두
  - 가족 내 개인 가치 부각, 젠더 갈등 지속
- 지역적 특성
  - 양육 친화적인 환경 조성 사업 강화(아버지교육의 필요도가 3.95점으로 가장 높음.
  - 일 · 가정 조화를 위해 우선적으로 추진해야 할 정책(남성들의 육아 가사 참여 지원 11.4%)
  - 중장년기 가족을 위한 사업 강화(배우자 이해, 의사소통교육 필요도 3.96점 가장 높음.)
  - 2021년 사천시 가족실태조사 및 가족서비스 요구도 조사 보고서 참조

사업목적

–아버지 역할의 중요성을 인식하고 자녀와의 친밀감 및 아버지 양육 효능감 증진

사업내용

–프랜대디 5회기 운영

사업대상

–초등고학년~중학생 사춘기 자녀를 둔 가족 10가정

사업장소

–센터 201호

세부일정

회기	일정	내용	비고
1	3.27(일) 10:00~12:00	• 서로의 마음 알기 –인사 및 친해지기 –아빠의 고민, 나의 고민 나누기	경남 가족학교 연계
2	4.3(일) 10:00~12:00	• 질문 대화법으로 소통하기 –사춘기, 생각에 봄이 오는 시기 –어떻게 대화해야 할까?	하브루타 교육
3	4.10(일) 10:00~12:00	• 공부!! 어떻게 하면 재미있을까? –공부를 해야 하는 이유 –아빠 공부법, 나의 공부법	
4	4.17(일) 10:00~12:00	• 하브루티머니십 –돈이란 무엇일까? –아빠의 돈 교육	
5	4.24(일) 10:00~12:00	• 아빠의 비전 나의 비전 –아빠의 꿈을 공유한다 –자녀의 꿈을 찾아본다	

추진전략

–생애주기별 아버지들의 역할 강화 및 가족의 건강성 증진

–다문화가족 50%, 선주민가족 50% 비율로 대상자 모집

기대효과

–아버지의 자신감 및 자존감 향상

–부모 자녀 간 친밀감 및 가족건강성 증진에 기여

출처: 한국건강가정진흥원(2023). **2023 가족서비스 우수수기 사례집**.

부록 9 우수프로그램 사례(II): 가족돌봄 영역

사업명: 가족상담지원사업 온 가족 마음을 잇다

센터명: 관악구 가족센터

사업의 필요성

- 기획배경

  코로나19로 가족관계의 불안정성 가속화

  –해당 자치구는 2015년 이후 연평균 840건이 발생하고 있으며 코로나 장기화 상황에서도 작년 741건의 이혼이 발생하였음(통계청, 2021).

  –코로나 확산에 따라 가족이 함께 집에 머무는 시간이 길어지면서 가족갈등으로 인한 가족해체 가능성에 영향을 미치는 것으로 나타남(진미정, 2020).

- 한국의 초저출생과 국내 입양 실태

  전국 합계출산율은 0.78명, 서울 0.59명, 관악구 0.42명으로 나타남(통계청, 2023). 현 수준의 인구 규모를 유지하기 위한 기준(합계출산율 2.1명)의 절반에도 미치지 못하고 있으며, 관악구는 부산 중구 다음으로 전국 최저 출산율을 기록하고 있어 인구 재생산율을 크게 하회하고 있음.

  –국내 입양아동수가 매년 줄고 있음(보건복지부, 2022).

사업목적

가족관계에서 발생하는 갈등의 원인을 파악하고 가족 구성원들의 문제해결 능력을 향상시켜 건강한 가족체계 유지를 지원함.

- 예비입양부모의 심리지원을 통해 양육불안을 완화하고 심리 · 정서적 안정을 도모하여 건강한 가족관계 형성을 지원함.

사업목표

1. 가족갈등 문제의 원인을 파악하고 문제를 해결할 수 있는 능력을 향상시킨다.
2. 예비입양양육자의 양육불안의 원인을 파악하고 불안을 해결할 수 있는 능력을 향상시킨다.

사업대상

–가족구성원 2인 이상

목표달성과 프로그램 효과 검증

목표	기준
가족갈등 문제의 원인을 파악하고, 문제를 해결할 수 있는 능력을 향상시킨다.	• 실적: 275회기 550명 이상 • 만족도: 4.0점(5점 만점) 이상
	• 사전대비 사후 0.5점 이상(5점 척도) ① 나는 문제의 원인을 알고 있다. ② 나는 문제를 해결할 수 있는 능력이 있다.
예비입양양육자의 양육불안의 원인을 파악하고, 불안을 해결할 수 있는 능력을 향상시킨다.	• 실적: 4회기 6명 이상 • 만족도: 4.0점(5점 만점) 이상
	• 사전대비 사후 0.5점 이상(5점 척도) ① 나는 양육불안에 대한 문제의 원인을 알고 있다. ② 나는 양육불안을 해결할 수 있는 능력이 있다.

사업성과

1) 가족의 위기상황 발굴 및 지원 확대

- 드림스타트와 연계하여 취약가정 양육자(한부모가정)의 상담서비스를 전담하고 있으며, 심리검사 및 상담 총270회기 상담서비스를 제공하여 작년 237회기 대비 14% 증가하였음.
- 예비 또는 초기입양단계에서 양육에 대한 갈등을 경험하고 있는 부부를 대상으로 중앙난임우울증상담센터와의 협력을 통해 애착증진 집단상담을 실시함.

2) 이용자 친화적 시스템으로의 개선

- 가족특성 맞춤 가족상담서비스 제공
  - 총 33가정(실인원 73명) 중 다문화가족, 한부모, 입양, 재혼가정이 37.0%(30명)를 차지하여 일반가정을 제외한 다양한 가족형태가 작년대비 3.0% 증가하여 지속적으로 다양화되고 있음.
  - 입양가족 장기프로젝트(2021-23) 중 22년도는 입양을 준비하는 난임부부를 대상으로 입양단계에서 양육 불안을 경험하는 부부에게 초기 애착관계 증진을 위한 집단상담이 진행됨.

- 온라인, 하이브리드 방식 등으로 이용률 제고
  - 상담접수는 온라인으로 단일화하고 야간상담 가능 요일을 확대 추가 운영함.
  - 전체 상담접수 신청자는 464건으로 21년 대비 116%(65건)증가하였으며 상담대기 취소는 55건으로 21년 대비 68%(26건)감소하여 코로나로 인한 가족서비스 공백을 최소화하기 위해 노력하였고, 대기자들이 평균적으로 4주 이내 상담이 진행되도록 운영됨.

출처: 한국건강가정진흥원(2023). **2023 가족서비스 전문인력 공통역량강화교육 자료집**: 센터사업 사례발표.

부록 10 우수프로그램 사례(Ⅲ): 가족생활 영역

사업명: 맞벌이가정 결혼이민자 직장맘 일 · 가정 양립 지원 "온라인으로 워라인 해요"

센터명: 중구 가족센터

사업의 필요성

- 장기 거주 결혼이민자 적응도 향상되었으나 일 · 가정 병행 어려움 증가
  - '2021년 다문화가족 실태조사' 결과 2015년, 2018년 조사와 비교하여 '직장생활의 어려움 요인'인 낮은 급여 수준, 긴 노동시간, 상사 · 동료와의 문제, 한국어 의사소통, 차별 등에 대한 응답은 감소하였으나 일 · 가정 병행에 기인한 어려움은 오히려 증가함.
  - 일 · 가정 양립 어려움은 개인적 측면뿐만 아니라, 다문화가족 내 배우자, 자녀 등의 가족적 측면, 직장 및 지역사회 등 사회적 측면에도 부정적 영향을 미치게 되므로 이들의 일 · 가정 양립 프로그램을 통한 삶의 행복 수준 향상 지원 필요

- 지역적 특성
  - 서울 중구는 서울시 내 경제 · 상업 · 문화 중심지로서 시청과 주요 정부기관, 기업, 패션타운 등이 밀집하여, 경제활동인구 및 맞벌이가정이 많은 지역 특성 보유

사업목적

–결혼이민자 직장맘과 다문화가족의 행복 실현을 위한 일 · 가정 양립 지원

사업내용

–결혼이민자 직장맘 프로그램(행복한 삶과 균형찾기, 직장생활의 어려움과 성공TIP 등)

사업대상

–한국 거주 10년 이상 결혼이민자 직장맘

세부일정

<table>
<tr><th>차시</th><th>일정</th><th>내용</th><th></th><th>운영방법</th></tr>
<tr><td>1</td><td rowspan="6">[정오반]
10/26~11/30
매주 수요일
12:00~13:00

[저녁반]
10/18~11/22
매주 화요일
19:00~21:00</td><td rowspan="2">가족과 함께하는 나</td><td>–행복한 삶과 균형 찾기, 일 · 가정 양립의 구성 요소
–직장맘의 딜레마: 일과 가정 사이 어려움
–관계와 능력: 나의 유대감과 유능감 점수는?</td><td rowspan="6">비대면 온라인 실시간 교육 (ZOOM)</td></tr>
<tr><td>2</td><td>–가족과의 상호작용: 시간과 활동의 양과 질
–평소 가족 갈등의 주요 원인과 해결 방식
–가족 간 대화 점검: 생산적 대화 vs 비생산적 대화</td></tr>
<tr><td>3</td><td rowspan="2">세상과 함께하는 나</td><td>–대한민국 직장 생활, 이런 것이 어려워요!
–프로 직장인을 위한 3가지 성공 Tip (대인관계 능력, 의사소통 능력 자기관리 능력)</td></tr>
<tr><td>4</td><td>–나의 일 · 가정 양립 제도 인식 정도 점검
–개인, 가족, 직장 생활 등에 활용 가능한 제도와 혜택</td></tr>
<tr><td>5</td><td rowspan="2">미래와 함께하는 나</td><td>–10년 후, 20년 후 나의 비전
–내일과 내 일은 위해, 꿈꾸고 도전하는 삶
–계획된 우연 이론 / Here & Now 행복 충전 법</td></tr>
<tr><td>6</td><td>–소감 공유 및 변화 점검을 위한 후속 모임
–지속가능한 일 · 가정 양립을 위한 TIP 공유 등</td></tr>
</table>

* 주말 가족단위 프로그램 별도 운영

추진전략

–직장맘의 학습여건 상 대면교육 및 집단교육이 쉽지 않은 상황 등을 종합적으로 고려하여 화상회의 플랫폼, 서베이폼 활용 비대면 교육 실시

–일 · 가정 양립을 위해서는 가족 구성원의 인식 변화와 가족문화 조성이 필요함을 고려하여 가족 단위 주말 프로그램 추가 구성

성과지표

–일 · 가정 양립 수준(일 · 가정 균형/ 일 · 여가시간 균형/일 · 개인생활 균형) 사전 사후 변화 5% 이상

차년도 환류

–가족 생애 주기와 욕구 변화를 반영한 개인활동 강화 및 심화내용 구성

–장기 거주 결혼이민자들의 자녀가 청소년기 이상으로, 생애주기 변화에 따라 가족단위 활동보다 자기돌봄 및 구성원간 소통프로그램에 대한 욕구 확인되어 차년도 환류 반영

출처: 한국건강가정진흥원(2023). 2023 가족서비스 우수수기 사례집.

부록 11 우수프로그램 사례(IV): 가족과 함께하는 지역공동체 영역

사업명: 가족과 함께하는 양주 지역사회탐방

센터명: 양주시 가족센터

사업의 필요성

- 양주시 총인구는 2013년부터 꾸준히 증가하였고 양주 신도시 입주로 세대수가 전년 대비 4,316세대(4.4%) 증가한 것으로 나타났음.
- 2022년 공동육아나눔터 요구도 조사에 따르면 코로나19 완화 및 일상회복 이후 양주시 가족들의 문화활동, 미술활동 등 줄어들었던 여가시간에 대한 수요가 매우 높은 상황임.
- 이에 본 센터에서는 양주의 풍부한 역사 · 문화자원과 우수한 자연환경을 활용한 가족친화 프로그램 운영을 통해 양주시민의 지역 자부심과 소속감 증진 및 가족 간 화합과 소통의 기회를 마련하고자 함.

전년도 환류

[지역사회 탐방 프로그램에 대한 높은 만족도 및 수요 확인]

- 전년도 공동육아나눔터 지역사회탐방(양주 향교 등 총 6회) 만족도 조사 결과, 양주 가족들의 지역사회 이해도 및 소속감 향상에 도움이 되었다는 의견과 지역사회탐방 프로그램이 지속되었으면 좋겠다는 의견 도출
- 이에 이웃과 함께 양주의 풍부한 역사 · 문화자원과 우수한 자연환경을 탐방함으로써 센터 비전 '이웃과 함께하는 지역사회 조성'을 실현하고자 함.

사업목적

- 양주시민의 지역 자부심 및 소속감 증진
- 지역사회 이웃 가족 간 화합과 소통 확대

사업대상

핵심참여자	양주시에 거주하며 영유아 또는 초등자녀가 있는 가족 520명
주변참여자	양주 내 관광지 7곳 및 상주 문화해설사

세부프로그램

회기	일정	세부사업명	내용
1~2	5/27(토)~ 5/29(월)	가족과 양주愛빠지다 『유양동편』	① 양주 유양지역 소개 및 교육(책자 자체제작 및 배부) ② 양주별산대, 양주향교, 양주관아지 탐방 ③ 양주 무형문화재 팝업북 활동 '양주에 흠뻑 빠진 우리 가족' ④ 가족친화 체험활동 '유양동 탐방 가족앨범 만들기'
3~4	6/16(금)	가족과 양주愛빠지다 『조소앙편』	① 양주 조소앙기념관 문화해설사 연계 탐방 ② 가족체험활동 '초록지기 정보화마을 연계, 오디따기 진행
5~6	8/25(금)	가족과 양주愛빠지다 『회천편』	① 문화해설사 연계 양주 회암사지 밤마실(자체제작 책자 배부) ② 탐방 후 가족 퀴즈대회 진행 ③ 가족친화 체험활동 '우리 가족 보물찾기&퍼즐 맞추기' 아빠 공부법, 나의 공부법
7~8	9/9(토), 9/16(토)	가족과 양주愛빠지다 『옥정편』	① 문화해설사 연계 양주 옥정(옥정중앙공원, 평화의 소녀상, 선돌근린공원) 탐방(자체제작 책자 배부) ② 가족친화활동 '탐방소감을 몸으로 말해요' 진행 ③ 옥정문화체험 '가족음악회 파크콘서트' 참여 연계
9~10	10/21(토)	가족과 양주愛빠지다 『장흥편』	① 문화해설사 연계 양주 장흥(장욱진&민복진미술관, 권율장군묘) 탐방(책자 자체제작 및 배부) ② 탐방 후속활동 가족 레크리에이션 진행 ③ 가족친화 체험활동 '내가 그린 우리 가족'

참여자 만족도

구분	계획	결과
만족도 조사	4.5점	4.82점
조사 결과	[가족관계 증진] • 가족이 모두 모여 시간을 보낼 수 있어서 좋았어요. 바쁜 아빠와 시간을 함께 보내기 힘들어서, 아이들만 데리고 나가는 경우가 많았었어요. 이번 기회에 아빠까지 완전체로 소풍을 다녀왔어요. 아이들이 너무 좋아하네요. 아빠가 시간 될 때마다 가까운 곳으로 자주 나가야겠어요! • 아이들과 함께 자연에서 시간을 보내는 거 자체가 좋았고 함께 장기자랑 하면서 더 하나가 되는 시간이었습니다. [이웃 간 소통 촉진] • 이사 온 지 얼마 안되서 가까운 이웃이 없었는데 이번 기회를 통해 조금씩 소통할 수 있었어요. 탐방퀴즈나 몸으로 하는 게임 덕분에 쉽게 다가갈 수 있었어요. • 또래 친구들과 뛰어놀 수 있다는 점이 좋았어요. [지역이해도 및 소속감 향상] • 아이와 함께 사는 곳 주변에 무엇이 있는지 알게 되고 역사를 알게 되는 좋은 경험을 했습니다. • 우리가 사는 지역에 대한 애착심이 생겼고 잔디밭에서 축구도 하고 그네와 널뛰기도 하며 전통체험도 할 수 있는 소중한 시간이었습니다.	

출처: 한국건강가정진흥원(2023). **2023 가족서비스 전문인력 공통역량강화교육 자료집: 센터사업 사례발표.**

찾아보기

저자 소개

이선형(Lee Sun Hyung)

고려대학교 이학 박사(가정학과)

강남대학교 사회사업학 박사

현 호서대학교 사회복지학부 부교수

강남구 가족센터 운영위원

호서제론테크연구센터 센터장

임춘희(Lim Choon Hee)

고려대학교 이학 박사(가정학과)

현 군산대학교 아동학부 교수

군산지원 협의이혼 상담위원

천현진(Chun Hyun Jin)

고려대학교 가정학과 박사수료

현 성북구 가족센터 사무국장

성북구 지역사회보장실무협의체 부위원장

건강가정론
Introduction to Healthy Families

2025년 8월 25일 1판 1쇄 인쇄
2025년 8월 30일 1판 1쇄 발행

지은이 • 이선형 · 임춘희 · 천현진
펴낸이 • 김진환
펴낸곳 • ㈜학지사
04031 서울특별시 마포구 양화로 15길 20 마인드월드빌딩
대표전화 • 02-330-5114 팩스 • 02-324-2345
등록번호 • 제313-2006-000265호

홈페이지 • http://www.hakjisa.co.kr
인스타그램 • https://www.instagram.com/hakjisabook/

ISBN 978-89-997-3390-1 93330

정가 24,000원